JN086166

日本統計学会
公式認定

日本統計学会●編

データに基づく数量的な思考力を測る全国統一試験

統計検定

統計調査士・
専門統計調査士
公式問題集

2017〜2019年

実務教育出版

まえがき

　昨今の目まぐるしく変化する世界情勢の中，日本全体のグローバル化とそれに対応した社会のイノベーションが重要視されている。イノベーションの達成には，あらたな課題を自ら発見し，その課題を解決する能力を有する人材育成が不可欠であり，課題を発見し，解決するための能力の一つとしてデータに基づく数量的な思考力，いわゆる統計的思考力が重要なスキルと位置づけられている。

　現代では，「統計的思考力（統計的なものの見方と統計分析の能力）」は市民レベルから研究者レベルまで，業種や職種を問わず必要とされている。実際に，多くの国々において統計的思考力の教育は重視され，組織的な取り組みのもとに，あらたな課題を発見し，解決する能力を有する人材が育成されている。我が国でも，初等教育・中等教育においては統計的思考力を重視する方向にあるが，中高生，大学生，職業人の各レベルに応じた体系的な統計教育はいまだ十分であるとは言えない。しかし，最近では統計学に関連するデータサイエンス学部を新設する大学も現れ，その重要性は少しずつ認識されてきた。現状では，初等教育・中等教育での統計教育の指導方法が未成熟であり，能力の評価方法も個々の教員に委ねられている。今後，さらに進むことが期待されている日本の小・中・高等学校および大学での統計教育の充実とともに，統計教育の質保証をより確実なものとすることが重要である。

　このような背景と問題意識の中，統計教育の質保証を確かなものとするために，日本統計学会は2011年より「統計検定」を実施している。現在，能力に応じた以下の「統計検定」を実施し，各能力の評価と認定を行っているが，着実に受験者が増加し，認知度もあがりつつある。

　「統計検定　公式問題集」の各書には，過去に実施した「統計検定」の実際の問題を掲載している。そのため，使用した資料やデータは検定を実施した時点のものである。また，問題の趣旨やその考え方を理解するために解答のみでなく解説を加えた。過去の問題を解くとともに，統計的思考力を確実なものとするために，あわせて是非とも解説を読んでいただきたい。ただし，統計的思考では数学上の問題の解とは異なり，正しい考え方が必ずしも一通りとは限らないので，解説として説明した解法とは別に，他の考え方もあり得ることに注意いただきたい。

　「統計検定　公式問題集」の各書は，「統計検定」の受験を考えている方だけでなく，統計に関心ある方や統計学の知識をより正確にしたいという方にも読んでいただくことを望むが，統計を学ぶにはそれぞれの級や統計調査士，専門統計調査士に応じた他の書物を併せて読まれることを勧めたい。

1級	実社会の様々な分野でのデータ解析を遂行する統計専門力
準1級	統計学の活用力 ― 実社会の課題に対する適切な手法の活用力
2級	大学基礎統計学の知識と問題解決力
3級	データの分析において重要な概念を身につけ，身近な問題に活かす力
4級	データや表・グラフ，確率に関する基本的な知識と具体的な文脈の中での活用力
統計調査士	統計に関する基本的知識と利活用
専門統計調査士	調査全般に関わる高度な専門的知識と利活用手法
データサイエンス基礎	具体的なデータセットをコンピュータ上に提示して，目的に応じて，解析手法を選択し，表計算ソフトExcelによるデータの前処理から解析の実践，出力から必要な情報を適切に読み取る一連の能力
データサイエンス発展	数理・データサイエンス教育強化拠点コンソーシアムのリテラシーレベルのモデルカリキュラムに準拠した内容
データサイエンスエキスパート	数理・データサイエンス教育強化拠点コンソーシアムの応用基礎レベルのモデルカリキュラムを含む内容

（「統計検定」に関する最新情報は統計検定センターのウェブサイトで確認されたい）

　最後に，「統計検定　公式問題集」の各書を有効に利用され，多くの受験者がそれぞれの「統計検定」に合格されることを期待するとともに，日本統計学会は今後も統計学の発展と統計教育への貢献に努める所存です。

一般社団法人　日本統計学会

会　長　樋口知之

理事長　大森裕浩

（2021年11月1日現在）

日本統計学会公式認定

統計検定　統計調査士・専門統計調査士

公式問題集

CONTENTS

PART 1

統計検定
受験ガイド

「統計検定」ってどんな試験?
いつ行われるの?　試験会場は?　受験料は?
何が出題されるの?　学習方法は?
そうした疑問に答える、公式ガイドです。

受験するための基礎知識

●統計検定とは

「統計検定」とは，統計に関する知識や活用力を評価する全国統一試験です。

データに基づいて客観的に判断し，科学的に問題を解決する能力は，仕事や研究をするための21世紀型スキルとして国際社会で広く認められています。日本統計学会は，国際通用性のある統計活用能力の体系的な評価システムとして統計検定を開発し，様々な水準と内容で統計活用力を認定しています。

統計検定の試験制度は年によって変更されることもあるので，**統計検定のウェブサイト**（https://www.toukei-kentei.jp/）で最新の情報を確認してください。

●統計検定の種別

統計検定は2011年に発足し，現在は以下の種別が設けられています。

PBT（ペーパーテスト）

試験の種別	試験日	試験時間	受験料
統計検定 1 級	11月	90分（10：30〜12：00）統計数理 90分（13：30〜15：00）統計応用	各6,000円 両方の場合10,000円

（2023年 2 月現在）

CBT（パソコンを活用して行うコンピュータテスト）

試験の種別	試験日	試験時間	受験料※
統計検定準 1 級	通年	90分	8,000円
統計検定 2 級	通年	90分	7,000円
統計検定 3 級	通年	60分	6,000円
統計検定 4 級	通年	60分	5,000円
統計調査士	通年	60分	7,000円
専門統計調査士	通年	90分	10,000円
データサイエンス基礎	通年	90分	7,000円
データサイエンス発展	通年	60分	6,000円
データサイエンスエキスパート	通年	90分	未定

※一般価格。このほかに学割価格あり。

（2023年 2 月現在）

●受験資格

誰でもどの種別でも受験できます。

各試験種別では目標とする水準を定めていますが，年齢，所属，経験等に関して，受験上の制限はありません。

●統計調査士とは

統計の役割，統計法規，公的統計が作成される仕組み等に加えて，主要な公的統計データの利活用方法に関する正確な理解を問うものです。

統計調査士試験の合格者には「統計調査士」の認定証を授与します。

●専門統計調査士とは

専門統計調査士検定は，調査の企画・管理，ならびにデータの高度利用の業務に携わる上で必要とされる，調査企画，調査票作成，標本設計，調査の指導，調査結果の集計・分析，データの利活用の手法等に関する基本的知識と能力を評価する検定試験です。

統計調査士と専門統計調査士の両方の試験に合格した場合，「専門統計調査士」の認定証を授与します。

専門統計調査士試験にのみ合格した場合，経過措置として試験合格の有効期間内に統計調査士試験に合格すれば認定証発行の条件を満たします。同様に統計調査士試験にのみ合格した場合，試験合格の有効期間内に専門統計調査士試験に合格すれば専門統計調査士の認定証を発行します。**経過措置は4年**（試験合格の有効期間5年間）です。

●試験の実施結果

最近5年間の実施結果は以下のとおりです。

統計調査士　実施結果

	申込者数	受験者数	合格者数	合格率
2021年11月	148	128	37	28.91%
2019年11月	536	450	240	53.33%
2018年11月	579	495	274	55.35%
2017年11月	490	424	230	54.25%
2016年11月	562	452	245	54.20%

※2020年試験は中止。

専門統計調査士　実施結果

	申込者数	受験者数	合格者数	合格率
2021年11月	87	74	19	25.68%
2019年11月	501	433	144	33.26%
2018年11月	390	323	87	26.93%
2017年11月	324	272	120	44.12%
2016年11月	303	257	76	29.57%

※2020年試験は中止。

試験（CBT）の実施方法

※実施については，統計検定のウェブサイトで最新情報を確認するようにしてください。

●**試験日程**　通年

●**申込方法**
1. 統計検定ウェブサイトの「申し込み」→「統計検定1級以外」→「CBT方式試験申込サイトへ」をクリックする。
2. 「受験の流れ」に沿って手続きを行う。
   ① 受験したい試験の［都道府県から探す］や［詳しい条件から探す］から，試験会場の候補を表示します。
   ② 試験会場名をクリックしてから［受験できる試験と日程］タブをクリックすると，その試験会場の試験カレンダーが表示されます。
   ③ 試験カレンダーの上部に表示されている連絡先に対して，ウェブサイトや電話で申し込みをしてください。

●**受験料**
　統計調査士　一般価格　7,000円（税込），学割価格　5,000円（税込）
　専門統計調査士　一般価格　10,000円（税込），学割価格　8,000円（税込）

●**試験時間**
　統計調査士：60分
　専門統計調査士：90分

●**合格水準**
　統計調査士は，100点満点に対して70点以上で合格となります。
　専門統計調査士は，100点満点に対して65点以上で合格となります。

●**再受験に関するルール**
　同一科目の2回目以降の受験は，前回の受験から7日以上経過することが必要です。

● **試験当日に持参するもの**
- 「Odyssey ID」と「パスワード」
- 受験票（試験会場によっては，「受験票」の発行がない場合があります）
- 写真付きの身分証明書（有効期限内である「運転免許証」「パスポート」「住民基本台帳カード」「個人番号カード」「社員証」「学生証」のいずれか1点）
- 電卓
  - ○ **使用できる電卓**
    四則演算（＋−×÷）や百分率（％），平方根（$\sqrt{\ }$）の計算ができる一般電卓または事務用電卓を1台（複数の持ち込みは不可）
  - × **使用できない電卓**
    上記の電卓を超える計算機能を持つ金融電卓や関数電卓，プログラム電卓，グラフ電卓，電卓機能を持つ携帯端末

＊試験会場では電卓の貸出しは行いません。
＊携帯電話などを電卓として使用することはできません。

● **計算用紙・数値表**
計算用紙と筆記用具，数値表は，試験会場で配布し，試験終了後に回収します。

統計調査士の出題範囲

●試験内容

統計検定3級合格程度の基礎知識に加えて，社会人に求められる公的統計の理解とその活用力の修得を評価します。

■統計の基本
・統計の意義と役割
・統計法規

■統計調査の実際
・統計調査の基本的知識
・統計調査委員の役割・業務

■公的統計の見方と利用
・統計の見方
・統計データの利活用

統計調査士　出題範囲表

NO	参　照　基　準　項　目		
	大項目	中項目	小項目
A．統計の基本			
1	統計の役割		統計の概念・歴史
			統計の種類
			統計と社会の関わり
2	統計法規	(1) 統計法の基本的内容	①統計法の果たす役割，統計法の目的・理念
			②統計の整備，統計調査の種類
			③調査結果の利用・提供
			④秘密の保護・守秘義務
		(2) 統計法に関連する他の法規	統計法に関する法（統計法施行令，統計法施行規則，統計業務に関するガイドライン等の内容）
B．統計調査の実際			
1	統計調査の基本的知識	(1) 統計機構と統計調査の流れ	①国の統計機構（調査実施府省と総合調整機関，分散型統計機構，統計委員会）
			②統計調査の流れ（国と地方の機能分担，地方統計機構，民間事業者の活用）
		(2) 調査企画の基本的事項	①統計調査の企画（目的，調査対象と調査単位，事業所の定義，調査事務の管理）
			②標本設計（単純無作為抽出法，層化抽出法，多段抽出法，集落抽出法，系統抽出法等）
			③結果の推計と調査誤差（線型推定，比推定，標本誤差と非標本誤差）
			④調査事項（調査票の設計，調査事項の設定）

NO	参　照　基　準　項　目		
	大項目	中項目	小項目
			⑤統計基準（産業分類，職業分類等）
			⑥調査方法（自計式・他計式，調査員調査，郵送調査，オンライン調査等）
			⑦審査と補定（実査段階・集計段階での審査，補定）
			⑧統計の公表（統計表の見方，公表手順，政府統計の総合窓口（e-Stat））
2	統計調査員の役割・業務		①調査員の使命と役割
			②調査員の法的位置付け，身分，報酬，安全対策，補償等
			③調査員の業務
C．公的統計の見方と利用			
1	統計の見方	(1) 経済・社会統計の概要	①経済・社会統計の概要
			②統計の利用に関しての留意点
		(2) 各分野の統計	①人口統計（国勢統計，人口動態統計，人口推計等）
			②労働統計（労働力統計，就業構造基本統計，毎月勤労統計，賃金構造基本統計等）
			③国民生活・消費統計（家計統計，全国家計構造統計，国民生活基礎統計，社会生活基本統計等）
			④産業・企業統計（経済構造統計，法人企業統計等）
			⑤国民経済計算，経済指数など（産業連関表，国民経済計算，各種経済指数等）
			⑥貿易統計，金融統計
2	統計データの利活用	(1) データの種類	データの種類（質的変数，量的変数，名義尺度，順序尺度，間隔尺度，比例尺度）
		(2) データの可視化	①基本的なグラフ（棒グラフ，折れ線グラフ，円グラフ，帯グラフ等）
			②その他のグラフ（レーダーチャート，地図グラフ，人口ピラミッド等）
		(3) 度数分布とヒストグラム	①度数分布，ヒストグラム
			②ローレンツ曲線とジニ係数
		(4) 代表値と散らばりの尺度	①データの代表値と分布の形状
			②データの散らばりと箱ひげ図
		(5) 2変数の関係の分析	①クロス集計表
			②散布図と相関，相関係数
		(6) 経済統計データの分析	①名目値と実質値
			②変化率と寄与度
			③季節性と季節調整

専門統計調査士の出題範囲

●試験内容

統計検定2級合格程度の専門知識に加えて，社会・経済で広く利用される統計や各種の調査データの作成過程，および利用上の留意点などに関する総合的な知識水準を評価します。

■調査の企画・運営
■調査の実施と指導
■調査データの利活用の手法

専門統計調査士　出題範囲表

	大項目		中項目		小項目
1	調査企画	(1)	基本設計	①	調査目的・対象・地域・時期の設定
				②	調査手法の選定
				③	スケジュール設定，回収計画，管理方法
				④	プリテスト（試験調査）
		(2)	実施体制	①	受託の際の諸手続・契約
				②	調査の実施・運営体制（事務・業務配分・人員配置ほか）
				③	外注計画と管理方法
		(3)	費用積算	①	費用積算の方法（直接経費，間接経費，一般管理費）
				②	工程別の経費と管理
		(4)	工程・品質・リスクの管理	①	業務委託・受託での留意点
				②	工程別の品質管理・監査（インスペクション）
				③	関係法令と対策（個人情報保護法，統計法等）
				④	第三者認証制度（ISOなど）
2	調査票作成	(1)	調査事項	①	調査目的と調査事項
				②	基本的な属性事項
				③	調査事項の組み合わせと配列
		(2)	質問と回答	①	質問文（ワーディング）
				②	回答形式（プリコード形式/自由回答形式）
				③	選択回答形式（二項分類型，多項分類型，尺度型，評定尺度型）
				④	選択肢の作成における留意点
		(3)	付随資料	①	調査対象（世帯/個人，企業/事業所等）の規定
				②	回答記入方法（記入のしかた等）
				③	調査票の付帯資料（お知らせ等）
		(4)	調査票・調査用品	①	様式（自計・他計，単記・連記，分量）
				②	デザイン（構成，分岐，配色等）
				③	依頼・挨拶・御礼
3	標本設計と結果の推計	(1)	標本抽出方法	①	母集団と標本，抽出枠
				②	無作為抽出と有意選出（割当法など）
				③	単純無作為抽出法（復元・非復元）
				④	系統抽出法（等間隔抽出法）
				⑤	多段抽出法（調査地点の考え方も含む）
				⑥	確率比例抽出法，不等確率抽出法
				⑦	層化抽出法
				⑧	エリアサンプリング
				⑨	タイム・サンプリング
		(2)	標本設計・結果の推計	①	標本規模・標本配分の決定
				②	標本誤差と非標本誤差
				③	推定式
				④	標準誤差の推定
				⑤	未回収・未回答データの補完・補正

	大項目		中項目		小項目
4	データの整理	(1)	検査	①	回収票の点検，疑義照会
				②	エラーチェック，修正・補完
		(2)	入力	①	コーディング
				②	データ入力（ベリファイ入力など関連手法を含む）
5	調査の種類と特徴	(1)	収集データの種類	①	量的調査，質的調査（定性調査），特徴
		(2)	調査対象の選定	①	全数調査，標本調査（無作為抽出法，割り当て法，典型法）
		(3)	アプローチ	①	探索的調査，検証的調査
6	調査手法（訪問調査）	(1)	特性	①	長所と短所
				②	調査員の役割と確保・選任
		(2)	実査と管理	①	調査協力の依頼
				②	教育の内容と方法（心得，ロールプレイングなど）
				③	進捗管理（工程管理，トラブル対応）
				④	調査用品，資料，回収票の管理
				⑤	回収率向上策と回答の品質管理
7	調査手法（郵送調査）	(1)	特性	①	長所と短所
				②	調査内容・調査対象と有用性
		(2)	実査と管理	①	督促・問合せ受付・回収進行管理
				②	郵送資材・謝礼等の工夫
				③	回答の品質管理
8	調査手法（電話調査）	(1)	特性	①	長所と短所
				②	標本抽出法（RDD法，顧客名簿）
				③	調査内容・調査対象と有用性
				④	質問聴取，疑義照会，督促，問合せ受付
		(2)	実査と管理	①	実施体制の構築，コールセンターの管理・運営
				②	実査管理者の役割と機能
				③	電話調査員の教育と指導
9	調査手法（インターネット調査）	(1)	特性	①	長所と短所
				②	電子調査票
				③	標本選定方法（アクセスパネル，オープン方式）
		(2)	実査と管理	①	システムの安全性確保（不正アクセス対策，システムダウン対策，人的セキュリティー）
				②	回答の品質管理（本人確認，不正回答，重複回答）
10	調査手法（装置設置型調査）視聴率調査，スキャン調査	(1)	特性	①	長所と短所
				②	調査内容と有用性
		(2)	実査と管理	①	システム・機器の保守・メンテナンス
				②	回答の品質管理（本人確認，不正回答，学習効果）
11	調査手法（定点（観測）調査・パネル調査）	(1)	特性	①	長所と短所
				②	調査内容と有用性
		(2)	実査と管理	①	実施体制の構築
				②	回答の品質管理（本人確認，不正回答，学習効果）
12	データ利活用の手法	(1)	データの分析	①	度数分布，ヒストグラム，箱ひげ図（四分位数），集中度
				②	クロス集計（仕組みと見方）
				③	代表値（平均値・中央値・最頻値）
				④	散布度（分散・標準偏差・四分位範囲・変動係数，分位数）
				⑤	基準化，歪度・尖度
				⑥	散布図と相関係数
				⑦	変化率と寄与度
				⑧	多変量解析の理解と結果の解釈（回帰分析，主成分分析，因子分析，クラスター分析）
		(2)	データの評価・解釈	①	信頼区間の考え方と実際
				②	仮説検定の考え方と実際
		(3)	調査・統計データの実際	①	市場調査（視聴率，スキャンパネル，広告調査，官能評価，製品開発，顧客満足等）
				②	世論調査
				③	社会調査
		(4)	分析結果のまとめ	①	適切な表現方法の選択（要約統計量，図・表の選択）
				②	統計表の作成の仕方（階級区分，分類）
				③	指標の作成

PART 2

統計調査士
2019年11月
問題／解説

2019年11月に実施された
統計調査士の試験で実際に出題された問題文を掲載します。
問題の趣旨やその考え方を理解できるように、
正解番号だけでなく解説を加えました。

　明治時代に内閣総理大臣を務めたことがあり，統計院設置のための建議を行い，その冒頭で「現在の国勢を詳明せざれば，政府すなわち施政の便を失う。過去施政の結果を鑑照せざれば，政府その政策の利弊を知るに由なし」と，統計の重要性を訴え，統計院の初代院長に就任した人物を，次の①〜⑤のうちから一つ選びなさい。

　1

　① 　大久保利通
　② 　大隈重信
　③ 　原敬
　④ 　福沢諭吉
　⑤ 　吉田茂

---

1 .... 　正解▶②

　本問は，我が国統計制度の整備に尽力した人物について問うている。

　我が国の統計は，明治期において，政府の統計組織の整備が行われるとともに，我が国初の国勢調査の実施に向けた検討が進められるなど，多くの発展がみられた。

　その中で，我が国の統計制度を確立したのが**大隈重信**である。彼は，明治・大正期の政治家として，我が国で最初の政党内閣を組織するなど内閣総理大臣を2度務め，また，東京専門学校（現在の早稲田大学）の創立者としても知られている。

　彼は，明治4（1871）年6月に大蔵省に統計司（8月には「統計寮」）を設置した。これは，我が国初めての政府の統計機構であった。その後，彼は，参議として統計院の創設を決意し，明治14（1881）年4月に統計院の設立について建議した。建議書の冒頭には，「現在の国勢を詳明せざれば，政府すなわち施政の便を失う。過去施政の結果を鑑照せざれば，政府その政策の利弊を知るに由なし」と謳われており，政府は，政策の良し悪しを判断するためには，現在の国の情勢を明らかにし，過去の施策の結果と比較してみる必要があると，統計データの必要性が簡明に表現されている。彼は，統計院が設置されると自ら統計院長に就き，統計の発展に大きな業績を残した。

　以上から，正解は②である。

参考情報：総務省統計局のホームページ
　　https://www.stat.go.jp/library/meiji150/index.html

問2

総務省が作成する消費者物価指数にはいくつかの系列があり，そのうち「帰属家賃を除く総合」という系列がある。帰属家賃の説明について，最も適切なものを，次の①～⑤のうちから一つ選びなさい。　2

① 借家に居住する世帯が支払う家賃
② 毎月の住宅ローン返済額
③ 持家の住宅の固定資産税及び都市計画税の合計額
④ 持家の住宅から得られるサービスを，通常の借家のサービスが生産され消費されるものと仮定して，それを市場価格で評価した計算上の家賃
⑤ 持家の住宅について，それが市場において取り引きされたと仮定して評価した時価評価額

2 ⋯⋯⋯⋯⋯⋯⋯⋯⋯⋯⋯⋯⋯⋯⋯⋯⋯⋯⋯⋯⋯⋯⋯⋯⋯⋯⋯⋯⋯⋯⋯⋯ 正解 ④

本問は，「帰属家賃」に関する知識について問うている。

帰属家賃とは，持ち家等で実際には家賃の受払を伴わない住宅等について，通常の借家や借間と同様のサービスが生産され消費されるものとみなして，それを市場価格で評価した帰属計算上の家賃をいう。

よって，正解は④である。

参考文献：「国民経済計算用語集」

問3

次の①～⑤にあげる指数と，その目的および作成・公表機関の説明について，最も適切なものを一つ選びなさい。　3

① 企業物価指数
　この指数は，企業間で取り引きされるサービスの価格変動を測定するものであり，日本銀行が作成・公表している。
② 東証株価指数
　この指数は，東証市場第一部に上場する内国普通株式全銘柄の日々の変動を測定した株価指数であり，内閣府が作成・公表している。
③ 鉱工業指数
　この指数は，鉱工業製品を生産する国内の事業所における生産，出荷，在庫に係る諸活動，製造工業の設備の稼働状況，各種設備の生産能力の動向を測定す

るものであり，経済産業省が作成・公表している。

④　不動産価格指数

この指数は，不動産の取引価格情報をもとに，全国・ブロック別・都市圏別・都道府県別に不動産価格の動向を指数化したもので，法務省が年に一度作成・公表している。

⑤　第3次産業活動指数

この指数は，第3次産業の活動を統一的にみるために，個別業種のサービスの生産活動を表す指数系列を，基準年の産業連関表による生産額をウェイトにして加重平均により算出したものであり，総務省が作成・公表している。

<hr>

3　·· **正解** ③

本問は，様々な指数についての理解を問うている。

①：不適切である。企業物価指数とは，企業間で取り引きされる財に関する物価の変動を測定するものであり，企業間で取り引きされるサービスの価格に焦点を当てた物価指数は，「企業向けサービス価格指数」である。両指数ともに日本銀行が作成・公表している。

②：不適切である。東証株価指数は，東京証券取引所が作成・公表している。

③：適切である。鉱工業生産指数は経済産業省が作成・公表している。

④：不適切である。不動産価格指数は，国土交通省が作成・公表している。

⑤：不適切である。第3次産業活動指数は経済産業省が作成・公表している。

　以上から，正解は③である。

<hr>

問4

厚生労働省「人口動態調査」から毎月把握できる事項について，適切でないものを，次の①～⑤のうちから一つ選びなさい。　**4**

① 出生数
② 死亡数
③ 就職件数
④ 婚姻件数
⑤ 離婚件数

<hr>

4　·· **正解** ③

　人口動態調査は，戸籍法及び死産の届出に関する規程により届け出られた出生，死亡，婚姻，離婚及び死産の全数を対象として，厚生労働省が毎月とりまとめ，公表している。

人口動態調査票は，出生票，死亡票，死産票，婚姻票，離婚票の５種であり，その概要は次のとおりである。
(1) 出生票：出生の年月日，場所，体重，父母の氏名及び年齢等出生届に基づく事項
(2) 死亡票：死亡者の生年月日，住所，死亡の年月日等死亡届に基づく事項
(3) 死産票：死産の年月日，場所，父母の年齢等死産届に基づく事項
(4) 婚姻票：夫妻の生年月，夫の住所，初婚・再婚の別等婚姻届に基づく事項
(5) 離婚票：夫妻の生年月，住所，離婚の種類等離婚届に基づく事項
　このように就職に関しては調査されていない。
　以上から，正解は③である。

問5

　基幹統計は，統計法において，行政機関が作成する統計のうち重要性が特に高い統計として位置づけられている。2019年５月現在における基幹統計に関する説明について，最も適切なものを，次の①～⑤のうちから一つ選びなさい。　5

① 基幹統計は重要性が高いことから，内閣総理大臣が指定することになっている。
② 基幹統計としては，統計調査によって作成される調査統計の数よりも，他の統計を加工することによって作成される加工統計の数のほうが多い。
③ 基幹統計の指定を受けている統計の数は50を超えている。
④ 財務省では基幹統計を作成していない。
⑤ 作成する基幹統計の数が最も多い府省は，経済産業省である。

　5　⋯⋯⋯⋯⋯⋯⋯⋯⋯⋯⋯⋯⋯⋯⋯⋯⋯⋯⋯⋯⋯⋯⋯⋯⋯⋯⋯⋯⋯⋯⋯　正解 ③
　本問は，統計法において重要性が特に高い統計として位置づけられる基幹統計に関する知識について問うている。
①：適切でない。基幹統計は，総務大臣が指定することとなっている（統計法第２条）。
②：適切でない。基幹統計の中で加工統計は，国民経済計算（内閣府），産業連関表（総務省など複数府省），生命表（厚生労働省），社会保障費用統計（厚生労働省），鉱工業指数（経済産業省）及び人口推計（総務省）の６統計となっており，そのほかの47統計は調査統計である。
③：適切である。2019年５月24日現在，基幹統計の指定を受けている統計は53である。
④：適切でない。財務省の法人企業統計は基幹統計の指定を受けている。また，産

業連関表は財務省も作成者となっている。

⑤：適切でない。作成する基幹統計の数が最も多いのは総務省で14統計[※]である。

なお，経済産業省は 9 統計[※]を作成している。

※経済構造統計及び産業連関表を含めている。

以上から，正解は③である。

（参考）　基幹統計一覧　　　　　　　　　　　　　　　　2019年 5 月24日現在

作成府省 （　）は統計の数	基幹統計
内閣府 （1）	国民経済計算
総務省 （12）	国勢統計，住宅・土地統計，労働力統計，小売物価統計，家計統計，個人企業経済統計，科学技術研究統計，地方公務員給与実態統計，就業構造基本統計，全国家計構造統計，社会生活基本統計，人口推計
財務省 （1）	法人企業統計
国税庁 （1）	民間給与実態統計
文部科学省 （4）	学校基本統計，学校保健統計，学校教員統計，社会教育統計
厚生労働省 （9）	人口動態統計，毎月勤労統計，薬事工業生産動態統計，医療施設統計，患者統計，賃金構造基本統計，国民生活基礎統計，生命表，社会保障費用統計
農林水産省 （7）	農林業構造統計，牛乳乳製品統計，作物統計，海面漁業生産統計，漁業構造統計，木材統計，農業経営統計
経済産業省 （7）	経済産業省生産動態統計，ガス事業生産動態統計，石油製品需給動態統計，商業動態統計，経済産業省特定業種石油等消費統計，経済産業省企業活動基本統計，鉱工業指数
国土交通省 （9）	港湾統計，造船造機統計，建築着工統計，鉄道車両等生産動態統計，建設工事統計，船員労働統計，自動車輸送統計，内航船舶輸送統計，法人土地・建物基本統計
総務省，内閣府，金融庁，財務省，文部科学省，厚生労働省，農林水産省，経済産業省，国土交通省及び環境省 （1）	産業連関表
総務省及び経済産業省 （1）	経済構造統計

問6

　公的統計の品質保証の取組みが，各国統計部局や国際機関において進められてきている。我が国においても，公的統計の品質保証に関するガイドラインが2010年に策定されており，品質評価のための品質要素を定めている。この品質要素に関する説明のうち，最も適切なものを，次の①～⑤のうちから一つ選びなさい。　**6**

① ニーズ適合性とは，作成された統計が，利用者のニーズを可能な限り満たしていることをいう。

② 適時性とは，作成された統計が，社会経済の実態を可能な限り正しく表していることをいう。

③ 解釈可能性・明確性とは，作成された統計が，利用者のニーズ・作成目的に応じて適時に公表されていることをいう。

④ 効率性とは，利用者が統計情報を適切に理解し，有効に活用するため，作成された統計に関する必要な情報が容易に入手・利用できることをいう。

⑤ 正確性とは，費用，報告者負担の観点から，最も適切な情報源・作成方法によって統計が作成されていることをいう。

---

6 .... **正解** ①

　本問は，我が国における公的統計の品質保証について，「公的統計の品質保証に関するガイドライン」（平成22年3月31日統計企画会議申合せ）に定められている品質の要素の意味について問うている。

①：適切である。ニーズ適合性とは，社会の様々な主体に広く有効に活用され得る情報基盤として，利用者のニーズを可能な限り満たした統計が作成されていることをいう。

②：適切でない。適時性とは，作成された統計が利用者のニーズ・作成目的に応じて適時に公表（提供）されていることをいう。

③：適切でない。解釈可能性・明確性とは，利用者が統計情報を適切に理解し，有効に活用するため，必要な情報が容易に入手・利用できるように提供されていること，及び統計の作成方法等に関する情報が公表されていることをいう。

④：適切でない。効率性とは，費用，報告者負担等の観点から，最も適切な情報源・作成方法によって作成されていることをいう。

⑤：適切でない。正確性とは，社会の様々な主体に広く有効に活用され得る情報基盤として，作成された統計が社会経済の実態を可能な限り正しく表していることをいう。

　以上から，正解は①である。

統計法施行令（平成20年政令第334号）第4条の別表一における基幹統計の規定と，その規定に該当する基幹統計を作成するための基幹統計調査の名称について，表中の（ア）～（ウ）に当てはまる調査の名称の組合せとして，最も適切なものを，下の①～⑤のうちから一つ選びなさい。　7

統計法施行令における規定	基幹統計調査の名称
住宅及び住宅以外で人が居住する建物（以下この項において「住宅等」という。）に関する実態並びに現住居以外の住宅及び土地の保有状況その他の住宅等に居住している世帯に関する実態を全国的及び地域別に明らかにすることを目的とする基幹統計	（ア）
国民の就業構造を全国的及び地域別に明らかにすることを目的とする基幹統計	（イ）
保健，医療，福祉，年金，所得等厚生行政の企画及び運営に必要な国民生活の基礎的事項を明らかにすることを目的とする基幹統計	（ウ）

① （ア）住宅・土地統計調査　（イ）労働力調査　　　　（ウ）社会生活基本調査
② （ア）住宅・土地統計調査　（イ）就業構造基本調査（ウ）社会生活基本調査
③ （ア）住生活総合調査　　　（イ）労働力調査　　　　（ウ）国民生活基礎調査
④ （ア）住宅・土地統計調査　（イ）就業構造基本調査（ウ）国民生活基礎調査
⑤ （ア）住生活総合調査　　　（イ）労働力調査　　　　（ウ）社会生活基本調査

7 ………………………………………………………………………… 正解 ④

本問は，基幹統計に関する法令の規定についての知識及び基幹統計として指定されている統計に関する知識を問うている。

基幹統計を作成する基幹統計調査においては，統計法第16条及び統計法施行令第4条に基づいて地方公共団体が実施することとされている部分がある。地方公共団体が行う事務の種類は，同令別表（第一～第五）に，基幹統計ごとに列挙されている。

（ア）：住宅・土地統計調査が当てはまる。住宅・土地統計調査は総務省の基幹統計調査である。住生活総合調査は国土交通省の一般統計調査である。一般統計調査に関しては，その事務を地方公共団体が行う場合であっても統計法及び統計法施行令に特段の規定はない。したがって，（ア）に該当するのは基幹統計調査である住宅・土地統計調査である。

（イ）：就業構造基本調査が当てはまる。労働力調査及び就業構造基本調査は，ともに総務省の基幹統計調査である。労働力統計の統計法施行令における規定は，「国民の就業及び不就業の状態を明らかにすることを目的とする基幹統計」となって

おり，全国の統計を作成している。一方，就業構造基本統計の規定では，労働力統計と同様だが，「全国的及び地域別に明らかにする」と規定されている。したがって，（イ）に該当するのは就業構造基本調査である。

（ウ）：国民生活基礎調査が当てはまる。社会生活基本調査は総務省の基幹統計調査であり，国民生活基礎調査は厚生労働省の基幹統計調査である。社会生活基本統計の統計法施行令における規定は，「国民の社会生活の基礎的事項を明らかにすることを目的とする基幹統計」となっている。一方，国民生活基礎統計では，厚生労働省が所管する行政施策を進めるための基礎資料を得ることを主たる目的としていることから，その中で「厚生行政の企画及び運営に必要」と規定されている。したがって，（ウ）に該当するのは国民生活基礎調査である。

以上から，空欄に当てはまる調査の名称の組合せとして正しいのは④である。

（参考）

統計法（平成19年法律第53号）（抄）
（地方公共団体が処理する事務）
第16条　基幹統計調査に関する事務の一部は，政令で定めるところにより，地方公共団体の長又は教育委員会が行うこととすることができる。

統計法施行令（平成20年政令第334号）（抄）
（地方公共団体が処理する事務）
第4条　基幹統計調査に関する事務のうち，別表第一の第一欄に掲げる基幹統計に係るものについてはそれぞれ同表の第二欄に掲げる当該事務の区分に応じ都道府県知事が同表の第三欄に掲げる事務を，市町村長（特別区の長を含む。以下同じ。）が同表の第四欄に掲げる事務を　（略）　行うこととする。
2　（略）
3　（略）

問8

民間企業等が保有するビッグデータなどについて，我が国の統計においても活用に向けた検討が進められている。ビッグデータの活用に関する説明として，適切でないものを，次の①〜⑤のうちから一つ選びなさい。　8

① 2017年5月に決定された統計改革推進会議の最終とりまとめでは，統計作成における，民間保有の各種データの積極的な利活用，それらを有機的・効果的に活用した統計的分析などを積極的に促進することとされている。

② 2018年3月に決定された第Ⅲ期公的統計基本計画では，民間企業等が保有するビッグデータの統計作成への活用について，報告者の負担軽減のみならず，正確で効率的な統計の作成にも寄与することから，各府省における積極的な利活用が必要であるとされている。

③ 2019年5月1日に一部改正が施行された現行の統計法では，民間企業等が保有するビッグデータの情報に関し，基幹統計を作成する行政機関の長から協力要請を受けた場合，その要請に応じることに関する努力義務の規定を新設している。

④ 総務省が所管する消費者物価指数では，既に民間企業の保有するデータを指数作成に活用している。具体的にはPOS（Point of Sales）データを用いて，パソコンやカメラなどの品目に関する指数を作成している。

⑤ 総務省が所管する労働力調査では，完全失業率の将来予測結果を算出する際に，SNS（Social Networking Service）から得られる，雇用・失業に関する様々なテキスト情報を活用して予測を行っている。

---

8 ··· **正解** ▶ ⑤

近年の情報通信技術の急速な発展に伴い，様々な分野でビッグデータの活用が進んでいる。我が国の公的統計においても，民間企業の保有するビッグデータなどの活用に向けた調査・研究が進められており，各種の閣議決定等においても，それらのデータの利活用に向けた検討を進めることとされている。本問は，このように注目を浴びている，民間企業等の保有するビッグデータなどと公的統計との関係について問うている。

①と②：適切である。選択肢に掲げられているいずれの決定においても，民間企業等が保有するビッグデータなどの公的統計の作成への利活用の有用性や，各府省における利活用を進めていくことの必要性について触れられている。

③：適切である。2019年に改正された統計法では，公的統計の作成に有用と考えられるビッグデータなどの情報に関して，基幹統計を作成する行政機関の長から協力要請を受けた場合，データの保有者がその要請に応じることについての努力義務の規定を新設している（統計法第3条の2）。

④：適切である。消費者物価指数では，一部の品目について，POSデータを活用して指数を作成している。たとえば，品質向上が著しく，製品サイクルが極めて短いパソコン及びカメラについては，POSデータを用いて，品質調整済みの価格変動を直接求めている。

⑤：適切でない。労働力調査では，結果表の作成において，SNSから得られる，雇用・失業等に関するテキスト情報を使用していない。また，労働力調査では，そもそも，完全失業率の将来予測結果の算出・公表は行っていない。

以上から，正解は⑤である。

参考文献：
- 総務省ホームページ：統計制度
- 総務省ホームページ：消費者物価指数に関するQ＆A
- 「統計法」（平成十九年法律第五十三号）
- 第Ⅲ期「公的統計の整備に関する基本的な計画」（平成30年3月6日閣議決定）
- 「統計改革推進会議最終とりまとめ」（平成29年5月19日統計改革推進会議決定）
- 大澤敦（2018）「統計改革と統計法等の改正：統計の精度向上・データ利活用等の推進,立法と調査」, 403, 3 -17, 参議院常任委員会調査室・特別調査室

問9

　統計調査における回答方式として，調査対象者が回答を自分で調査票に記入する自計方式と，調査対象者が調査員の質問に回答して調査員が調査票に記入する他計方式がある。次の（ア）～（オ）の説明について，他計方式の利点として適切な組合せを，下の①～⑤のうちから一つ選びなさい。　**9**

> （ア）調査対象者が，調査員のことを気にせず回答できる。
> （イ）調査対象者が調査事項について分からないことがあった場合でも，すぐに調査員が詳しく説明できる。
> （ウ）郵送調査による自計方式で回答してもらう場合に比べて，一般に調査費用を低く抑えることができる。
> （エ）回答に関して，誤った符号，異常な数値などの記入は少なくなる。
> （オ）調査対象者がいつ調査に回答するか自由に設定できる。

① （ア）と（ウ）
② （ア）と（オ）
③ （イ）と（エ）
④ （イ）と（オ）
⑤ （ウ）と（エ）

9 ………………………………………………………………………… **正解** ③

　本問は，統計調査の実施方法に関する知識について問うている。

　統計調査の実施方法として，調査対象者が回答を自分で調査票に記入する自計方式と，調査対象者が調査員の質問に回答して調査員が調査票に記入する他計方式がある。

　他計方式は，調査員が質問や説明を行いながら調査対象者から回答を得るため，難しい内容の調査事項であっても正確な調査を行うことができるなどの利点がある

一方で，調査員の調査活動時間中に調査対象者が不在の場合には調査が行うことが困難，調査対象者とのやりとりを行うために調査員を十分に訓練する必要などの課題もある。

（ア）：適切でない。他計方式の場合，調査対象者は調査員の質問に回答する方法で調査を行うことになる。調査員のことを気にせずに回答ができるのは自計方式である。自計方式では，近年，調査員を介さずに調査票を回収する方法としてインターネットを通じて回答を得る方法の導入が進んでいる。

（イ）：適切である。調査対象者が調査事項について分からないことがあった場合でも，他計方式であれば調査員が調査対象者に直接詳しい説明を行いながら回答を得ることができる。

（ウ）：適切でない。他計方式の場合，調査対象者とやりとりをする調査員を確保するための人件費が必要となるため，同一規模の調査を自計方式による郵送調査で行う場合に比べると，一般的に調査経費は高くなる。

（エ）：適切である。他計調査の場合，調査員がその場で調査対象者から回答を得て調査票を記入するため，誤りや異常な数値などの確認・訂正を行って正確な回答を得ることができる。

（オ）：適切でない。他計方式の場合，調査対象者は調査員の質問に回答する方法で調査を行うことになるため，いつ回答を行うかについては調査員との間で調整や制約が生じることになる。調査票にいつ記入するか調査対象者が自由に決めることができるのは自計方式である。

　以上から，他計方式の利点として適切な説明の組合せは（イ）と（エ）であり，正解は③である。

問10

　我が国の幅広い産業における企業等の経済活動の状況を明らかにする統計調査として，「経済構造実態調査」が創設され，第1回調査が2019年6月1日を調査期日として総務省と経済産業省によって共同で実施された。この調査は，従来実施されていた3調査を統合・再編し，創設されたものである。次の（ア）～（オ）の調査のうち，経済構造実態調査のもととなっている調査として適切な組合せを，下の①～⑤のうちから一つ選びなさい。　**10**

（ア）サービス産業動向調査（拡大調査） （イ）個人企業経済調査 （ウ）商業統計調査 （エ）特定サービス産業実態調査 （オ）経済センサス－基礎調査

① （ア）と（イ）と（エ）
② （ア）と（ウ）と（エ）
③ （イ）と（ウ）と（エ）
④ （イ）と（ウ）と（オ）
⑤ （ウ）と（エ）と（オ）

10 .... **正解** ②

　本問は，2019年6月1日を調査期日として第1回調査が実施された「経済構造実態調査」のもととなっている調査について問うている。

　経済構造実態調査の創設に当たっては，（ア）の**サービス産業動向調査（拡大調査）**，（ウ）の**商業統計調査**及び（エ）の**特定サービス産業実態調査**の3調査を統合・再編している。この新しい調査は，製造業及びサービス産業の付加価値等の構造を明らかにし，国民経済計算の精度向上等に資するとともに，5年ごとに実施する「経済センサス―活動調査」の中間年の実態を把握することを目的として毎年実施（経済センサス―活動調査の実施年を除く）することとしている。

　（イ）の個人企業経済調査は，全国の個人経営の事業所（個人企業）のうち，約4万事業所を対象に，事業主及び従業員に関する事項，事業経営上の問題点，1年間の営業収支などの経営実態を調査し，各種行政施策の基礎資料を得ることを目的として毎年実施する調査であり，（オ）の経済センサス―基礎調査は，我が国のすべての産業分野における事業所の活動状態等の基本的構造を全国及び地域別に明らかにするとともに，事業所・企業を対象とする各種統計調査の母集団情報を整備することを目的とした調査であるが，いずれの調査も経済構造実態調査のもととはなっていない。

　以上から，（ア）と（ウ）と（エ）の組合せが正しく，正解は②である。

問11

　統計調査において，多数調査項目（ロングフォーム）と少数調査項目（ショートフォーム）の2種類の調査票を作成し，それぞれの調査対象にどちらか1種類の調査票を配布して調査を行う方法をロングフォーム・ショートフォーム方式という。基幹統計調査のうち，実査の過程でロングフォーム・ショートフォーム方式が用いられている調査を，次の①〜⑤のうちから一つ選びなさい。**11**

① 就業構造基本調査
② 国勢調査
③ 個人企業経済調査
④ 民間給与実態統計調査

⑤　住宅・土地統計調査

┄┄┄┄┄┄┄┄┄┄┄┄┄┄┄┄┄┄┄┄┄┄┄┄┄┄┄┄┄┄┄┄┄

　本問は，統計調査において用いる調査票の様式について，実査の過程でロングフォーム・ショートフォーム方式が用いられている調査について問うている。

①：適切でない。就業構造基本調査は，国民の就業及び不就業の状態を調査し，全国及び地域別の就業構造に関する基礎資料を得ることを目的として５年ごとに実施しており，１種類の調査票で調査を実施している。

②：適切でない。国勢調査は，国内の人口・世帯の実態を把握し，各種行政施策その他の基礎資料を得ることを目的として５年ごとに実施しており，１種類の調査票で調査を実施している。

③：適切でない。個人企業経済調査は，個人経営の事業所の経営実態を明らかにし，中小企業振興のための基礎資料などを得ることを目的として毎年実施しており，１種類の調査票で調査を実施している。

④：適切でない。民間給与実態統計調査は，民間の事業所における年間の給与の実態を，給与階級別，事業所規模別，企業規模別等に明らかにし，併せて，租税収入の見積り，租税負担の検討及び税務行政運営等の基本資料とすることを目的として毎年実施しており，１種類の調査票で調査を実施している。

⑤：適切である。住宅・土地統計調査は，我が国における住戸（住宅及び住宅以外で人が居住する建物）に関する実態並びに現住居以外の住宅及び土地の保有状況，その他の住宅等に居住している世帯に関する実態を調査し，その現状と推移を全国及び地域別に明らかにすることにより，住生活関連諸施策の基礎資料を得ることを目的として５年ごとに実施しており，ショートフォームの調査票甲とロングフォームの調査票乙という２種類の調査票を作成し，調査単位区ごとに，調査票甲又は調査票乙のいずれか一方のみを配布して行っている。

　以上から，正解は⑤である。

参考文献：
・「統計実務基礎知識：平成30年３月改訂版」公益財団法人統計情報研究開発センター

問12

　一般統計調査として国の行政機関が実施している「景気ウォッチャー調査」は，地域ごとの景気動向を的確かつ迅速に把握し，景気動向判断の基礎資料とすることを目的として実施されている。この「景気ウォッチャー調査」に関する説明について，適切でないものを，次の①〜⑤のうちから一つ選びなさい。　**12**

① 調査は，地方自治を所管する総務省が実施している。
② 調査対象は，家計動向，企業動向，雇用など，代表的な経済活動項目の動向を敏感に反映する現象を観察できる適当な職種の中から選定した約2,000人である。
③ 調査項目には，景気の現状に対する判断（方向性）だけでなく，その理由も調査している。
④ 調査は，毎月実施している。
⑤ 実地調査は，地域ごとに「地域別調査機関」が担当している。

12 ⋯⋯⋯⋯⋯⋯⋯⋯⋯⋯⋯⋯⋯⋯⋯⋯⋯⋯⋯⋯⋯⋯⋯⋯⋯⋯ **正解** ①

　景気ウォッチャー調査は，内閣府が主管し，地域の景気に関連の深い動きを観察できる立場にある人々の協力を得て，地域ごとの景気動向を的確かつ迅速に把握し，景気動向判断の基礎資料とすることを目的とした調査である。

　同調査は，毎月，当月時点で実施され，調査期間は毎月25日から月末である。また，北海道，東北，北関東，南関東，甲信越，東海，北陸，近畿，中国，四国，九州，沖縄の12地域を対象とし，各調査対象地域については，地域ごとの実地調査を実施する「地域別調査機関」が担当しており，地域ごとの調査結果の集計・分析は，「取りまとめ調査機関」が実施している。

　また，同調査は，家計動向，企業動向，雇用等，代表的な経済活動項目の動向を敏感に反映する現象を観察できる適当な職種の中から選定した2,050人を調査客体としている。

　同調査の調査事項は，以下のとおり。

(1)　景気の現状に対する判断（方向性）
(2)　(1) の理由
(3)　(2) の追加説明及び具体的状況の説明
(4)　景気の先行きに対する判断（方向性）
(5)　(4) の理由

①：適切でない。この調査は内閣府が実施している。
②：適切である。この調査は，家計動向，企業動向，雇用等，代表的な経済活動項目の動向を敏感に反映する現象を観察できる適当な職種の中から選定した2,050人を調査客体としている。
③：適切である。この調査では判断（方向性），理由を調査している。
④：適切である。この調査は毎月実施している。
⑤：適切である。各調査対象地域については，地域ごとの実地調査を実施する「地域別調査機関」が担当している。

　以上から，正解は①である。

参考情報：内閣府のホームページ

https://www5.cao.go.jp/keizai3/watcher/watcher_menu.html

問13

日本標準産業分類では，事業所を，経済活動の場所的単位として定義している。実際の統計調査における事業所の説明として，最も適切なものを，次の①～⑤のうちから一つ選びなさい。 ☐ 13

① 同一のビルの中に経営主体が異なる店舗が複数あっても，同一の場所にあるとみて一つの事業所とする。

② 日々従業者が異なり，賃金台帳も備えられていないような詰所や派出所であっても，それらを管理する事業所とは別の事業所とする。

③ 建設工事の行われている現場は，その現場を管理する事務所とは別の事業所として扱う。

④ 経済活動の行われる場所が一定せず，他に特定の事業所を持たない個人タクシーの場合は，本人の住居を事業所とする。

⑤ 一つの敷地内に中学校と高等学校が併設されている場合は，学校の種類ごとに別の事業所とはせず，一つの事業所とする。

---

13 .... **正解** ④

本問は，経済活動を把握する単位としての事業所について，統計調査における事業所のとらえ方の理解を問うている。

事業所は，経済活動の場所的単位であり，（1）単一の経営主体の下において一定の場所すなわち一区画を占めて行われていること，（2）財又はサービスの生産と供給が，人及び設備を有して，継続的に行われていること，という要件を備えているものである。

①：適切でない。同一のビルにあっても，経営主体が異なれば，経営主体ごとに別の区画としてそれぞれを一事業所とする。

②：適切でない。日々従業者が異なり，賃金台帳も備えていないような詰所や派出所は，場所が離れていても原則としてそれらを管理する事業所に含めて一事業所とする。

③：適切でない。建設工事が行われている現場は事業所とせず，その現場を管理する事業所（個人経営等で事務所を持たない場合は，事業主の住居）に含めて一事業所とする。

④：適切である。経済活動が一定の場所で行われず，他に特定の事業所を持たない行商や個人タクシーなどの場合は，本人の住居を事業所とする扱いである。

⑤：適切でない。一つの敷地内に２つの学校が併設されている場合は，学校の種類ごとに別の事業所とする（この場合の学校とは，学校教育法の規定による学校とする）。

以上から，正解は④である。

問14

調査員が調査対象の世帯に調査書類の配布・回収を行うときの対応について，最も適切なものを，次の①～⑤のうちから一つ選びなさい。 **14**

① 調査書類の配布の際に何度か訪問しても不在だったため，調査対象の世帯に調査書類を配布したことがすぐに分かるように，調査書類がはみ出るように郵便ポストに投函した。

② 調査票の回収日を調査対象の世帯と相談した時に，世帯からしばらく不在にすると言われたため，記入した調査票はドアノブにかけてほしいと依頼し，後日ドアノブにかかっている調査票を回収した。

③ 調査対象の世帯が不在で調査票を回収できなかったため，マンションの管理人から調査票に記載する全ての項目を聞き取って調査票を作成した。

④ 調査対象の世帯から調査票の回収日を指定されたが，その日は都合が悪かったため，調査員の家族が代わりに調査票を回収した。

⑤ 調査票の回収の際に調査対象の世帯が不在だったため，再訪問予定日時を記載したメモを郵便ポストに投函した。

14 ··· **正解** ▶ ⑤

本問は，調査員が調査対象の世帯に調査書類の配布や回収を行うときの適切な対応について問うている。

①：適切でない。調査書類の紛失につながるおそれがあるため，不在の世帯に調査書類を配布する場合は，調査書類が郵便ポストからはみ出ることのないように，必要に応じて二つ折りするなどして郵便ポストに投函する。

②：適切でない。調査員が調査世帯から調査票を回収する際は調査世帯から直接受け取ることとなっており，記入した調査票をドアノブにかけての受け渡しは調査票の紛失及び個人情報の流失につながるおそれがある。

③：適切でない。調査には調査対象者が直接調査票に記入する自計方式と，調査員が調査対象者に面接して，必要な事項を書き込む他計方式と２つの調査方法があり，自計方式で調査票を回収できない場合は，全ての調査項目をマンションの管理人などの第三者から聞き取って作成することはできない。

④：適切でない。調査票の回収は統計調査員の身分を有する調査員または指導員が

17

行うこととなっており，調査員の家族は調査票の配布・回収を行うことはできない。なお，家族が調査員同行者としてあらかじめ登録してあった場合であっても調査票の配布・回収はできない。

⑤：適切である。調査対象の世帯が不在の場合は，再訪問予定日時を記載したメモを郵便ポストに投函し，世帯を訪問したことと，再度訪問することをメモで伝えることは適切な対応である。

以上から，正解は⑤である。

問15

次の記述は，公的統計調査の統計調査員が調査対象者を訪問し，調査への協力依頼や調査票の配布，回収等を行う際のやりとりを，調査対象者からの質問と，質問に対する統計調査員の回答の形で示したものである。質問に対する回答として適切でないものを，次の①～⑤のうちから一つ選びなさい。 | 15 |

① 調査対象者：忙しくて，とても話を聞いている暇が無い。そこに置いておいてほしい。

統計調査員：お忙しいところ申し訳ございません。大切な調査に協力をしていただきたく，お邪魔いたしました。調査の内容と調査票への回答方法などに関して，10分ほど御説明のお時間をいただけないでしょうか。あるいは，お忙しいようでしたら，今度の木曜日の10時ごろはいかがでしょうか。

② 調査対象者：隣の家に頼んだ方が，丁寧に対応してくれるのではないか。

統計調査員：限られた経費の中で，すべての方々に調査をお願いするのは難しく，一部の方々を全体の代表として無作為に選んで調査を行っております。他のお宅に調査対象を変えてしまうと，全体の縮図とならない可能性もあり，どうか，正確な統計を作成するため，調査への御協力をお願いします。

③ 調査対象者：氏名，年齢，電話番号など，こんなプライベートな情報まで調査する必要があるのか。

統計調査員：氏名，電話番号は調査票の内容に不明な点が生じた場合に確認させていただく際に必要なものです。また，年齢，学歴，年収，職業などの項目については，その違いごとに異なる実態を正しく表す統計を作成するために必要なものです。このような点を御理解いただき，御記入をお願いします。

④ 調査対象者：所得を回答させて，税金に関係があるのか。回答した内容が後で勧誘などに使われることはないか。

統計調査員：この統計調査によって集めた個人情報は，統計法により保護されます。回答いただいた内容については，統計の作成以外の目的で利用されることはございませんので，税金の徴収や勧誘などに使われることは絶対にあり

ません。安心して調査票に記入し，御提出ください。
⑤ 調査対象者：個人情報が含まれているので，統計調査には回答したくない。
　統計調査員：統計調査に従事する者の守秘義務など秘密の保護については，統計法に厳格に規定されております。個人情報は統計法によって厳格に保護され，秘密の保護の徹底が図られております。ただし，個人情報を回答いただくことに抵抗があるようでしたら，そのような調査事項は空欄にしていただいて構いません。

---

15 ··· **正解▶** ⑤

　本問は，統計調査員が調査対象者を訪問して調査票を配布し，面接を行う際の，調査対象者からの質問に対する適切な応答について問うている。調査対象となった世帯や企業には，忙しい中で回答に協力いただく場合もある。その際には，調査の重要性について理解いただき，正確な回答をしていただくために，丁寧な応答が必要とされる。

①：適切である。多忙のため，統計調査への回答が難しいと言われた場合であっても，調査の重要性を説明し，少しでも説明・回答の時間をいただけるよう，丁寧な説明を心がけ，調査への協力を依頼することが重要である。その際に，少しなら時間がとれるという場合には，調査の趣旨と調査票の記入について，手短に説明できるよう準備しておくことも必要である。

②：適切である。標本調査においては，標本が母集団全体の縮図となるように選ばれており，調査対象を他の世帯に単純に変更してしまうと，調査の結果が実態を正しく表さないものになるおそれもある。これらの点を理解いただき，正確な回答をしていただけるよう，丁寧に説明する必要がある。

③：適切である。氏名，電話番号，年齢，学歴，年収，職業などのプライベートな調査項目については，調査対象によっては記入しにくい場合もあるが，それらが調査実施後の疑義照会や，正確な統計の作成において重要である点について丁寧に説明し，調査への協力が得られるようにする必要がある。

④：適切である。統計法において，統計調査によって集められた情報は統計作成のためだけに利用されること，調査関係者の守秘義務，調査票情報の厳重管理など，個人情報の保護について徹底が図られていることなどに関する規程が設けられており，これらの情報の保護に関する措置を講じていることを，調査対象者に対して丁寧に説明する必要がある。

⑤：適切でない。統計調査員の発言の中で，「そのような調査事項は空欄にしていただいて構いません」の部分が，不適切な表現である。正確な統計を作成するために，調査対象者に対して，すべての項目について回答いただけるよう，統計調査の重要性について丁寧に説明し，協力が得られるように努める必要がある。

以上から，正解は⑤である。

参考文献：
・「統計実務基礎知識：平成30年3月改訂版」公益財団法人統計情報研究開発センター
・「統計調査員のしおり：平成29年2月改訂版」公益財団法人統計情報研究開発センター
・総務省統計局ホームページ：各種調査に関するＱ＆Ａ

問16

　調査員調査において，統計調査員が調査対象者に対して調査票の配布や面接を行う際に留意すべき点について，適切でないものを，次の①～⑤のうちから一つ選びなさい。　16

① 　調査票に使用されている用語には，すべて，どのような意味か，どのような範囲を指すかという意味づけがされている。このことを踏まえ，統計調査員は，用語の意味を正しく理解し，調査対象者に十分説明できるように心がけることが必要である。

② 　統計調査員が調査対象者に質問をしながら調査票に記入していく調査では，調査票に並べられている質問の順序を必ずしも守る必要はなく，調査対象者の反応をみながら，よりよい回答が得られるように，適宜の判断で回答の順序を変更する柔軟性が求められる。

③ 　調査対象者は忙しい中で，時間を割いて調査に協力している。したがって，調査への協力を得やすく，円滑な調査の実施に資するよう，調査の際には，調査対象者への訪問及び面接について，手際よく行う必要がある。

④ 　回収した調査票について，不明な点が後になって発見されることもあり，そのような場合には再調査のための訪問や電話連絡をする可能性がある。よって，あらかじめ「後日お伺いしたり，電話でお尋ねしたりする場合があります」と伝えておくことは重要である。

⑤ 　1日に多くの調査対象者を訪問する場合，調査中に，他の調査対象者が気になる場合もあるが，調査への協力を得てスムーズに調査を行うために，「あなたの協力を得たい」という気持ちが伝わるよう，現在訪問している調査対象者に集中する必要がある。

16 ·· 　**正解** ②

　本問は，世帯や企業などの調査対象を訪問・面接して統計調査を行う際に，調査の重要性を理解いただき，回答に協力していただくために必要となる，統計調査員の心構えや留意点などについて問うている。

①：適切である。統計調査において使用される用語は，その意味するところや対象となる範囲などが厳格に定義されており，普段使用される場合と異なる意味で用いられる場合もある。このような点に関し，回答に当たって誤解の無いようにするために，調査員は，それらの用語の意味を正しく理解し，調査対象に十分に説明できるように心がけることが必要である。

②：適切でない。調査票には，調査対象者が答えやすいように調査事項が配置されており，質問の順序に従うことで，スムーズな回答が得られると考えられる。勝手に質問の順序を変更した場合，調査漏れや前の調査事項に結果が影響されてしまう場合や，回答しにくい項目が先に来ることによって調査への協力が得られなくなるおそれもある。

③と④：適切である。調査対象者には，ときには多忙な中，限られた時間で調査への回答に協力いただいていることもある。その際に，調査の説明などで時間がかかったり，後日の訪問があると知らなかったりした場合のトラブルを避けるためにも，選択肢で示したような点に注意する必要がある。

⑤：適切である。調査対象に対しては，調査票を提出していただいたことについて，丁寧に感謝の意を表することが必要である。1日に複数の調査対象を回る必要がある場合であっても，1つ1つの対応がおろそかにならないよう，また，調査対象が「自分は多くの中の一人に過ぎない」という気持ちにならないよう，目の前の調査対象に集中することが必要である。

　以上から，正解は②である。

参考文献：
・「統計実務基礎知識：平成30年3月改訂版」公益財団法人統計情報研究開発センター
・「統計調査員のしおり：平成29年2月改訂版」公益財団法人統計情報研究開発センター
・総務省統計局ホームページ：各種調査に関するＱ＆Ａ

次の記事は，総務省の「住民基本台帳人口移動報告」の結果に関するものである。記事中の _____ にあてはまる最も適切な語句を，下の①〜⑤のうちから一つ選びなさい。　17

都内への人口集中進む，18年は9％増　人口移動報告

　総務省が31日に発表した2018年の住民基本台帳に基づく人口移動報告によると，東京都内の _____ （外国人を含む）は17年比9％増の7万9844人だった。「職住近接」志向がより高まっており，都心部への人口流入が依然として続いている。人口増に対応するため，教育や交通といった社会インフラの整備が引き続き行政の大きな課題となる。

　　資料：2019（平成31）年1月31日付日本経済新聞電子版（抄）※一部変更

① 転入超過数
② 転出者数
③ 通学者数
④ 通勤者数
⑤ 昼間人口

---

17 .... **正解▶①**

　住民基本台帳人口移動報告は，総務省統計局が住民基本台帳法（昭和42年法律第81号）の規定に基づいてデータの提供を受けて毎月作成しており，月々の国内における人口移動の状況を明らかにするものである。この調査の結果は，各種白書や地域人口の動向研究等の基礎資料などに利用されている。

①：正しい。

②：誤り。記事の冒頭に「都内への人口集中進む」とあり，また，転出者数では職住近接志向，「人口流入が依然として続いている」という文脈にそぐわない。

③：誤り。東京都内の通学者数が8万人程度とは考えられない。

④：誤り。東京都内の通勤者数が8万人程度とは考えられない。

⑤：誤り。東京都内の昼間人口が8万人程度とは考えられない。

以上から，正解は①である。

問18

次の記事は，我が国における女性研究者の人数に関するものである。この記事は，ある基幹統計調査の結果に基づいている。その基幹統計調査の名称として適切なものを，下の①〜⑤のうちから一つ選びなさい。　**18**

女性研究者　最多15万人

2018年3月末現在の女性研究者の数は15万500人（前年比4.5％増）で過去最多だった。研究者全体に占める女性の割合も，過去最高の16.2％となった。

女性研究者数は，データが比較できる02年以降，16年連続で増加している。同省は，女性の社会進出が背景にあるとみている。企業や研究機関などに採用され，新しく研究者になった女性は7240人で，農学や理学分野での増加が目立った。

資料：2018（平成30）年12月17日　読売新聞（抄）

① 社会生活基本調査
② 学校基本調査
③ 就業構造基本調査
④ 科学技術研究調査
⑤ 社会教育調査

---

18 ·· **正解▶**④

本問は，我が国における女性研究者の数に関する新聞記事の内容から，該当する基幹統計調査の名称について問うている。男女別・分野別の研究者の数や分野別の科学技術研究費について詳細に調べている基幹統計調査は，総務省の実施する科学技術研究調査である。

以上から，正解は④である。

参考文献：
・「統計調査結果の活用事例『統計は国民の共有財産』」平成27年版（総務省統計局）
・「明日への統計2019」（総務省統計局）
・「統計でみる日本の科学技術研究：平成30年科学技術研究調査の結果から」（総務省統計局）
・総務省統計局ホームページ：科学技術研究調査　調査の概要

次の a〜c は，総務省「平成29年就業構造基本調査」における調査項目の一部である。これらの調査項目から得られる調査結果について，最も適切な説明を，下の ①〜⑤ のうちから一つ選びなさい。なお，問題作成のために調査項目における記述を一部変更した。 **19**

$a.$ 就業時間延長の希望の有無

現在より就業時間を増やしたいと思っていますか。

   1　今のままでよい　　2　増やしたい　　3　減らしたい

$b.$ 1回当たりの雇用契約期間（雇用契約期間に「定めがある」と回答した場合）

1	1か月未満	2	1か月以上3か月以下
3	3か月超6か月以下	4	6か月超1年以下
5	1年超3年以下	6	3年超5年以下
7	5年超	8	期間がわからない

$c.$ 雇用契約の更新回数

この仕事で雇用契約を更新した回数を記入してください。

更新回数　　（　　　　　）回

資料：総務省「平成29年就業構造基本調査」

① a は量的変数，b と c は質的変数である。
② a と c は量的変数，b は質的変数である。
③ a と b は質的変数，c は量的変数である。
④ a と b と c はすべて量的変数である。
⑤ a と b と c はすべて質的変数である。

---

19 ··· **正解** ③

本問は，質的変数と量的変数の分類について問うている。

a：就業時間延長の希望の有無は，今まででよい，増やしたい，減らしたいに分類されるため，質的変数である。

b：1回当たりの雇用契約期間は，期間の長さなどに基づいて，1か月未満，1か月以上3か月以下，期間がわからないなどに分類されるため，質的変数である。

c：雇用契約の更新回数は，1以上の数値で表され，その数値の差が意味をもつため，量的変数である。

以上から，正解は③である。

問20

　厚生労働省「平成28年病院報告」に基づき，都道府県別の常勤医師1人1日当たり一般病院外来患者数（以下，単に「外来患者数」という。）と常勤医師1人1日当たり一般病院在院患者数（以下，単に「在院患者数」という。）の散布図と箱ひげを作成した。

〔1〕　次の図1は，都道府県をA地域（中国・四国・九州・沖縄）とB地域（A地域以外）に層別した外来患者数と在院患者数の散布図である。この図に関する説明として，最も適切なものを，下の①〜⑤のうちから一つ選びなさい。
　　 20

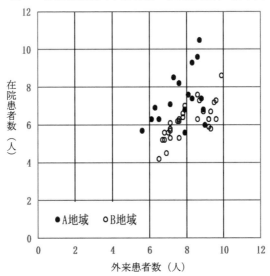

図1　都道府県別外来患者数と在院患者数の散布図

資料：厚生労働省「平成28年病院報告」

①　外来患者数が6人以上8人以下の範囲では，在院患者数の平均は，A地域の方が，B地域よりも大きい。

②　B地域では，外来患者数と在院患者数の間に負の相関がある。

③　A，B両地域をあわせた47都道府県全体では，外来患者数と在院患者数の間に相関はない。

25

④ 外来患者数と在院患者数の相関係数は，B地域の方がA地域より小さい。
⑤ 外来患者数が2人多くなると，在院患者数が平均的に8人増える傾向がある。

〔2〕次の図2は，A地域，B地域それぞれについて作成した外来患者数と在院患者数の箱ひげ図であり，図中の（ア）～（エ）はいずれかの箱ひげ図を示している。A地域・B地域と外来患者数・在院患者数の組合せとして，最も適切なものを，下の①～⑤のうちから一つ選びなさい。 21

図2　A地域・B地域における都道府県別外来患者数・在院患者数の箱ひげ図

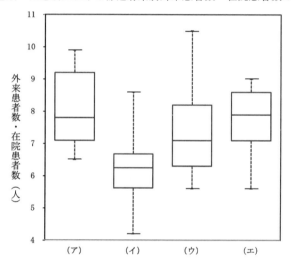

注：ひげの両端は最大値及び最小値である。

資料：図1に同じ。

① （ア）A地域の外来患者数（イ）B地域の在院患者数
　（ウ）A地域の在院患者数（エ）B地域の外来患者数
② （ア）B地域の外来患者数（イ）A地域の在院患者数
　（ウ）B地域の在院患者数（エ）A地域の外来患者数
③ （ア）B地域の外来患者数（イ）B地域の在院患者数
　（ウ）A地域の外来患者数（エ）A地域の在院患者数
④ （ア）B地域の外来患者数（イ）A地域の外来患者数
　（ウ）A地域の在院患者数（エ）B地域の在院患者数

⑤ （ア）B地域の外来患者数 （イ）B地域の在院患者数
　　（ウ）A地域の在院患者数 （エ）A地域の外来患者数

〔1〕 **20** .... **正解** ①

　本問は，散布図の見方を問うている。

①：正しい。横軸の6人以上8人以下の範囲で縦軸方向の平均値を目算すると，A地域（黒丸）の方が，B地域（白丸）よりも大きいことが分かる。

②：誤り。B地域（白丸）のグラフは右上がりになっており，正の相関がある。

③：誤り。A地域とB地域を合わせても，グラフは右上がりになっており，正の相関がある。

④：誤り。B地域（白丸）のグラフの方がA地域（黒丸）よりも右上がりの直線関係が強く，相関係数も大きい。

⑤：誤り。散布図から，横軸が2人増えても，縦軸が8人も平均的に増加するようには見えない。

　以上から，正解は①である。

〔2〕 **21** .... **正解** ⑤

　本問は，散布図と箱ひげ図の関係を問うている。散布図を横軸方向（外来患者数）でみると，B地域の方がA地域よりも高位に位置していることが分かる。また，縦軸方向でみると，A地域の方がB地域よりも高位に位置していくことが分かる。また，4つの分布の中で最も低位に位置するのはB地域の在院患者数（縦軸）である。これらと，最大値・最小値から判断できる。

（ア）：6.5から10の範囲に収まっている。これはB地域の外来患者数である。

（イ）：最も低位に位置するので，B地域の在院患者数である。

（ウ）：最も高位に位置するので，A地域の在院患者数である。

（エ）：5.5から9の範囲に収まっている。これはA地域の外来患者数である。

　以上から，正解は⑤である。

次の表1は，総務省「平成28年経済センサス−活動調査」に基づく2016年の鉄鋼業の従業者規模別事業所数と，それをもとに算出した事業所数と従業者数の比率や累積比率などのデータである。

表1　従業者規模別事業所数と事業所数・従業者数の比率・累積比率

(鉄鋼業，2016年)

従業者規模	階級値	事業所数		比率		累積比率	
(人)	(A)	(B)	(A)×(B)	事業所数	従業者数	事業所数	従業者数
1〜4人	2.5	3680	9200.0	0.418	0.038	0.418	0.038
5〜9人	7.0	1703	11921.0	0.194	0.049	0.612	0.087
10〜19人	14.5	1387	20111.5	0.158	0.083	0.769	0.170
20〜29人	24.5	650	15925.0	0.074	0.066	0.843	0.236
30〜49人	39.5	546	21567.0	0.062	0.089	0.905	0.324
50〜99人	74.5	437	32556.5	0.050	0.134	0.955	0.459
100〜199人	149.5	222	33189.0	0.025	0.137	0.980	0.595
200〜299人	249.5	76	18962.0	0.009	0.078	0.989	0.674
300人以上	800.0	99	79200.0	0.011	0.326	1.000	1.000
合計		8800	242632.0	1.000	1.000		

資料：総務省「平成28年経済センサス−活動調査」

〔1〕この表から計算される鉄鋼業の事業所当たりの従業者数の平均値と中央値について，最も適切な組合せを，次の①〜⑤のうちから一つ選びなさい。ただし，中央値が含まれる階級の階級値を中央値とする。　**22**

① 平均値：　7.0人　　中央値：　7.0人
② 平均値：27.6人　　中央値：　7.0人
③ 平均値：27.6人　　中央値：149.5人
④ 平均値：151.3人　　中央値：　7.0人
⑤ 平均値：151.3人　　中央値：149.5人

〔2〕次の表2は，表1と同様のデータを2016年の小売業について示したものである。

表2　従業者規模別事業所数と事業所数・従業者数の比率・累積比率
（小売業，2016年）

従業者規模 （人）	階級値 （A）	事業所数 （B）	(A)×(B)	比率		累積比率	
				事業所数	従業者数	事業所数	従業者数
1～4人	2.5	583342	1458355.0	0.593	0.170	0.593	0.170
5～9人	7.0	200444	1403108.0	0.204	0.163	0.796	0.333
10～19人	14.5	123724	1793998.0	0.126	0.209	0.922	0.541
20～29人	24.5	37893	928378.5	0.039	0.108	0.961	0.649
30～49人	39.5	20524	810698.0	0.021	0.094	0.981	0.744
50～99人	74.5	12520	932740.0	0.013	0.108	0.994	0.852
100～199人	149.5	4391	656454.5	0.004	0.076	0.999	0.928
200～299人	249.5	816	203592.0	0.001	0.024	0.999	0.952
300人以上	800.0	516	412800.0	0.001	0.048	1.000	1.000
合計		984170	8600124.0	1.000	1.000		

資料：表1に同じ。

　事業所ごとの従業者規模の格差をみるために，表1及び表2から，事業所数の累積比率を横軸，従業者数の累積比率を縦軸にとって，横の長さが1，縦の長さが1の正方形の中に，鉄鋼業と小売業のローレンツ曲線を描いた。その図に関する次の文中の（ア）～（エ）に入る適切な語句の組合せを，下の①～⑤のうちから一つ選びなさい。　**23**

　鉄鋼業と小売業のローレンツ曲線のうち，図の正方形の対角線である（　ア　）により近くに位置するのは（　イ　）である。したがって，鉄鋼業と小売業では（　ウ　）の方がジニ係数は大きい。以上のことから，事業所ごとの従業者規模の格差が大きいのは（　エ　）である。

① （ア）無差別曲線　（イ）鉄鋼業　（ウ）小売業　（エ）小売業
② （ア）無差別曲線　（イ）小売業　（ウ）鉄鋼業　（エ）鉄鋼業
③ （ア）均等分布線　（イ）鉄鋼業　（ウ）小売業　（エ）小売業
④ （ア）均等分布線　（イ）小売業　（ウ）鉄鋼業　（エ）鉄鋼業
⑤ （ア）均等分布線　（イ）小売業　（ウ）小売業　（エ）鉄鋼業

〔1〕　**22**　··　**正解▶②**

　本問は，従業者規模別事業所数のデータに基づく従業者数・事業所数の比率・累積比率から算出される従業者数の平均値・中央値の大きさについて問うている。
　従業者数の平均値は，総従業者数を事業所数の合計で割ればよい。総従業者数は，

各階級の従業者数の階級値×事業所数の合計，すなわち，表の（A）×（B）の合計に対応する．よって，242632.07÷8800 = 27.57… ≒ 27.6〔人〕となる．

中央値は，従業者数を大きさの順に並べたときの順位が真ん中の事業所の従業者数であるので，事業所の累積相対度数（累積比率）が0.5に対応する事業所の従業者数である（よって，従業者数の累積比率をみてはいけないことに注意せよ）．事業所数の累積比率をみると，1～4人の階級が0.418，5～9人の階級が0.612であるから，累積比率0.5が含まれるのは5～9人の階級であり，その階級の中央値は7.0人である．

以上から，正解は②である．

〔2〕 **23** .... 正解 ④

本問は，所得分配などの不平等度（格差）を表すローレンツ曲線とジニ係数の大きさ関係について問うている．この問題で与えられたデータによって，事業所ごとの従業者規模の格差をみることができる．

ローレンツ曲線は，表で与えられた事業所数の累積比率を横軸，従業者数の累積比率を縦軸にとって，横の長さが1，縦の長さが1の正方形の中に，各階級について両者の対応する点を結んだ曲線であり，その対角線である45度線は格差のない状態を表し，均等分布線・完全平等線などと呼ばれる．よって，（ア）には「均等分布線」が入る．

鉄鋼業と小売業についてローレンツ曲線を描くと，下図のようになる．

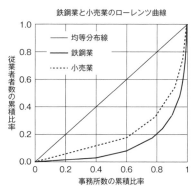

図から明らかなように，ローレンツ曲線が均等分布線（45度線）からより離れている鉄鋼業の方が，小売業よりも従業者規模の格差が大きいことがわかる．よって，（イ）には「小売業」が入り，（エ）には「鉄鋼業」が入る．

ジニ係数は，均等分布線（45度線）とローレンツ曲線によって囲まれた面積を2倍することによって求められ，0から1の間をとる．ジニ係数が大きいほどローレ

ンツ曲線は均等分布線から離れており，従業者規模の格差は大きい。したがって，ローレンツ曲線が均等分布線からより離れている鉄鋼業の方がジニ係数は大きくなり，（ウ）には「鉄鋼業」が入る。

　以上から，空欄に当てはまる語句の組合せとして正しいのは④である。

問22

　次の図は，林野庁「都道府県別森林率・人工林率（平成29年3月31日現在）」から作成した，都道府県別森林率の度数分布である。ただし，各階級は30％以上40％未満のように，下限値を含み，上限値を含まないものとする。なお，森林率とは，国土面積のうち森林面積の占める割合（％）である。このグラフについて，最も適切な説明を，下の①〜⑤のうちから一つ選びなさい。　24

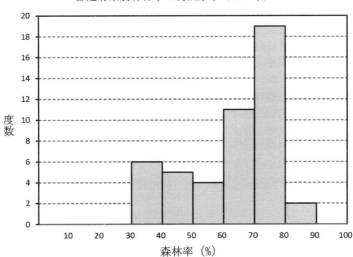

都道府県別森林率の度数分布（2017年）

資料：林野庁「都道府県別森林率・人工林率（平成29年3月31日現在）」

① 中央値は70％以上80％未満である。
② 47都道府県の森林率の算術平均（森林率を合計して47で割った値）は，日本全国の森林率と同じ値になる。
③ 森林率の度数分布は右裾の長い分布である。
④ 四分位範囲（第3四分位数と第1四分位数との差）は40％ポイントよりも大

きい。

⑤ 第1四分位数は50%以上60%未満である。

---

24 ⋯⋯⋯⋯⋯⋯⋯⋯⋯⋯⋯⋯⋯⋯⋯⋯⋯⋯⋯⋯⋯⋯⋯⋯⋯⋯⋯ **正解** ⑤

本問は，林野庁「都道府県別森林率・人工林率」を用いて作成した度数分布から，中央値，四分位数，四分位範囲，度数分布の形状などについて読み取れるかを問うている。

①：適切でない。森林率の中央値は，データの個数47の真ん中である小さい方から24番目にあたる都道府県の森林率である。図の度数から，60%未満に15（＝6＋5＋4）番目までが含まれ，60%以上70%未満の階級には16番目から26番目までが含まれることがわかる。したがって，中央値である24番目の森林率は60%以上70%未満の階級に含まれる。

②：適切でない。47都道府県の森林率の算術平均は，47都道府県の森林率の合計を47で割った値であり，日本全国の森林率とは異なる値となる。47都道府県の森林率にそれぞれの都道府県の国土面積を乗じて和をとり，その和を日本全国の国土面積で割れば，日本全国の森林率と同じ値となる。

③：適切でない。森林率の度数分布は左裾の長い分布である。

④：適切でない。第1四分位数は小さい方から12番目にあたる都道府県の森林率，第3四分位数は小さい方から36番目にあたる都道府県の森林率である。第1四分位数である12番目の森林率は50%以上60%未満の階級に含まれ，第3四分位数である36番目の森林率は70%以上80%未満の階級に含まれる。したがって，第3四分位数と第1四分位数との差である四分位範囲は，30%ポイントより大きくならない。

⑤：適切である。第1四分位数である12番目の森林率は50%以上60%未満の階級に含まれる。

以上から，正解は⑤である。

問23

　総務省「平成30年家計調査」に基づき，「穀物」，「魚介類」，「肉類」，「調理食品」及び「外食」の各費目について，2018年12月における二人以上の世帯の１世帯当たり１か月間の日別支出額（31日分）の平均値，中央値及び標準偏差を算出した。次の図１は，横軸に平均値，縦軸に中央値をとった散布図であり，図２は，横軸に平均値，縦軸に標準偏差をとった散布図である。

図１ 平均値と中央値の散布図　　　　図２ 平均値と標準偏差の散布図

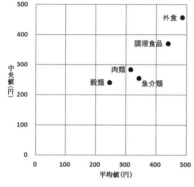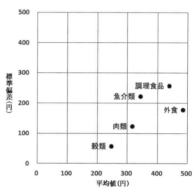

資料：総務省「平成30年家計調査」

〔１〕平均値から中央値を差し引いた値が最も大きい費目を，次の①～⑤のうちから一つ選びなさい。　| 25 |

　　①　穀類　　②　魚介類　　③　肉類　　④　調理食品　　⑤　外食

〔２〕変動係数が最も小さい費目を，次の①～⑤のうちから一つ選びなさい。
　　| 26 |

　　①　穀類　　②　魚介類　　③　肉類　　④　調理食品　　⑤　外食

〔１〕　| 25 | ⋯⋯⋯⋯⋯⋯⋯⋯⋯⋯⋯⋯⋯⋯⋯⋯⋯⋯⋯⋯⋯⋯⋯⋯ **正解▶②**

　本問は，「穀類」，「魚介類」，「肉類」，「調理食品」，及び「外食」の各費目について，１世帯当たり日別支出額データ31日分（2018年12月）から求めた平均値と中央値の関係を問うている。

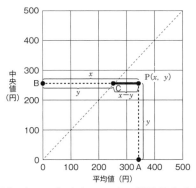

　上の図で点Ｐの座標を（x, y）とし，45度の補助線を破線で描けば，AP＝BC
となるため，中央値yを横軸に平行な線分BCの長さとしてとらえることができる。
平均値xから中央値yを差し引いた値は，横軸と平行で45度線より右側に表れる線
分CPの長さ（図中の太実線）に相当する。つまり，各費目について，このCPに相
当する線分の長さを読み取り，線分が最も長くなる費目を選べばよい。出題の散布
図（図１）では，魚介類がこれに該当する。

　以上より，正解は②である。

〔2〕　**26** ･･

　本問は，１世帯当たり日別支出額データ31日分（2018年12月）に基づいて求めた
各費目（「穀類」，「魚介類」，「肉類」，「調理食品」，及び「外食」）の平均値と標準
偏差に関する散布図から，変動係数の大きさを読み取ることを問うている。

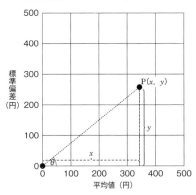

　変動係数は，標準偏差yを平均値xで割ることによって求められる。図におい
てy/xは，原点から座標Ｐまでのばした線分の傾き，すなわち角度θの大きさに対

応する。つまり，変動係数が最小である費目とは，原点から各費目の座標までのばした線分を考え，その線分が横軸となす角度θの最も小さくなるものである。出題の散布図（図 2 ）では，穀類がこれに該当する。

以上より，正解は①である。

問24

次の資料は，法務省「平成30年末現在の在留外国人数について」の発表資料の一部である。なお，問題作成のために記述を一部変更した。

> 平成30年末における中長期在留者数は240万9,677人，特別永住者数は32万1,416人で，これらを合わせた在留外国人数は273万1,093人となり，前年末に比べ，16万9,245人増加し，過去最高になりました。国籍・地域別の上位10か国・地域のうち，増加が顕著な国籍・地域としては，ベトナムが33万835人（対前年末比 6 万8,430人増），ネパールが 8 万8,951人（同8,913人増），インドネシアが 5 万6,346人（同6,364人増）となっています。

資料：法務省「平成30年末現在の在留外国人数について」（平成31年 3 月22日）

〔1〕この資料に基づいて算出される平成29年末から平成30年末までの在留外国人数の変化率として，最も適切な値を，次の①〜⑤のうちから一つ選びなさい。
27

① 6.2％   ② 6.6％   ③ 7.0％   ④ 7.6％   ⑤ 11.8％

〔2〕上記〔1〕の変化率に対するベトナムの寄与度として，最も適切な値を，次の①〜⑤のうちから一つ選びなさい。 **28**

① 1.9％   ② 2.7％   ③ 3.2％   ④ 12.1％   ⑤ 26.1％

〔1〕 **27** ……………………………………………………… **正解▶②**

本問は，法務省「平成30年末現在の在留外国人数について」に基づく在留外国人数のデータからの在留外国人数の変化率の算出方法を問うている。

変化率は，基準時点から比較時点までの増減量について，基準時点の値を100％に換算したときの比率として表現した指標である。比較時点のデータをy_tとすると，1 年前を基準時点とするときに基準時点のデータはy_{t-1}となる。ここで，1 年前からの変化率（％）は，以下のように定義される。

$$1\text{ 年前からの変化率} = \frac{y_t - y_{t-1}}{y_{t-1}} \times 100$$

発表資料の「平成30年末における在留外国人数は273万1,093人となり，前年末に比べ，16万9,245人増加し，過去最高になりました」という記述から，$y_t = 2731093$，$y_{t-1} = 2731093 - 169245 = 2561848$となる。これらのデータを用いて，平成29年末から平成30年末までの在留外国人数の変化率は，

$$\frac{2731093 - 2561848}{2561848} \times 100 \fallingdotseq 6.6 \ [\%]$$

となる。以上から，正解は②である。

〔2〕 **28** ·· 正解 ②

本問は，国籍・地域別の在留外国人数のデータからの在留外国人数の変化率に対する国籍・地域別寄与度の算出方法を問うている。

寄与度は，基準時点の各項目の構成比の大きさを考慮したうえで，全体の変化率に対する各項目の影響の大きさを測る指標である。m 項目から構成されるデータを $x_1, x_2, \cdots, x_m$ とし，その合計を y とすると，t 期における全体と各項目との関係は次のようになる。

$$y_t = x_{1t} + x_{2t} + \cdots + x_{it} + \cdots + x_{mt}$$

ここで，全体の変化率に対する第 i 項目の t 期の寄与度（%）は，以下のように定義される。

$$\text{第 } i \text{ 項目の } t \text{ 期の寄与度} = \frac{x_{it} - x_{i,t-1}}{y_{t-1}} \times 100 = \frac{x_{it} - x_{i,t-1}}{x_{i,t-1}} \times \frac{x_{i,t-1}}{y_{t-1}} \times 100$$

寄与度とは，各項目の変化率が全体の変化率に対して，どの程度影響を与えているのかを示す指標であるため，各項目の寄与度の合計は全体の変化率に等しくなる。また，上の式からわかるように，各項目の寄与度は，各項目の変化率に1期前（$t-1$ 期）の構成比でウエイトをつけた式として算出される。したがって，ある項目の変化率が大きくても，構成比が小さければ寄与度は大きくならないし，逆にある項目の構成比が大きければ変化率が小さくても寄与度は大きくなる。

在留外国人数全体を国籍・地域の項目に分けたとき，ベトナムの寄与度は，上の式より，

$$\frac{68430}{2561848} \times 100 \fallingdotseq 2.7 \ [\%]$$

または

$$\frac{68430}{330835 - 68420} \times \frac{330835 - 68420}{2561848} \times 100 \fallingdotseq 2.7 \ [\%]$$

となる。以上から，正解は②である。

問25

次の図は，財務省「国際収支」に基づく2015年12月から2018年12月までの月別の輸出額（単位：億円）の推移を年ごとに示したものである。

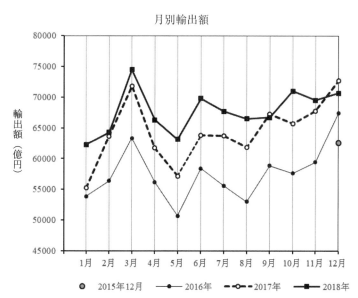

月別輸出額

資料：財務省「国際収支」

この図から読み取れることとして，次の文中の（ア）〜（ウ）に入る最も適切な語句の組合せを，下の①〜⑤のうちから一つ選びなさい。 **29**

> 月別に輸出額を見ていくと，2016〜2018年において（ア）で前後の月より輸出額が多くなっている。一方，同じ期間において（イ）で前後の月と比べて輸出額が少なくなっているが，これは，休日が続く，休暇が入るなどで（ウ）の生産が減少する季節的な要因のためと考えられる。

① （ア）３月と６月　　　（イ）１月と５月　　　（ウ）国内
② （ア）３月と６月　　　（イ）１月と５月　　　（ウ）国外
③ （ア）６月と９月　　　（イ）１月と７月　　　（ウ）国内
④ （ア）３月と12月　　　（イ）１月と11月　　　（ウ）国内
⑤ （ア）６月と９月　　　（イ）１月と７月　　　（ウ）国外

29 ・・ **正解** ①

本問は，輸出額の月別の変化の状況について問うている。

（ア）：このグラフの範囲内において，前後の月より輸出額が多くなっているのは，3，6月である。

（イ）：このグラフの範囲内において，前後の月と比べて輸出額が少なくなっているのは，1，5，8月である。

（ウ）：このグラフが輸出額のグラフであるから，国内の生産の影響である。

以上から，空欄に当てはまる語句の組合せとして正しいのは①である。

問26

次の表は，厚生労働省「平成28年国民生活基礎調査」に基づく，2016年の20歳以上有業人員について，雇用形態，男女別の過去1年間における健康診断等の受診状況を示したデータである。

20歳以上有業人員の過去1年間における健康診断等受診状況

（単位：千人）

雇用形態	男				女			
	総数	受けた	受けていない	不詳	総数	受けた	受けていない	不詳
総数	32,674	25,786	6,554	334	25,873	18,682	6,948	243
一般常雇者	22,380	19,169	3,010	200	16,473	12,732	3,596	145
雇用期間1年未満の雇用者	2,257	1,639	589	29	4,399	3,107	1,258	35
会社・団体等の役員	2,106	1,628	456	23	724	489	230	5
自営業主	4,719	2,687	1,973	59	1,543	861	656	27
家族従業者	571	248	313	10	1,865	1,033	816	16
内職者	27	14	12	1	176	77	98	1
その他	454	295	155	4	448	253	190	5
勤めか自営か不詳	161	106	46	8	245	131	106	8

注1：一般常雇者は雇用契約期間が1年を超える者又は雇用契約期間を定めないで雇われている者を指す。

注2：総数は，丸めによる誤差のため項目の合計とは必ずしも一致しない。

資料：厚生労働省「平成28年国民生活基礎調査」

この表に関する説明として，最も適切なものを，次の①〜⑤のうちから一つ選びなさい。 **30**

① 一般常雇者のうち健康診断等を受けたと回答した者の割合は，女より男の方が低い。

② 雇用期間1年未満の雇用者のうち健康診断等を受けたと回答した者の割合は，女より男の方が低い。

③ 会社・団体等の役員のうち健康診断等を受けたと回答した者の割合は，女よ

り男の方が低い。

④　自営業主のうち健康診断等を受けたと回答した者の割合は，女より男の方が低い。

⑤　家族従業者のうち健康診断等を受けたと回答した者の割合は，女より男の方が低い。

---

30 .... **正解** ▶ ⑤

本問は，男女別の健康診断等を受けた者の割合の比較について問うている。

各選択肢の雇用形態について，男女別に，「健康診断を受けた」と回答した者の数÷総数を計算する。

①：誤り。一般常雇者についてみると，男が19169/22380≒0.856，女が12732/16473≒0.773となっており，女より男の方が高い。

②：誤り。雇用期間1年未満の雇用者についてみると，男が1639/2257≒0.726，女が3107/4399≒0.701となっており，女より男の方が高い。

③：誤り。会社・団体等の役員についてみると，男が1628/2106≒0.773，女が489/724≒0.675となっており，女より男の方が高い。

④：誤り。自営業主についてみると，男が2687/4719≒0.569，女が861/1543≒0.558となっており，女より男の方が高い。

⑤：正しい。家族従業者についてみると，男が248/571≒0.434，女が1033/1865≒0.554となっており，女より男の方が低い。

以上から，正解は⑤である。

統計調査士　2019 年 11 月　正解一覧

問		解答番号	正解
問1		1	②
問2		2	④
問3		3	③
問4		4	③
問5		5	③
問6		6	①
問7		7	④
問8		8	⑤
問9		9	③
問10		10	②
問15		11	⑤
問12		12	①
問13		13	④
問14		14	⑤
問15		15	⑤

問		解答番号	正解
問16		16	②
問17		17	①
問18		18	④
問19		19	③
問20	〔1〕	20	①
	〔2〕	21	⑤
問21	〔1〕	22	②
	〔2〕	23	④
問22		24	⑤
問23	〔1〕	25	②
	〔2〕	26	①
問24	〔1〕	27	②
	〔2〕	28	②
問25		29	①
問26		30	⑤

PART 3

統計調査士
2018年11月
問題／解説

2018年11月に実施された
統計調査士の試験で実際に出題された問題文を掲載します。
問題の趣旨やその考え方を理解できるように、
正解番号だけでなく解説を加えました。

家計の消費支出に占める食費の割合は（ア）係数と呼ばれ，一般に（ア）係数が高いほど生活水準は低いとされている。ベルギーのデータを用いて，こうした関係を見出した統計学者を，次の①〜⑤のうちから一つ選びなさい。　**1**

① エルンスト・エンゲル
② ロナルド・フィッシャー
③ コッラド・ジニ
④ トーマス・ベイズ
⑤ カール・マルクス

1 ……… **正解 ①**

本問は，現在でも新聞などで報道される機会の多い「エンゲル係数」に関する知識について問うている。

①：正しい。エルンスト・エンゲルは19世紀のドイツの統計学者で，家計の所得が増えると生活費（消費支出）に占める食費（食料）の割合が低下するという法則を，ベルギーの家計支出を調べて見出した。

②：誤り。ロナルド・フィッシャーは20世紀のイギリスの統計学者あり，現代の推計統計学の創設者であるといわれている。

③：誤り。コッラド・ジニは，20世紀のイタリアの統計学者であり，社会における所得分配の不平等さを測る指標としてジニ係数を考案した。

④：誤り。トーマス・ベイズは18世紀のイギリスの長老派の牧師，数学者である。ベイズは未来の出来事の確率はその事象の過去の発生頻度を求めることで計算できると説き，後にベイズ統計として発展した。

⑤：誤り。カール・マルクスは19世紀のドイツの経済学者であり，資本主義の高度な発展により共産主義社会が到来する必然性を説いた。共産主義社会の研究は『資本論』に結実し，その理論に依拠した経済学体系はマルクス経済学と呼ばれた。

以上から，正解は①である。

問2

次の記事は，ある統計に関するものである。この記事について，最も適切な説明を，下の①〜⑤のうちから一つ選びなさい。　**2**

> 女性が出産や育児によって職を離れ，30代を中心に働く人が減る「（A）現象」が解消しつつある。働く意欲のある女性が増え，子育て支援策が充実し

てきたのが背景だ。人手不足下の景気回復で，企業が女性の採用を増やしている面もある。

資料：2018年（平成30年）2月23日付　日本経済新聞（抄）

① この記事は，厚生労働省の「職業安定業務統計」に関するものである。
② この記事は，総務省の「家計調査」に関するものである。
③ （A）に入る語句は，「N字カーブ」である。
④ 「（A）現象」は，男性にも顕著にみられる。
⑤ （A）は，女性の労働力率を年齢層に分けて折れ線グラフにした時の形を表したものである。

---

2 .... **正解** ⑤

本問は，新聞記事などで取り上げられることの多い労働力調査に関する知識について問うている。

①：適切でない。この統計は総務省の「労働力調査」に関する記事である。厚生労働省の「職業安定業務統計」では，有効求人倍率などが作成されている。

②：適切でない。労働力調査は，我が国の就業，不就業の状況を把握するために，世帯及びその世帯員を対象として行われる統計調査である。家計調査は，家計の収入・支出，貯蓄・負債などを明らかにする統計調査である。

③：適切でない。女性の労働力率（15歳以上人口に占める労働力人口〔就業者＋完全失業者〕の割合）は，学校等を卒業する年代で高くなり，結婚・出産期に当たる年代にいったん低下し，育児が落ち着いた時期に再び上昇する。これをグラフに表した形が，アルファベットの「M」に似た曲線を描く傾向が見られることから，「M字カーブ」といわれている。

④：適切でない。男性については女性のような形での労働力率の低下はみられない。なお，「M字カーブ」は欧米諸国ではみられない（内閣府「男女共同参画白書 平成25年版」）とされている。

⑤：適切である。上述のとおり，「M字カーブ」は，女性の年齢階級別の労働力率をグラフに表したときの形を言い表したものである。

以上から，正解は⑤である。

次の記事は，6歳未満の子どもを持つ妻の家事，育児の時間に関するものである。

ママが家で時間割くのは… 育児，家事を上回る 時短家電が普及

（前略）6歳未満の子どもを持つ妻が育児にかける時間は1日あたり3時間45分と，統計がある1996年以降で初めて家事（3時間7分）を上回った。家事の時間を節約できる「時短家電」の普及や夫の家事参加で，妻が育児に時間を回しやすくなっている。（中略）

妻の家事時間は2011年の前回調査から28分，20年前からは1時間1分それぞれ減った。育児時間は前回調査から23分，20年前から1時間2分それぞれ増えており，家事にかけていた時間を育児に使う傾向がうかがえる。

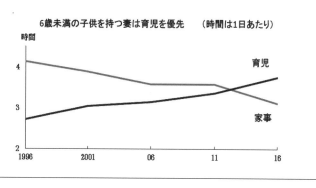

6歳未満の子供を持つ妻は育児を優先 （時間は1日あたり）

資料：2017年（平成29年）10月18日付 日本経済新聞（抄）

この記事のもとになっている調査は，国民の生活時間等を調査し，社会生活の実態を把握することを目的としており，5年ごとに実施されている。直近の調査は2016年10月20日時点で，全国約8万8千世帯を対象に実施された。この調査の名称と実施府省について，適切な組合せを，次の①～⑤のうちから一つ選びなさい。

3

① 社会生活基本調査　　　　　総務省
② 社会生活基本調査　　　　　内閣府
③ 国勢調査　　　　　　　　　総務省
④ 国民生活時間調査　　　　　厚生労働省
⑤ 国民生活時間調査　　　　　内閣府

3 ·· **正解** ①

本問は，6歳以上の子どもを持つ妻の生活時間についての記事から，生活時間に関する統計調査についての知識を問うている。

生活時間に関する基幹統計調査には，**総務省**統計局が実施する**社会生活基本調査**があり，昭和51（1976）年以来5年ごとに実施されている。この調査は，生活時間の配分や余暇時間における主な活動の状況など，国民の社会生活の実態を明らかにすることを目的としている。直近の調査は平成28（2016）年に実施された。調査の対象は，全国の約8万8千世帯，10歳以上の世帯員約20万人である。

この調査の結果は，仕事と生活の調査（ワーク・ライフ・バランス）の推進や男女共同参画社会の形成などの施策の基礎資料として役立てられている。

国勢調査は，人口・世帯の実態を明らかにすることを目的に，総務省が5年ごとに実施している基幹統計調査である（直近は2015年に実施，我が国に常住するすべての人・世帯が対象）。

国民生活時間調査は，NHKが5年ごとに実施している統計調査である（直近は2015年に実施，約1万3千人が対象）。

以上から，正解は①である。

問4

基幹統計に関する記述として，最も適切なものを，次の①～⑤のうちから一つ選びなさい。　**4**

① 統計法において，基幹統計として作成することが明示的に規定されているのは国勢統計のみである。

② 基幹統計の指定は，内閣総理大臣が行う。

③ 基幹統計は，一度指定されると解除されることはない。

④ これまで基幹統計の指定を受けずに作成が行われていた公的統計が，新たに基幹統計として指定されることもある。

⑤ 基幹統計として指定されるのは，統計調査の実施によって作成される調査統計のみである。

4 ············· **正解** ④

本問は，基幹統計に関する統計法の規定についての知識及び基幹統計として指定されている統計に関する知識を問うている。

①：適切でない。統計法第2条第4項において，国勢統計のほか国民経済計算が基幹統計として明示的に規定されている。

②：適切でない。統計法第2条第4項第3号において，基幹統計の指定は総務大臣が行うものと規定されている。

③：適切でない。統計法第7条第3項において，基幹統計の変更及び解除の手続について規定されている。

④：適切である。総務省「人口推計」は，第1回国勢調査が行われた翌年の大正10年から作成されているが，平成28年に基幹統計として指定されて，平成29年4月から基幹統計として公表が行われている。

⑤：適切でない。上述のとおり人口推計は基幹統計として指定されているが，この統計は様々な統計データを活用して作成される加工統計である。また，統計法に基幹統計として規定されている国民経済計算も加工統計である。

　以上から，正解は④である。

○統計法（平成19年法律第53号）（抄）

第1章　総則

（定義）

第2条　略

2〜3　略

4　この法律において「基幹統計」とは，次の各号のいずれかに該当する統計をいう。

　一　第5条第1項に規定する国勢統計

　二　第6条第1項に規定する国民経済計算

　三　行政機関が作成し，又は作成すべき統計であって，次のいずれかに該当するものとして総務大臣が指定するもの

　　イ　全国的な政策を企画立案し，又はこれを実施する上において特に重要な統計

　　ロ　民間における意思決定又は研究活動のために広く利用されると見込まれる統計

　　ハ　国際条約又は国際機関が作成する計画において作成が求められている統計その他国際比較を行う上において特に重要な統計

第2章　公的統計の作成

　第1節　基幹統計

（国勢統計）

第5条　総務大臣は，本邦に居住している者として政令で定める者について，人及び世帯に関する全数調査を行い，これに基づく統計（以下この条において「国勢統計」という。）を作成しなければならない。

2〜3　略

（国民経済計算）

第6条　内閣総理大臣は，国際連合の定める国民経済計算の体系に関する基

準に準拠し，国民経済計算の作成基準（以下この条において単に「作成基準」
という。）を定め，これに基づき，毎年少なくとも一回，国民経済計算を作
成しなければならない。

2 ～ 3　略

（基幹統計の指定）

第7条　総務大臣は，第2条第4項第三号の規定による指定（以下この条に
おいて単に「指定」という。）をしようとするときは，あらかじめ，当該行
政機関の長に協議するとともに，統計委員会の意見を聴かなければならない。

2　総務大臣は，指定をしたときは，その旨を公示しなければならない。

3　前二項の規定は，指定の変更又は解除について準用する。

問5

統計法には統計調査として，基幹統計調査，一般統計調査及び届出統計調査が規
定されている。統計調査に関する説明について，最も適切なものを，次の①～⑤の
うちから一つ選びなさい。　| 5 |

① 基幹統計調査の実施に当たっては，調査対象となる個人または法人に対して
報告の義務が課される。この義務は，一般統計調査及び届出統計調査において
も同様に課されることになっている。

② 基幹統計調査の事務は，すべて政府又は地方公共団体によって実施され，民
間に委託することは禁止されている。

③ 一般統計調査は，基幹統計調査と異なり，行政機関は，総務大臣の承認を得
ることなく実施できる。

④ 一般統計調査の事務の一部を地方公共団体に委託して実施する場合，行政機
関が地方公共団体と委託契約を締結して実施することが一般的である。

⑤ 地方公共団体が実施する統計調査は，届出統計調査として，事前に総務大臣
の承認を得る必要がある。

| 5 | ⋯⋯⋯⋯⋯⋯⋯⋯⋯⋯⋯⋯⋯⋯⋯⋯⋯⋯⋯⋯⋯⋯⋯⋯⋯⋯⋯⋯⋯⋯ **正解▶ ④**

本問は，統計法に定められている基幹統計調査，一般統計調査及び届出統計調査
について，その規定内容に関する知識を問うている。

①：誤り。基幹統計調査に対する正確な報告を法的に確保するため，統計法では，
基幹統計調査の報告（回答）を拒むことや虚偽の報告をすることを禁じている
（統計法第13条）。しかしながら，この報告義務は，基幹統計調査のみに課され
ており，一般統計調査や届出統計調査には課されていない。

②：誤り。統計法においては，統計業務の民間委託に当たって，受託者の調査票情

報等の適正な管理義務及び受託者の守秘義務を定めており（統計法第39条及び第41条），基幹統計調査の事務を民間に委託することを禁止してはいない。

③：誤り。統計法において，行政機関の長は，一般統計調査を実施するに当たっては，あらかじめ総務大臣の承認を得なければならない旨規定されている（統計法第19条）。

④：正しい。統計法上，一般統計調査については，法定受託事務等の規定は適用されないことから，一般統計調査を，地方公共団体を通じて実施する場合は，一般統計調査を実施しようとする行政機関と地方公共団体との間で委託契約を結び，調査の実施を委託することが一般的に行われている。

⑤：誤り。地方公共団体が統計調査を実施するときは，あらかじめ総務大臣に届け出なければならないと規定されている（統計法第24条）。ただし，総務大臣の承認を得ることまでは求められていない。

　以上から，正解は④である。

問6

　統計法では，統計を作成するために集められた情報に係る秘密を保護するため，調査に従事する者は，調査票情報等を取り扱う業務に関して知り得た個人または法人その他の団体の秘密を漏らしてはならない旨を規定している。

　統計調査員の守秘義務に関する説明について，最も適切なものを，次の①〜⑤のうちから一つ選びなさい。 　6

①　公的統計調査の統計調査員は，調査が終了した後でも，担当した調査業務に関する守秘義務がある。

②　公的統計調査の統計調査員は，非常勤の公務員として一時的に業務に携わるものなので，守秘義務があるのは原則として調査終了後の10年間となっている。

③　国から委託を受けて民間調査機関が統計調査を行う場合，統計調査員は民間調査機関の職員として従事することになるので，統計法に定める守秘義務は適用されない。

④　統計調査員は，同じ統計調査に従事する他の統計調査員であれば，調査事務の円滑な実施を目的とする場合，調査対象者の氏名等の情報を提供してもよい。

⑤　統計調査員は，学校など公的な機関からの要請であれば，統計調査の対象名簿から氏名等を提供してもよい。

　6　　　　　　　　　　　　　　　　　　　　　　　　　　　　**正解** ①

　本問は，統計調査員の守秘義務に関する理解について問うている。

　統計法第41号において，統計調査員は，調査票情報等を取り扱う業務に関して知り得た個人または法人その他の団体の秘密を漏らしてはならない旨規定している。

これは調査期間の終了後も継続する義務である。

①：適切である。統計調査員はたとえ調査が終了した後であっても，担当した調査
業務に関する守秘義務がある。

②：適切でない。統計調査員はたとえ非常勤の公務員であっても担当した調査業務
に関する守秘義務があり，常勤の公務員と同様の義務を負っている。

③：適切でない。統計調査員はたとえ民間調査機関の職員であっても担当した調査
業務に関する守秘義務があり，常勤の公務員と同様の義務を負っている。

④：適切でない。統計調査員は，調査票情報等を取り扱う業務に関して知り得た個
人または法人その他の団体の秘密を漏らしてはならないことから，他の調査員
であっても調査対象者の氏名等の情報を提供してはならない。

⑤：適切でない。統計調査員は，調査票情報等を取り扱う業務に関して知り得た個
人または法人その他の団体の秘密を漏らしてはならないことから，公的な機関
からの要請であっても調査対象者の氏名等の情報を提供してはならない。

以上から，正解は①である。

問7

「事業所母集団データベース（ビジネスレジスター）」は，我が国の全産業の事業
所・企業を網羅したデータベースであり，正確かつ効率的な統計の作成及び統計調
査における調査対象となる事業所・企業の負担軽減を図ることを目的として整備さ
れている。

総務省「平成26年経済センサス－基礎調査」のホームページから抜粋した「事業
所母集団データベース（ビジネスレジスター）」に関する次の説明について，（ア）
～（ウ）に入る適切な語句の組合せを，下の①～⑤のうちから一つ選びなさい。

7

事業所母集団データベース（ビジネスレジスター）は，（ア）を正確に作成
するための名簿情報の提供・管理のための重要なインフラであり，各国にお
いても（ア）の基盤として整備・運用されています。

経済センサスなどの各統計調査の結果と（イ）を統合し，経常的に更新を
行い，すべての事業所・企業情報を捕捉し，最新の情報を保持するデータベー
スです。

経済センサスの結果及び（イ）により作成した最新の母集団情報（年次フ
レーム）の提供を（ウ）行います。

① （ア）基幹統計　（イ）民間データ　（ウ）隔年で
② （ア）経済統計　（イ）企業情報　（ウ）適時

③ （ア）基幹統計 　（イ）企業情報 　　（ウ）毎年
④ （ア）政府統計 　（イ）行政記録情報 　（ウ）隔年で
⑤ （ア）経済統計 　（イ）行政記録情報 　（ウ）毎年

---

7 ·· **正解▶ ⑤**

　本問は，事業所母集団データベースについての知識を問うている。

　主要各国においては，1985–90年代に，高品質の統計を効率的に作成するためのシステムがビジネスレジスターという名称で整備，運用され始めた。我が国では，統計法（平成19年法律第53号）第27条及び「公的統計の整備に関する基本的な計画」（平成21年3月13日閣議決定）に基づき事業所母集団データベースが構築されている。

　事業所母集団データベースは，正確かつ効果的な**経済統計**の作成及び報告者の負担軽減を図ることを目的に運用が開始され，経済センサスなどの各統計調査の結果と**行政記録情報**（労働保険情報，商業・法人登記情報等）を統合し，経常的に更新を行い，全ての事業所・企業情報を捕捉し，最新の情報を保持するデータベースとして整備されている。

　事業所母集団データベースの収録情報は，経済センサスの調査項目に準じ，事業所・企業の名称，所在地，産業分類，従業者数，売上金額（収入）といった基本的な項目をはじめ，各種統計調査の経済センサスに関連する項目などである。事業所母集団データベースに収録された全国の事業所・企業に関する情報を**毎年度**の決められた時点で年次フレームとして整備し，国の行政機関等に提供している。このように事業所母集団データベースは，国が実施する統計調査の重複是正に関する情報を国の行政機関等に提供するなど，国や地方公共団体において，経済統計を正確に作成するための名簿情報の提供及び管理のための重要なインフラとなっている。

　以上から，（ア）経済統計，（イ）行政記録情報，（ウ）毎年，となり正解は⑤である。

問8

　各国の統計機構は，分散型と集中型に分けられる。分散型は，統計の機能をそれぞれの行政機関に分散して配置する仕組みであり，集中型は，統計の機能を一元的に一つの機関に集中させる仕組みである。

　統計機構の分散型と集中型に関する説明について，最も適切なものを，次の①〜⑤のうちから一つ選びなさい。　**8**
① 集中型の統計機構は，効率的な統計作成が可能であり，日本を含め，多くの国で採用されている。
② 分散型の統計機構は，組織が経済的，機能的であり，統計調査の重複が避け

られるとともに，統計相互の連携が容易である。

③　分散型の統計機構は，行政ニーズに的確，迅速に対応することが可能であり，アメリカやフランスなどが分散型の統計機構を採用している。

④　分散型の統計機構の方が，統計の専門性を発揮しやすいだけではなく，各行政機関の専門性を生かし，統計の整合的な体系化を図ることができる。

⑤　集中型の統計機構は，統計相互の比較可能性が軽視されやすく，統計体系上の必要な統計が欠落しやすい。

8　‥‥‥‥‥‥‥‥‥‥‥‥‥‥‥‥‥‥‥‥‥‥‥‥‥‥‥‥‥‥‥‥‥‥‥‥‥‥　**正解** ▶ ③

　本問は，国の統計機構について，分散型統計機構と集中型統計機構の違いに関する知識を問うている。

①：適切でない。集中型の統計機構が効率的であることは適切であるが，後半の「日本を含め，多くの国で採用されている」の部分が適切ではない。我が国は分散型の統計機構を採用している。

②：適切でない。組織が経済的，機能的であること，統計調査の重複が避けられることや統計相互の連携など，説明内容が集中型の統計機構のものとなっている。

③：適切である。分散型の統計機構は，行政機関それぞれが統計の機能を持つことから，行政ニーズに的確，迅速に対応できるとされており，アメリカ，フランスなどが分散型を採用している。我が国も行政機関それぞれが統計の機能を持っており，分散型の統計機構となっている。

④：適切でない。分散型の統計機構が専門性を発揮しやすいという点は適切であるが，統計の整合的な体系化を図ることができるという後半の記述は適切とはいえない。集中型の統計機構の方が，整合的な体系化を図ることができるとされている。

⑤：適切でない。説明内容が分散型の統計機構のものとなっている。分散型の統計機構は，それぞれの行政機関が統計の機能を持つことから，相互比較性が軽視されやすく，また，統計体系上の欠落を生じやすいという短所があるとされている。なお，我が国ではそうした短所を補うために，公的統計を横断的に調整する政策統括官（統計基準担当）と統計委員会が設置されている。

　以上から，正解は③である。

問9

　我が国で実施されている基幹統計調査には，様々な目的を持つものがあり，それらの調査の結果が幅広い分野で活用されている。基幹統計調査の主要な目的に関する説明について，適切でないものを，次の①〜⑤のうちから一つ選びなさい。 9

① 国勢調査：国内の人口及び世帯の実態を把握し，各種行政施策その他の基礎資料を得ることを目的とする調査であり，衆議院議員選挙における選挙区の改定や，各府省の統計調査の調査区フレームの作成に利用されている。

② 経済センサス－基礎調査：事業所母集団データベース等の母集団情報を整備するとともに，我が国における事業所及び企業の産業，従業者規模等の基本的構造を全国的及び地域別に明らかにすることを目的として実施されている。

③ 農林業センサス：農山村地域における土地資源などの実態とその変化を明らかにし，農林業施策の企画・立案・推進のための基礎資料となる統計を作成・提供することを目的とするほか，農業に関する統計調査における母集団情報として利用されている。

④ 個人企業経済調査：個人で「製造業」，「卸売業，小売業」，「宿泊業，飲食サービス業」又は「サービス業」を営むすべての事業所の経営実態を明らかにするとともに，個人企業に関する統計調査における母集団情報として利用されている。

⑤ 工業統計調査：我が国の工業の実態を明らかにし，産業政策，中小企業政策など，国や都道府県などの地方公共団体の行政施策のための基礎資料となるほか，各種調査における母集団情報として利用されている。

9 .... 正解 ④

　本問は，国の行政機関が実施する各種の基幹統計調査の目的について，特にその標本フレームとしての利用に関して問うている。

　標本調査を実施する際には，標本抽出の方法や抽出単位，調査の対象となる集団（母集団）を事前に設定する必要がある。そして，実際に標本の抽出を行う際には，調査対象の属性等に関する情報を持つ名簿や台帳が必用となる。そのような名簿や台帳のことを，母集団の「フレーム」又は「枠」という。行政機関の実施する大規模な統計調査の中には，その対象となる世帯や企業等の実態を把握するのみならず，他の標本調査におけるフレーム，母集団情報としての利用を目的としているものがある。

　国勢調査，経済センサス，農林業センサス及び**工業統計調査**は，いずれも各種調査の標本設計を行う際の母集団情報として活用されている。これに対して，**個人企業経済調査**は，他の調査の母集団情報としては使用されておらず，④の記述は誤っている。

以上から，正解は④である。

問10

統計調査の事務は，調査の企画，調査の実施，調査結果の集計及び調査結果の公表の４つに分けることができる。調査の企画に関する説明について，最も適切なものを，次の①〜⑤のうちから一つ選びなさい。　**10**

① 統計調査の企画に当たっては，調査の目的はまず漠然としたものにしておいて，調査を実施しながら臨機応変に調査の目的を修正する方が望ましい。

② 統計調査の企画に当たっては，記入者の負担を考慮することなく調査の目的を優先し，できるだけ多くの調査事項を設定するのがよい。

③ 統計調査の質問項目の設定に当たっては，専門用語は使用せず，やさしい言葉や表現を用いて，できるだけ簡潔かつ明確になるようにすることが大切である。

④ 調査の実施方法を検討するに当たっては，正確性を確保する観点から，全数調査での実施を基本とすべきである。

⑤ 調査員が調査票を配布・取集する方法で行う調査は，調査対象を訪問しても面接できず調査が実施できないことが多いため，国の統計調査において，今ではほとんど行われていない。

10 ⋯⋯⋯⋯⋯⋯⋯⋯⋯⋯⋯⋯⋯⋯⋯⋯⋯⋯⋯⋯⋯⋯⋯⋯⋯⋯⋯⋯⋯⋯ **正解▶③**

本問は，統計調査によって統計を作成する事務についての理解を問うている。

統計調査によって統計ができるまでには，まず調査の企画や設計の事務がある。これは，調査目的，調査事項，調査対象，調査時期，調査方法などを決める事務である。次の調査の実施には，調査票の配布・回収，調査票の検査などの事務がある。調査結果の集計の事務では，調査票の記入内容のコンピュータへの入力，産業分類や収支項目分類などの分類符号の格付，データチェック，結果表の作成及び審査などの事務がある。

①：適切でない。統計調査の企画に当たっては，最初に，「何のために，何について調べ，どのような結果（データ）が欲しいのか」という調査目的を明確にすることが大切である。漠然とした目的のまま統計調査の企画を進めることは適切ではない。

②：適切でない。調査事項については，調査目的に沿って必要なものかどうかを考えなければならない。その際，記入者の負担を考慮し，適切な調査事項の数にする必要がある。

③：適切である。質問項目は，記入者に理解されやすいものでなければならない。したがって，専門用語や流行語などは使用せず，やさしい言葉や表現を用いる

こと，簡潔であること，質問の趣旨が明確であることが必要である。

④：適切でない。統計調査には全数調査と標本調査がある。費用や結果提供の迅速
性などの理由から，標本調査の利点が広く認められており，多くの統計調査が
標本調査によって実施されている。全数調査と標本調査にはそれぞれ利点があ
り個々の調査の目的に応じてどちらで実施するかを決めればよいので，全数調
査を基本とすべきとはいえない。

⑤：適切でない。調査員調査は，調査票の回収率を確保できること，質問の内容を
調査対象に理解させることができるので正確に記入してもらえるなどの利点が
ある。このため多くの基幹統計調査は，調査員調査によって実施されている。

以上から，正解は③である。

問11

統計調査における調査票の設計に関する説明について，適切でないものを，次の
①～⑤のうちから一つ選びなさい。 ⎵11⎵

① 1つの調査票に1つの調査対象について記入するものを単記票といい，1つ
の調査票に2つ以上の調査対象について記入するものを連記票という。どちら
の方式を用いるかについては，調査事項の多さ，複雑さに応じて決められる。

② 調査票Aと調査票Bの2種類の調査票があり，調査票Aには共通の調査事項
のみが含まれ，調査票Bには共通事項とさらに多くの調査事項が含まれるとい
うように，2つの調査票を使い分ける方式をロング・ショートフォーム方式と
いう。

③ 2項択一型質問は，質問に対して「はい」又は「いいえ」などのいずれかを
選択する方式である。これに対して，3つ以上の選択肢を用意し，その中から
該当するものを選ばせる方式を多項選択型質問という。

④ 調査対象が回答をしやすくするために，調査対象の住所など想定される調査
事項をあらかじめ調査票に印刷しておき，異なる場合にはその内容を修正して
回答する方式を，プレプリント方式という。

⑤ 回答をあらかじめいくつかの選択肢に分類しておき，回答者に選ばせる方式
をアフターコード型質問という。これに対し，回答を提示せず，回答者が具体
的内容を自由に記入し，調査実施者の側でそれらの分類を行う方式をプリコー
ド型質問という。

⎵11⎵ ⋯⋯⋯⋯⋯⋯⋯⋯⋯⋯⋯⋯⋯⋯⋯⋯⋯⋯⋯⋯⋯⋯⋯⋯⋯⋯⋯⋯ **正解** ⑤

本問は，調査票の種類，内容，質問の回答方式など調査票の設計に関する理解を
問うている。

調査票の適切な設計は，統計調査の成否を左右する重要な要素であり，統計調査

の企画段階において，結果に大きな影響を与える要素の一つとなっている。調査票は，調査実施者と調査対象とをつなぐ役割を果たすものであり，調査の実施及び統計の作成に関する要素が盛り込まれている必要がある。実査の途中や終了後に調査票の内容を変更することは不可能であることから，調査票の設計に当たっては，調査票に盛り込む内容を慎重に検討した上で，調査の目的となる事項を適切に把握し，調査対象が回答しやすい方式を設定することが重要となる。

①：適切である。例えば，国勢調査や労働力調査において，１つの調査票に世帯を構成する複数の者に関する回答を記入する，連記票の形式が用いられている。

②：適切である。調査によっては，例えば，複数の月にわたって調査を行う際に，共通的な調査票のほかに，最終月についてより詳細な内容を記入する特別な調査票を配布する場合がある。

③：適切である。多項選択型質問では，回答は１つに限定することが普通であるが，質問の目的や回答の性格上，複数の回答を認める場合もある。

④：適切である。特に住所などの記入内容が多い調査事項に関しては，プレプリント方式を活用することで，変更点のみを回答すればよくなるため，調査に係る負担を軽減する効果があると期待される。

⑤：適切でない。回答者に回答を選ばせる方式がプリコード型質問であり，回答者が具体的内容を自由に記入し，調査実施者が分類を行う方式はアフターコード型質問である。

以上から，正解は⑤である。

問12

経済産業省が毎年実施している「工業統計調査」は，製造業に属する事業所を対象にした調査で，「平成30年工業統計調査」は2018年６月１日を調査期日として実施された。この工業統計調査に関する説明について，最も適切なものを，次の①～⑤のうちから一つ選びなさい。 12

① 毎年，６月から９月は製造加工をしていないが，その他の月は製造加工しているような季節的に製造加工を主として行っている事業所は，調査対象となる。

② 製造加工をせず販売が主たる活動であるが，修理活動もしている事業所は，調査対象となる。

③ 本社一括調査対象の本社事業所は，製造行為をしていなくても調査対象となる。

④ 調査期日の６月１日時点で操業を中止していて将来再開する意思がない事業所であっても，設備を有していれば調査対象となる。

⑤ 調査期日の６月１日時点で工場があり従業者等がいるが，まだ操業していない事業所は，調査対象とならない。

　本問は，経済産業省「工業統計調査」の調査対象事業所についての知識を問うている。

　「工業統計調査」は，我が国の工業の実態を明らかにし，産業政策，中小企業政策など，国や都道府県などの地方公共団体の行政施策のための基礎資料となるほか，各種調査の母集団情報として利用されている。「工業統計調査」は，日本標準産業分類の大分類「製造業」に属する事業所を対象にしているが，事業所の扱いについては，以下のように留意点がある。

①：適切である。季節によって事業転換していても年間を通じた主たる事業が製造加工である事業所は，「製造業」事業所であるので，調査期日に製造加工を行っていなくても，調査対象である。

②：適切でない。製造加工をせずに商品の販売活動を主にしている事業所は，修理活動などをしていても，「製造業」ではないため調査対象外である。

③：適切でない。本社事業所で製造行為をしていない事業所は，日本標準産業分類上「管理，補助的経済活動を行う事業所」として，「製造業」の事業所であっても事業所としての製造加工した製造品がないことなどの理由から，調査対象外としている。

④：適切でない。調査期日時点で操業を中止していて，将来再開する意思がない事業所は，設備の有無を問わず，廃業事業所として調査対象外としている。なお，同じく調査期日時点で操業を中止していても，将来再開する意思がある「製造業」事業所は，休業事業所として調査対象としている。

⑤：適切でない。調査期日時点で工場や作業所があり，従業者等を雇っていて操業準備中の事業所は，開始する経済活動が「製造業」の事業所であるので調査対象である。

　以上から，正解は①である。

問13

　2018年10月１日を調査期日として実施された総務省「平成30年住宅・土地統計調査」では，調査対象となる世帯や住宅が住宅・土地統計調査規則により定められている。この住宅・土地統計調査に関する説明について，最も適切なものを，次の①～⑤のうちから一つ選びなさい。　**13**

①　建築中の住宅は，調査対象となる。

②　刑務所などの刑事施設は，調査対象となる。

③　賃貸のアパートやマンションなどは，家主などの所有者が調査対象となり，実際に住んでいる世帯は，調査対象とならない。

④　ふだん世帯が住んでいない避暑地の別荘は，調査対象とならない。

⑤ 外国人のみで日本人が住んでいない住宅は，調査対象とならない。

13 ·· **正解** ①

本問は，総務省「住宅・土地統計調査」の調査対象についての知識を問うている。「住宅・土地統計調査」は，我が国の住宅とそこに居住する世帯の居住状況，世帯の保有する土地等の実態を把握し，その現状と推移を明らかにするために5年ごとに行われている。この調査の結果は，住生活基本法に基づいて作成される住生活基本計画，土地利用計画などの諸施策の企画，立案，評価等の基礎資料として利用されている。

① ：適切である。住宅・土地統計調査規則第3条において，住宅には建築中のものや改造中のものが含まれることが規定されている。

② ：適切でない。住宅・土地統計調査規則第5条において，調査対象から除かれる施設として，刑務所などが該当する「刑事収容施設及び被収容者等の処遇に関する法律（平成17年法律第50号）第3条に規定する刑事施設」が規定されている。

③ ：適切でない。住宅・土地統計調査の調査対象について，住宅・土地統計調査規則第5条において，「調査時に現在する住宅等及びこれらに居住している世帯」と規定されており，住宅に実際に住んでいる世帯が調査の対象となる。

④ ：適切でない。住宅・土地統計調査規則第13条第3項において，「世帯の存しない住宅」として，居住する世帯のいない住宅についての調査方法が規定されている。

⑤ ：適切でない。住宅・土地統計調査規則において，調査対象から除外される住宅や世帯の要件として，世帯員の国籍に関する規定はないため，外国人のみが居住する住宅であっても調査の対象となる。

以上から，正解は①である。

○住宅・土地統計調査規則（昭和57年総理府令第41号）（抄）

（定義）

第3条　この省令において「住宅」とは，一の世帯が独立して家庭生活を営むことができるように建築され，又は改造された建物又は建物の一部（建築中又は改造中のものを含む。）をいう。

2～7　略

（調査の対象）

第5条　住宅・土地統計調査は，（略）調査時に現在する住宅等及びこれらに居住している世帯（略）のうちから総務大臣の定める方法により市町村長が選定したものについて行う。　ただし，次に掲げる施設及びこれらに居住している世帯については，この限りでない。

一　刑事収容施設及び被収容者等の処遇に関する法律（平成17年法律第50号）
　第３条に規定する刑事施設
二〜九　略
（調査の方法及び期間）
第13条　略
２　略
３　調査員又は民間事業者等は，世帯の存しない住宅については，（略）当該
　住宅を管理する者その他の者に質問することにより調査するものとする。
４　略

問14

次の記事は，訪日外国人旅行者数に関するものである。

> 　日本政府観光局（ＪＮＴＯ）が16日発表した2017年の訪日外国人客数（推
> 計値）は，前年比19.3％増の2869万900人だった。16年（2403万人）を上回り，
> 過去最高を記録した。（中略）
> 　同時に発表した17年12月の訪日外国人客数は前年同月比23.0％増の252万
> 1300人だった。12月としての過去最高を記録した。

資料：2018年（平成30年）１月16日付　日本経済新聞（抄）

この記事から算出される2016年12月の訪日外国人客数について，最も適切な人
数を，次の①〜⑤のうちから一つ選びなさい。　　**14**

① 　約194万人
② 　約205万人
③ 　約229万人
④ 　約246万人
⑤ 　約310万人

14 .... **正解** ▶ **②**

本問は，前年同月比についての理解を問うている。
記事の中で2017年12月の訪日外国人客数は前年同月比23.0％増の252万1300人と
あることから，2016年12月の数値は，252万1300人を1.23で除して計算すると，約
205万人と計算できる。したがって，②が最も適切な数値である。
以上から，正解は②である。

問15

有効求人倍率や有効求職者数，有効求人数に関する説明について，適切でないものを，次の①～⑤のうちから一つ選びなさい。 **15**

① 有効求人倍率は，月間有効求人数を月間有効求職者数で除した数値である。
② 有効求人倍率は，景気がよくなると上がりやすく，悪くなると下がりやすい。
③ 月間有効求職者数は，前月から繰越された有効求職者数（前月末日現在において，求職票の有効期限が翌月以降にまたがっている就職未決定の求職者をいう。）と当月の新規求職申込件数の合計数である。
④ 月間有効求人数は，前月から繰越された有効求人数（前月末日現在において，求人票の有効期限が翌月以降にまたがっている未充足の求人数をいう。）と当月の新規求人数の合計数である。
⑤ 毎月，総務省が労働力調査を実施し，厚生労働省がその結果を加工し，有効求人倍率として推計結果を公表している。

15 ‥‥‥‥‥‥‥‥‥‥‥‥‥‥‥‥‥‥‥‥‥‥‥‥‥‥‥‥‥‥‥‥‥‥‥‥‥‥ **正解▶⑤**

本問は，有効求人倍率についての知識を問うている。有効求人倍率とは，公共職業安定所で取り扱う求職者数に対する求人数の割合で，1人の求職者に対してどれだけの求人があるかを示す指標である。

①：適切である。有効求人倍率は，月間有効求人数を月間有効求職者数で除した数値である。なお，月間有効求職者数とは前月から繰り越して引き続き求職している者と新規求職者との合計の数値のことである。

②：適切である。景気がよくなると企業の求人数が増加する一方，求職者は減少するため，求人倍率は上昇する。景気が悪くなると逆になるため求人倍率は低下する。

③：適切である。月間有効求職者数は，公共職業安定所における，前月から繰り越された有効求職者数（前月末日現在において，求職票の有効期限が翌月以降にまたがっている就職未決定の求職者をいう）と当月の「新規求職申込件数」の合計のことである。

④：適切である。月間有効求人数は，公共職業安定所における，前月から繰り越された有効求人数（前月末日現在において，求職票の有効期限が翌月以降にまたがっている未充足の求人数をいう）と当月の「新規求人数」の合計のことである。

⑤：適切でない。有効求人倍率は，公共職業安定所からの業務統計であり，厚生労働省が集計し毎月月末に公表している。なお，総務省が実施している労働力調査は，わが国の就業・未就業に関する統計数値，例えば就業者数，失業者数，失業率などを公表している。

以上から，正解は⑤である。

次の図1及び図2はそれぞれ，総務省「労働力調査」の基本集計における，就業状態の区分及び従業上の地位の区分を示したものである。また，下の表は，就業状態の区分及び従業上の地位の区分の組合せを示したものである。表中の組合せについて，定義上あり得ないものを，下の①〜⑤のうちから一つ選びなさい。 16

図1　就業状態の区分

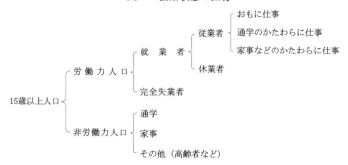

図2　従業上の地位の区分

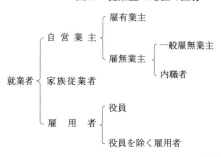

資料：総務省「労働力調査」

60

		就業状態		
		従業者	休業者	完全失業者
従業上の地位	自営業主	（ア）		（イ）
	うち雇用者あり		（ウ）	
	家族従業者		（エ）	
	雇用者	（オ）		

① （ア）　　② （イ）　　③ （ウ）　　④ （エ）　　⑤ （オ）

---

16 ……………………………………………………………………………………… **正解** ②

　本問は，総務省「労働力調査」の調査事項についての理解を問うている。

　調査票の記入内容や個々の世帯，企業等の情報が不正確であれば，高度な統計技法などを活用したとしても，正確な統計の作成は困難である。そこで，統計作成の各段階において，調査設計者の指示と調査票情報との整合性を確認する「審査」の作業が重要な役割を果たすことになる。統計の審査に当たっては，様々な観点を考慮する必要があるが，特に調査事項の相互の関連から見て，矛盾した記入がないか，その妥当性を点検することは，後の集計への影響を考えた場合に，非常に重要な手順となる。

　本問は，集計の際の審査のプロセスをイメージして，総務省「労働力調査」の集計における就業状態と従業上の地位の区分のあり得ない組合せについて問うている。

　審査業務の知識がなくても，就業者と完全失業者が重ならないことを図から読み取れれば解ける問題となっている。完全失業者と就業者は排他的な関係であることから，表における就業者が完全失業者の列に入る組合せ（イ）は存在しない。

　以上から，正解は②である。

次の表は，日本標準産業分類（平成25年10月改定，平成26年4月1日施行）にお
ける産業大分類の内容と，各大分類に属する中分類，小分類及び細分類の項目数を
示したものである。日本標準産業分類に関する下の文章の（ア），（イ），（A）に当
てはまる語句の組合せとして，正しいものを，下の①～⑤のうちから一つ選びなさ
い。 **17**

日本標準産業分類の大分類の内容と中分類・小分類・細分類の項目数

大分類	中分類	小分類	細分類
農業，林業	2	11	33
漁業	2	6	21
鉱業，採石業，砂利採取業	1	7	32
建設業	3	23	55
（ア）業	24	177	595
電気・ガス・熱供給・水道業	4	10	17
情報通信業	5	20	45
運輸業，郵便業	8	33	62
（イ）業	12	61	202
金融業，保険業	6	24	72
不動産業，物品賃貸業	3	15	28
学術研究，専門・技術サービス業	4	23	42
（ウ）業	3	17	29
生活関連サービス業，娯楽業	3	23	69
教育，学習支援業	2	16	35
医療，福祉	3	18	41
（エ）業	2	6	10
サービス業（他に分類されないもの）	9	34	66
公務（他に分類されるものを除く）	2	5	5
分類不能の産業	1	1	1
計	99	530	1460

表の（ア）業は，産業大分類の中で中分類，小分類及び細分類の項目数が
最も多い産業となっている。表の（イ）業は，産業大分類の中では（ア）業
に次いで中分類，小分類及び細分類の項目数が多くなっており，この産業に
は商品を購入して販売する事業所が含まれる。（イ）業に属する事業所を対象
としている基幹統計調査は（A）である。

① （ア）製造　　　　　（イ）宿泊　　　　　（A）商業統計調査
② （ア）卸売業，小売　（イ）製造　　　　　（A）工業統計調査
③ （ア）製造　　　　　（イ）卸売業，小売　（A）商業統計調査

④ （ア）製造　　　　　　　（イ）卸売業，小売　　　（Ａ）工業統計調査
⑤ （ア）宿泊　　　　　　　（イ）製造　　　　　　　（Ａ）工業統計調査

17 ・・・ **正解** ③

　本問は，統計基準の一つである日本標準産業分類に関する理解を問うている。

　統計基準とは，公的統計の作成に際し，その統一性又は整合性を確保するための技術的な基準である（統計法第2条第9項）。統計法上に定める統計基準には，標準統計分類に関するものと経済指標に関するものがある。統計基準に基づき統計が作成されることで，公的統計の相互比較や国際比較が可能となる。特に事業所・企業に関する調査を行う際には，調査対象の設定から集計表の構成に至るまで，調査の全般にわたって大きな影響を与える要素である。

（ア）：産業大分類の中で中分類，小分類及び細分類が最も多い産業は，「製造業」である。

（イ）：「卸売業，小売業」は，「製造業」に次いで中分類，小分類及び細分類が多くなっており，この産業には商品を購入して販売する事業所が含まれる。

（Ａ）：経済産業省の実施する大規模調査である「商業統計調査」は「卸売業，小売業」に属する事業所を対象としている基幹統計調査である。

　以上から，正解は③である。

問18

　統計法に規定されている統計調査員に関する説明について，最も適切なものを，次の①〜⑤のうちから一つ選びなさい。　**18**

① 国が実施する基幹統計調査の統計調査員は，調査の都度，任命されることとなっており，身分は常に非常勤の国家公務員となる。

② 統計調査員は，公務員としての身分を有することから，任命期間中に災害に遭った場合は，公務災害補償が適用される。

③ 国が実施する基幹統計調査を民間事業者に委託して実施する場合，民間事業者の調査員は，統計法上の統計調査員として，公務員の身分を有することになる。

④ 統計調査員は，公務員の身分を有することから，営利企業の役員との兼業は禁止されている。

⑤ 一般職の地方公務員は，統計調査員になることはできない。

18 ・・・ **正解** ②

　本問は，統計調査員の身分に関する知識について問うている。

①：適切でない。国が実施する基幹統計調査の統計調査員は，調査の都度，任命さ

れているが，その身分は，調査や任命権者によって異なっている。国（大臣又は国の機関の長）が任命する場合には非常勤の国家公務員（国勢調査，賃金構造基本統計調査など）となり，都道府県知事が任命する場合には非常勤の地方公務員（労働力調査，住宅・土地統計調査など）となる。

②：適切である。統計調査員は，任命権者を問わず，公務員としての身分を有することから，任命期間中に災害に遭った場合には，一般の公務員と同様に，公務災害が適用される。国が任命する統計調査員の場合には国家公務員災害補償法の適用対象となり，国が直接補償を行う。都道府県知事が任命する統計調査員の場合には地方公務員災害補償法第69条に基づき制定された都道府県条例により都道府県が補償を行うこととされている。

③：適切でない。国が民間事業者に委託して行われる調査では，調査を受託した機関が調査の実施地域や規模などを勘案して調査員を選任・配置して調査を行うこととなる。この場合の調査員は公務員として任命されることはなく，その身分は公務員とはならない。

④：適切でない。統計調査員は任命期間中，国・都道府県・市区町村に勤務する職員と同様に公務員の身分を有するが，その業務が一時的なものであるため，非常勤の国家公務員又は地方公務員とされている。その職務の特殊性から，一般の公務員とは異なった取扱いがされており，営利企業等への従事制限はない。

⑤：適切でない。所定の手続きを経ることで一般職の地方公務員であっても統計調査員になることは可能である。一般職の地方公務員を統計調査員に任命する場合，地方公務員法第38条第1項の規定により，職員として勤務時間の内外を問わず，当該地方公共団体の任命権者の許可を受けなければならない。なお，統計調査員としての職務を，職員としての勤務時間内に行う場合には地方公務員法第35条でいう職務に専念する義務の免除を受ける必要がある。

　以上から，正解は②である。

参考文献：
・「統計実務基礎知識：平成30年3月改訂版」公益財団法人統計情報研究開発センター（2018年）

問19

国が実施する統計調査に従事する統計調査員の調査員手当（報酬）に関する説明について，最も適切なものを，次の①～⑤のうちから一つ選びなさい。　**19**

①　同じ統計調査の統計調査員であっても，調査対象数の違いなど担当する調査区の業務量によって，調査員手当の金額が異なる場合がある。

②　国が民間事業者に委託して実施する統計調査において，受託した事業者が選任する調査員に支払われる調査員手当の金額は国が定めている。

③　国が地方公共団体を通じて実施する統計調査においては，統計調査員の経験年数に応じて調査員手当は増額される。

④　国が地方公共団体を通じて実施する統計調査において，統計調査員に支給される調査員手当は，規定の報酬額と同額相当となる地元の特産品などの現物で支給されている例が多い。

⑤　調査地域のある自治会・町内会などからの推薦により統計調査員を選任した場合には，調査員手当は，その自治会・町内会に支払われる。

19 .... **正解** ①

本問は，国の統計調査員制度における調査員手当（報酬）に関する知識について問うている。

①：適切である。総務省「国勢調査」のような全数調査では，調査員が担当する調査区内のすべての世帯を対象に調査を行うことになるが，地域の地理的な事情等によって調査区内の世帯数が均一でない場合など，調査区内の世帯数に応じて各調査員の調査員手当（報酬）の金額が異なることがある。

②：適切でない。国が民間の事業者に統計調査を委託する場合，調査の対象，規模，スケジュール，調査方法等の入札に必要となる事項を定めた入札仕様書・入札実施要項を作成するが，調査実施に係る経費に関しては，受託事業者の工夫・裁量を活かすため，受託事業者が選任する統計調査員の調査員手当（報酬）の金額などをあらかじめ定めていないケースが一般的である。

③：適切でない。国が地方公共団体を通じて行う統計調査の調査員手当（報酬）は，国家公務員の給与を日額に換算した各省統一の単価をベースとして，各統計調査における業務量に応じた稼働日数を乗じた形で決定されている。この計算においては調査員の経験年数などを考慮するような仕組みとはなっていない。

④，⑤：適切でない。国が地方公共団体を通じて行う統計調査の統計調査員は，任命期間中，調査員の身分を有することとなる。公務員の給与に関する法令等に照らすと，統計調査員に支払われる調査員手当（報酬）は給与に該当し，公務員の給与は現金で職員本人に支払うこととされている。

以上から，正解は①である。

次の a〜c は，総務省「平成26年経済センサス－基礎調査（甲調査）」における調査項目の一部である。これらの調査項目から得られる調査結果について，最も適切な説明を，下の①〜⑤のうちから一つ選びなさい。なお，問題作成のために調査項目における記述を一部変更した。　**20**

$a.$ 支所・支社・支店の数
　国内において所有する支所，支社，支店などの数を括弧内に記入してください。
　国内の支所・支社・支店などの数　…　（　　　　）事業所

$b.$ 事業所の開設時期
　現在の場所で事業を始めた時期の番号を○で囲んでください。
　　1　昭和59年以前　　　2　昭和60〜平成 6 年
　　3　平成 7 〜16年　　　4　平成17年以降

$c.$ 持株会社か否か
　該当する番号を○で囲んでください。
　　1　持株会社でない　　　2　事業持株会社　　　3　純粋持株会社

---

① a は質的変数，b と c は量的変数である。
② a は量的変数，b と c は質的変数である。
③ a と b は質的変数，c は量的変数である。
④ a と b と c はすべて量的変数である。
⑤ a と b と c はすべて質的変数である。

20 ....

　本問は，調査項目から得られる調査結果を質的変数と量的変数に分類できるかを問うている。

調査項目 a：支所・支社・支店の数（以降，支所等の数と呼ぶ）は，国内の支所等の数を数値で記入する項目である。調査結果である支所等の数は，その差や比が意味を持つため，調査項目 a は量的変数である。

調査項目 b：事業所の開設時期は，4つに区分された時期の一つを選択する。区分の「1　昭和59年以前」という時期の期間は他の時期の期間とは大きく異なり，少なくとも20年以上の期間である。4つの時期に関する差は意味を持たないことから，調査項目 b は質的変数である。

調査項目 c：持株会社か否かは，3つの区分のいずれかを選択する項目である。調査項目 c は区分するだけの項目のため，質的変数である。

　以上から，a は量的変数，b と c は質的変数であり，正解は②である。

　なお，問題作成のために調査項目における記述を一部変更した項目は，調査項目 a：支所・支社・支店の数であり，実際の経済センサス基礎調査の調査票では，国内のほかに海外の支所・支社・支店の数も同時に調べている。

次の図は，厚生労働省「国民生活基礎調査」に基づく2016年の年間所得金額階級別世帯数の相対度数分布のヒストグラムである。図中の（ア），（イ）は，年間所得金額の中央値，平均値のいずれかを表している。この図について，最も適切な説明を，下の①～⑤のうちから一つ選びなさい。 21

年間所得金額階級別世帯数の相対度数分布のヒストグラム

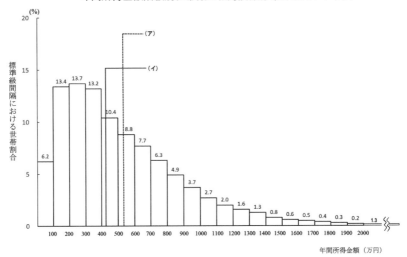

注：熊本県を除いた結果である。図中の数値は相対度数（％）を表す。

資料：厚生労働省「国民生活基礎調査」

① 図中（ア）と（イ）のうちで，中央値を表しているのは（ア）である。
② 第3四分位数が含まれているのは，年間所得金額が600～700万円の階級である。
③ 中央値の半分以下の年間所得金額の世帯の割合は，15％以下である。
④ 中央値と第1四分位数との差と，第3四分位数と中央値との差を比べると，前者の方が小さい。
⑤ 年間所得金額が1,000万円以上の世帯の割合は，10％未満である。

21 .... 正解 ④
本問は，ヒストグラムから中央値，四分位数などグラフの特徴を読み取れるかを

問うている。

①：適切でない。年間所得金額が400万円未満である世帯の割合は46.5％（6.2＋13.4＋13.7＋13.2＝46.5）なので，中央値は400〜500万円の階級に含まれる。

②：適切でない。年間所得金額が700万円未満である世帯の割合は73.4％（46.5＋10.4＋8.8＋7.7＝73.4）なので，第3四分位数は700〜800万円の階級に含まれる。

③：適切でない。①は誤りであるから，中央値は（イ）となる。（イ）は400〜500万円の間にあり，中央値の半分は，200〜250万円になる。しかし，200万円以下の階級の割合は，すでに19.6％（6.2＋13.4＝19.6）となっている。

④：適切である。第1四分位数，中央値，第3四分位数が含まれる階級は，順に200〜300万円，400〜500万円，700〜800万円なので，中央値と第1四分位数との差の方が小さいと分かる。

⑤：適切でない。年間所得金額が1,000万円以上の世帯割合を求めれば11.7％（2.7＋2.0＋1.6＋1.3＋0.8＋0.6＋0.5＋0.4＋0.3＋0.2＋1.3＝11.7）になる。

以上から，正解は④である。

問22

次の表は，総務省「平成25年住宅・土地統計調査」に基づく専用住宅一戸建ての住宅の所有の関係・延べ面積別住宅数を示している。ただし，住宅の所有の関係は，持ち家，公営の借家，民営借家の3種である。

専用住宅一戸建ての住宅の所有の関係・延べ面積別住宅数（2013年）

住宅の所有の関係	総数	29m²以下	30〜49m²	50〜69m²	70〜99m²	100〜149m²	150m²以上	1住宅当たり延べ面積(m²)
持ち家	25,401,100	36,000	416,300	1,576,400	5,608,300	10,833,400	6,930,600	131.72
公営の借家	40,700	2,200	10,100	12,100	13,400	2,200	700	64.41
民営借家	1,601,600	53,500	303,800	399,800	409,500	319,800	115,200	82.03

資料：総務省「平成25年住宅・土地統計調査」

〔1〕　この表について，最も適切な説明を，次の①〜⑤のうちから一つ選びなさい。

22

①　公営の借家の方が，民営借家よりも1住宅当たりの延べ面積が広い。

②　持ち家の50％以上の住宅が，延べ面積100m²以上である。

③　民営借家の50％以上の住宅が，延べ面積70m²未満である。

④　公営の借家のうち10％以上の住宅が，延べ面積100m²以上である。

⑤　持ち家と公営の借家と民営借家を合算した場合，延べ面積が30m²未満の住宅の構成比は1％以上である。

〔2〕 この表に基づいて，住宅の所有の関係別にみた延べ面積階級別住宅数の累積
相対度数分布をグラフにしたところ，次の図となった。なお，図中のA〜Cは，
持ち家，公営の借家，民営借家のいずれかを表す。

住宅の所有の関係別にみた延べ面積階級別住宅数の累積相対度数分布

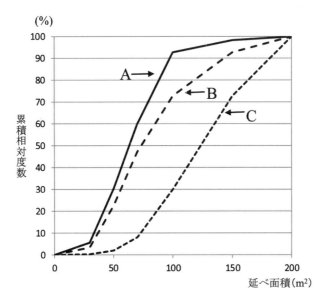

注：描画のため，延べ面積の最大値を 200m² とした。

図中のA〜Cに当たる住宅の所有の関係の組合せとして，適切なものを，次の①
〜⑤のうちから一つ選びなさい。 **23**

① A：持ち家 　　B：公営の借家 　　C：民営借家
② A：公営の借家 　　B：持ち家 　　C：民営借家
③ A：持ち家 　　B：民営借家 　　C：公営の借家
④ A：公営の借家 　　B：民営借家 　　C：持ち家
⑤ A：民営借家 　　B：公営の借家 　　C：持ち家

〔1〕 **22** ·· **正解▶②**

本問は，統計表から構成比などの特徴を読み取れるかを問うている。

①：適切でない。表の最右列をみれば，民営借家の1住宅当たり延べ面積の方が公営の借家のそれよりも広い。

②：適切である。延べ面積が100m²以上の持ち家は $10{,}833{,}400 + 6{,}930{,}600 = 17{,}764{,}000$ であり，持ち家の総数 $25{,}401{,}100$ の50%以上になる。

③：適切でない。延べ面積が70m²未満の民営借家は $53{,}500 + 303{,}800 + 399{,}800 = 757{,}100$ であり，民営借家の総数 $1{,}601{,}600$ の50%未満である。

④：適切でない。延べ面積が100m²以上の公営の借家は $2{,}200 + 700 = 2{,}900$ であり，公営の借家の総数 $40{,}700$ の10%未満である。

⑤：適切でない。延べ面積が30m²未満の持ち家と公営の借家と民営借家は $36{,}000 + 2{,}200 + 53{,}500 = 91{,}700$ であり，持ち家と公営の借家と民営借家の総数 $25{,}401{,}100 + 40{,}700 + 1{,}601{,}600 = 27{,}043{,}400$ の1%未満である。

以上から，正解は②である。

〔2〕 **23** ·· **正解▶④**

本問は，各階級別の構成比から累積相対分布のグラフを見極める力を問うている。

たとえば，住宅の所有別に延べ面積50m²未満住宅の構成比（累積相対度数）を表から計算すれば，

持ち家が約2% $\left(\dfrac{36{,}000 + 416{,}300}{25{,}401{,}100} \right)$

公営の借家が約30% $\left(\dfrac{2{,}200 + 10{,}100}{40{,}700} \right)$

民営借家が約22% $\left(\dfrac{53{,}500 + 303{,}800}{1{,}601{,}600} \right)$

となっている。このことから，Aが公営の借家，Bが民営借家，Cが持ち家の累積相対度数曲線に対応することが分かる。

また，1住宅当たり延べ面積（平均値）を見ても，公営の借家，民営借家，持ち家の順に広くなっている。このことから，累積相対度数曲線も左側からこの順となる。

以上から，正解は④である。

次の表は，総務省「家計調査」に基づく2016年の二人以上の世帯のうち勤労者世帯（以下，単に勤労者世帯という）の年間収入階級別世帯数と，それをもとに算出した世帯数と年間収入の比率や累積比率などのデータである。なお，表中の世帯数は，抽出率で調整した調整集計世帯数であり，表中の階級値は，各階級における年間収入の平均値である。

年間収入階級別世帯数及び年間収入・世帯数の比率と累積比率

（2016年，勤労者世帯）

年間収入階級 （万円）	世帯数	階級値 （万円）	総収入 （世帯数×階級値，万円）	比率		累積比率	
以上　　　未満				世帯数	年間収入	世帯数	年間収入
〜200	98	141	13,818	0.010	0.002	0.010	0.002
200〜300	375	255	95,575	0.038	0.014	0.047	0.016
300〜400	905	352	318,618	0.091	0.045	0.138	0.061
400〜500	1,333	449	599,093	0.133	0.085	0.271	0.146
500〜600	1,539	548	843,647	0.154	0.120	0.425	0.265
600〜700	1,423	645	918,414	0.142	0.130	0.567	0.396
700〜800	1,232	745	917,597	0.123	0.130	0.691	0.526
800〜1000	1,653	880	1,455,009	0.165	0.206	0.856	0.733
1000〜1250	827	1,099	908,873	0.083	0.129	0.939	0.862
1250〜1500	316	1,353	427,548	0.032	0.061	0.970	0.922
1500〜	299	1,833	548,067	0.030	0.078	1.000	1.000
	10,000		7,046,259	1.000	1.000		

資料：総務省「家計調査」

〔1〕　この表に基づいて，年間収入の平均値，最頻値（標準級間隔における世帯割合が最も大きい階級に含まれるものとする），中央値を求めるとき，それらの大きさの順序を表す適切な組合せを，次の①〜⑤のうちから一つ選びなさい。
　24
① 平均値＜最頻値＜中央値
② 平均値＜中央値＜最頻値
③ 最頻値＜中央値＜平均値
④ 最頻値＜平均値＜中央値
⑤ 中央値＜平均値＜最頻値

〔2〕 この表に基づいて，2016年の勤労者世帯の年間収入のジニ係数を求めると0.240になった。また，同年の二人以上の世帯のうち個人営業世帯（以下，単に個人営業世帯という）のジニ係数を求めると0.311であった。このとき，勤労者世帯と個人営業世帯のローレンツ曲線は，それぞれ次の図のア～エのどれにあたるか。適切な組合せを，下の①～⑤のうちから一つ選びなさい。　25

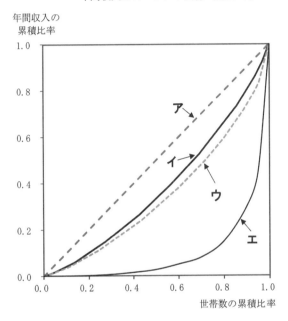

年間収入のローレンツ曲線（2016年）

資料：総務省「家計調査」

① 勤労者世帯：ア　　　個人営業世帯：ウ
② 勤労者世帯：イ　　　個人営業世帯：ウ
③ 勤労者世帯：ウ　　　個人営業世帯：イ
④ 勤労者世帯：ウ　　　個人営業世帯：エ
⑤ 勤労者世帯：エ　　　個人営業世帯：イ

　本問は，年間収入階級別世帯数及び年間収入・世帯数の比率と累積比率が示された表から算出される平均値・中央値・最頻値の大きさについて問うている。

　年間収入の**平均値**は，各階級の総収入の合計を世帯数の合計で割ればよい。よって，$7046259 \div 10000 = 704.6259$〔万円〕となる。

　中央値は，世帯を年間収入の大きさの順に並べたときの順位が真ん中の世帯の年間収入であるので，世帯数の累積相対度数（累積比率）が0.5に対応する年間収入の値である（よって，年間収入の累積比率をみるのではないことに注意せよ）。世帯数の累積相対度数をみると，500〜600万円の階級が0.425，600〜700万円の階級が0.567であるから，累積相対度数0.5が含まれるのは600〜700万円の階級であり，中央値はこの階級に含まれることになる。

　最頻値は，標準級間隔における世帯割合（比率）が最も大きい階級に含まれるものと定義されている。標準級間隔とは，ヒストグラムを描くときに基準とする階級の間隔（級間隔）のことであり，この場合，級間隔が100万円の階級が最も多いので，100万円を標準級間隔にすればよい。世帯数の最も多い階級は，800〜1000万円の1,653世帯であるが，この階級の級間隔は200万円なので，標準級間隔の2倍になっている。したがって，世帯数を標準級間隔で調整すると$1653 \div 2 = 826.5$となる（ヒストグラムを作成するときは，級間隔が標準級間隔の2倍になっている階級は，度数を半分にしてヒストグラムの柱の高さにする）。したがって，100万円という標準級間隔でみた世帯割合が最も大きい階級は，500〜600万円の階級の1,539世帯であり，最頻値は500〜600万円の階級に含まれる。

　つまり，最頻値は500〜600万円の階級に含まれ，中央値は600〜700万円の階級に含まれ，平均値は704.6259万円であるから，最頻値＜中央値＜平均値となる。

　以上から，正解は③である。

〔2〕 **25** ··· 正解▶ ②

本問は，所得分配の不平等度を表すローレンツ曲線の位置とジニ係数の大きさとの関係について問うている。

ローレンツ曲線は，表で与えられた世帯数の累積比率を横軸，年間収入の累積比率を縦軸にとって，各階級について両者の対応する点を結んだ曲線であり，45度線（均等分布線，図中の**ア**）に近いほど所得分配はより平等（所得格差が小さい），45度線から離れ外枠に近いほど所得分配はより不平等（所得格差が大きい）である。

ジニ係数は45度線とローレンツ曲線によって囲まれた面積を2倍することによって求められ，0から1の間をとる。ジニ係数が大きいほどローレンツ曲線は45度線から離れており，所得分配はより不平等である。

図中の**ア**は均等分布線でジニ係数は0であるので，勤労者世帯，個人営業世帯のいずれのローレンツ曲線でもない。

図中の**エ**は，かなり外枠に近く，**エ**と45度線で囲まれた面積は0.5に近く，その面積を2倍すれば，勤労者世帯のジニ係数0.240，個人営業世帯のジニ係数0.311よりもかなり大きくなるので，いずれのローレンツ曲線でもないことがわかる（表の世帯数と年間収入の累積比率の値を用いてローレンツ曲線を図に記入してみれば，**エ**が勤労者世帯のローレンツ曲線ではないことは明らかである）。

よって，勤労者世帯と個人営業世帯のローレンツ曲線は，**イ**か**ウ**である。

そして，勤労者世帯のジニ係数が0.240，個人営業世帯のジニ係数が0.311であるから，個人営業世帯の方が年間収入の格差が大きく，そのローレンツ曲線は勤労者世帯よりも外側に位置する。よって，勤労者世帯のローレンツ曲線が**イ**，個人営業世帯のローレンツ曲線が**ウ**となる。

以上から，正解は②である。

次の図は，厚生労働省「国民生活基礎調査」に基づく2016年の各種世帯別にみた所得金額階級別世帯数の累積相対度数分布を，所得金額が1,000万円までの世帯について描いたものである。なお，図中の高齢者世帯について，平均所得金額は308.4万円であった。

この図について，適切でない説明を，下の①〜⑤のうちから一つ選びなさい。

26

各種世帯別にみた所得金額階級別世帯数の累積相対度数分布

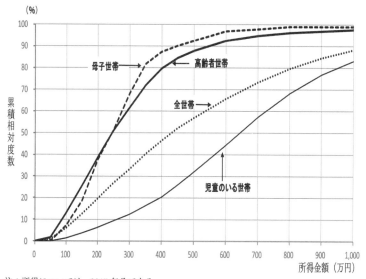

注：所得については，2015年分である。

資料：厚生労働省「国民生活基礎調査」

① 高齢者世帯の所得金額の中央値と最も近い中央値をもつのは母子世帯である。
② 高齢者世帯の平均所得金額を超えている高齢者世帯の割合は，40％未満である。
③ 母子世帯より高齢者世帯の方が四分位範囲は小さい。
④ 児童のいる世帯の第1四分位数は，高齢者世帯の第3四分位数より大きい。
⑤ 全世帯の所得金額の中央値を超えている高齢者世帯の割合は，20％未満である。

26 ·· **正解▶③**

本問は，累積相対分布のグラフの見方について問うている。

①：適切である。累積相対度数がほぼ50％の水準において高齢者世帯と母子世帯の折れ線グラフが交わっており，両世帯の中央値が相互に最も近いことが分かる。

②：適切である。グラフでは平均所得金額300万円以下の高齢者世帯割合は60％を上回っており，平均所得金額308.4万円を超える世帯割合は40％未満であると分かる。

③：適切でない。グラフから母子世帯より高齢者世帯の方が，累積相対度数25％に対応する所得金額は小さく，累積相対度数75％の所得金額では大きいことが分かる。つまり，母子世帯より高齢者世帯の方が四分位範囲は大きい。

④：適切である。グラフから児童のいる世帯の第1四分位数が450万円弱，高齢者世帯の第3四分位数は375万円前後であることが分かる。

⑤：適切である。全世帯に関する所得金額の中央値は430万円ほど（正確には428万円）であり，この水準を超える高齢者世帯の割合はグラフから20％未満と分かる。

以上から，正解は③である。

問25

次の表は，2015年から2017年までの総務省「家計調査」に基づく二人以上の世帯の消費支出及びその対前年名目増減率，並びに総務省「消費者物価指数」に基づく持家の帰属家賃を除く消費者物価指数総合のデータである。

消費支出，対前年名目増減率，消費者物価指数

年	消費支出 （円）	消費支出の対前年名目増減率 （%）	消費者物価指数 （2015年=100）
2015	3,448,482	−1.3	100.0
2016	3,386,257	−1.8	99.9
2017	3,396,330	0.3	100.5

注：消費者物価指数は，持家の帰属家賃を除く総合

資料：総務省「家計調査」,「消費者物価指数」

2017年の消費支出の対前年実質増減率（%）を求める式について，適切なものを，次の①～⑤のうちから一つ選びなさい。 **27**

① $\left(\dfrac{3396330 - 3448482}{3448482} \times \dfrac{1}{100.5} \right) \times 100$

② $\left(\dfrac{3396330/3448482}{100.5/100.0} - 1 \right) \times 100$

③ $0.3 \times \dfrac{1}{100.5} \times 100$

④ $0.3 \times \dfrac{100.5}{99.9}$

⑤ $\left(\dfrac{3396330/100.5}{3386257/99.9} - 1 \right) \times 100$

27 ⋯⋯⋯⋯⋯⋯⋯⋯⋯⋯⋯⋯⋯⋯⋯⋯⋯⋯⋯⋯⋯⋯⋯⋯⋯⋯⋯⋯⋯⋯⋯ **正解▶⑤**

　本問は，消費支出を実質化した対前年増減率の算出方法について問うている。

　実質化とは，名目データから物価変動の影響を取り除いた実質データを求める方法であり，名目データと物価指数を用いて，次のように求める。

　実質データ＝名目データ÷物価指数×100

　2017年の消費支出の対前年実質増減率は，2016年と2017年の実質消費支出から算出する。2016年と2017年の実質消費支出は，それぞれ，

$$\frac{3386257}{99.9} \times 100, \quad \frac{3396330}{100.5} \times 100$$

となる。よって，2017年の消費支出の対前年増減率は次の式で求められる。

$$\left(\frac{\dfrac{3396330}{100.5} - \dfrac{3386257}{99.9}}{\dfrac{3386257}{99.9}} \right) \times 100 = \left(\frac{\dfrac{3396330}{100.5}}{\dfrac{3386257}{99.9}} - 1 \right) \times 100$$

　以上から，正解は⑤である。

次の図1は，総務省「サービス産業動向調査」に基づく，2013年1月から2018年5月までの道路貨物運送業，不動産賃貸業・管理業，娯楽業の月次売上高の推移を示している。また，下の図2のA〜Cは，道路貨物運送業，不動産賃貸業・管理業，娯楽業のいずれかの前年同月比（％）である。

図1 道路貨物運送業，不動産賃貸業・管理業，娯楽業の売上高（10億円）

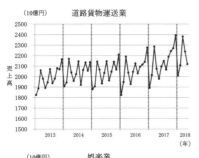

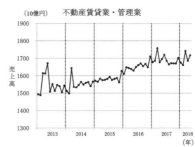

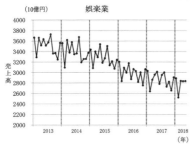

注：縦の点線は，ある年の12月と翌年の1月の境界を表す。

資料：総務省「サービス産業動向調査」

〔1〕 図1について，最も適切な説明を，次の①〜⑤のうちから一つ選びなさい。

28

① 2013年から2017年まで，道路貨物運送業では各年1月の売上高が他の月のそれより大きい。

② 2013年1月から2018年5月まで，不動産賃貸業・管理業の月次売上高が増加し続けている。

③ 2013年から2017年まで，娯楽業の年間売上高は減少する傾向にある。

④ 2015年において，不動産賃貸業・管理業の月次売上高の分散は，道路貨物運送業の分散より大きい。

⑤ これまでの趨勢が続けば，2018年中に不動産賃貸業・管理業の売上高が娯楽業の売上高を上回る。

図2 道路貨物運送業，不動産賃貸業・管理業，娯楽業の売上高のいずれかの前年同月比

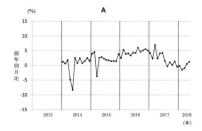
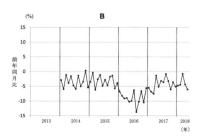
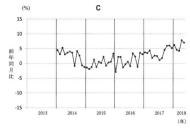

注：縦の点線は，ある年の12月と翌年の1月の
　　境界を表す。

資料：図1と同じ。

〔2〕　図2のA～Cにあてはまる業種として，適切な組合せを，次の①～⑤のうち
から一つ選びなさい。　**29**

① A：道路貨物運送業　　　　　　　B：不動産賃貸業・管理業
　 C：娯楽業
② A：娯楽業　　　　　　　　　　　B：道路貨物運送業
　 C：不動産賃貸業・管理業
③ A：道路貨物運送業　　　　　　　B：娯楽業
　 C：不動産賃貸業・管理業
④ A：不動産賃貸業・管理業　　　　B：道路貨物運送業
　 C：娯楽業
⑤ A：不動産賃貸業・管理業　　　　B：娯楽業
　 C：道路貨物運送業

〔1〕 **28** .... 正解 ③

　本問は，時系列のグラフの見方について問うている。

①：適切でない。1月はむしろ他の月よりも売上高が小さい。

②：適切でない。2013年1月から2018年5月までで，不動産賃貸業・管理業の当月
　　の売上高が前月の売上高よりも小さいことがあった。

③：適切である。多少の変動はあるものの，娯楽業の月次売上高は趨勢として減少
　　しており，年間の合計にすると減少し続けている。

④：適切でない。道路貨物運送業の売上高には季節性が含まれており，月間の変動
　　が大きい。したがって，散らばりの尺度である分散も大きくなっている。

⑤：適切でない。これまでの趨勢を延長すると，娯楽業の月次売上高が2018年中に
　　2000（10億円）を下回る可能性は低く，不動産賃貸業・管理業の月次売上高が
　　2018年中に1900（10億円）を上回る可能性は低いと予想される。したがって，
　　逆転の可能性も低い。

　以上から，正解は③である。

〔2〕 <u>29</u> ⋯⋯⋯⋯⋯⋯⋯⋯⋯⋯⋯⋯⋯⋯⋯⋯⋯⋯⋯⋯⋯⋯⋯⋯⋯⋯⋯⋯⋯⋯⋯ **正解** ⑤

　本問は，水準のグラフから前年同月比（変化率）のグラフを見極める力を問うている。前年同月比が季節性を除去する効果を持つことに注意する。また，前年同月比がマイナスであれば趨勢が減少していることに，プラスであれば趨勢が増加していることに対応する。ただし，偶然的な変動の影響が残ることにも留意する。

Ａ：2014年1月から2017年7月まで前年同月比がおおよそプラス（2014年4月，5月及び2015年3月はマイナス），2017年8月からプラスとマイナスが拮抗している。図1から判断して，**不動産賃貸業・管理業**に該当する。

Ｂ：2014年1月から2018年5月にかけて2014年11月を除いて前年同月比がマイナスとなっている。図1から判断して**娯楽業**に該当する。

Ｃ：2014年には前年同月比がプラスであることが多く，2015年と2016年にはプラスとマイナスが拮抗し，2017年以降はプラスでしかも前年同月比が上昇傾向にある。図1から判断して，**道路貨物運送業**に該当する。

　以上から，正解は⑤である。

２０１８年11月

次の図は，経済産業省「商業動態統計調査」に基づく，2012年1月から2015年12月までの小売業販売額のグラフである。この図について，適切でない説明を，下の①〜⑤のうちから一つ選びなさい。　30

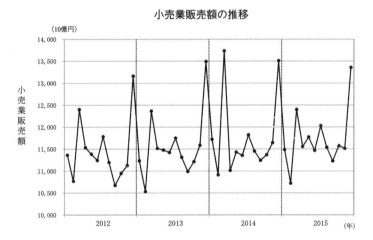

小売業販売額の推移

注：図の縦の点線は，ある年の12月と翌年の1月の境界を表す。

資料：経済産業省「商業動態統計調査」

① 毎年2月の小売業販売額は，前後の月より少なくなっている。これは，2月の日数が他の月より少ないことも原因となっている。

② 2014年3月は，他の年の3月に比べて小売業販売額が特に多くなっている。これは，2014年4月の消費税率引上げの駆け込み購入も原因となっている。

③ 毎年7月の小売業販売額は，前後の月より多くなっている。これは，夏のボーナス後にお中元を贈ることも原因となっている。

④ 毎年10月の小売業販売額は，前後の月より多くなっている。これは，冬物衣料の購入が始まることも原因となっている。

⑤ 毎年12月の小売業販売額は，前月よりかなり多くなっている。これは年末の贈答品や新年に向けての準備等のための購入なども原因となっている。

30 ·· **正解** ▶ ④

　本問は，経済産業省「商業動態統計調査」の小売販売額時系列データからグラフの特徴を読み取れるかを問うている。小売業販売額には，通常年間のパターンがある。

①：適切である。2月は日数が他の月より少ないことから小売業販売額は前後の1月，3月より少なくなる。

②：適切である。通常年間パターンの他に，その年の特殊事情で，ある月の小売業販売額が多くなることもある。2014年は4月に消費税率が引上げになっており，駆け込み購入の関係で，2014年は3月が多くなっている。

③：適切である。7月は夏のボーナス後のお中元の贈答などのために前後の6月，8月より小売業販売額は多くなっている。

④：適切でない。10月については，2015年は前後の月より小売業販売額が多くなっているが，2012～2014年にかけては，10月は9月より多くなっているが，11月よりは少ない。前後の月より小売業販売額が多いとはいえない。

⑤：適切である。12月は，年末の贈答品や新年に向けての準備のための購入などがあり，11月，1月より小売業販売額は多くなる。問題のグラフでは，2015年が12月で終わっており，翌月1月との比較はできないが，前月の11月より多くなっているのは確かである。

　以上から，正解は④である。

統計調査士　2018 年 11 月　正解一覧

問		解答番号	正解	問		解答番号	正解
問1		1	①	問16		16	②
問2		2	⑤	問17		17	③
問3		3	①	問18		18	②
問4		4	④	問19		19	①
問5		5	④	問20		20	②
問6		6	①	問21		21	④
問7		7	⑤	問22	〔1〕	22	②
問8		8	③		〔2〕	23	④
問9		9	④	問23	〔1〕	24	③
問10		10	③		〔2〕	25	②
問11		11	⑤	問24		26	③
問12		12	①	問25		27	⑤
問13		13	①	問26	〔1〕	28	③
問14		14	②		〔2〕	29	⑤
問15		15	⑤	問27		30	④

PART 4

統計調査士
2017年11月
問題／解説

2017年11月に実施された
統計調査士の試験で実際に出題された問題文を掲載します。
問題の趣旨やその考え方を理解できるように、
正解番号だけでなく解説を加えました。

　ある産業に新たな需要が生じ，その需要に応じて生産活動が拡大するとき，原材料や資材などの取引や消費活動を通じて，他の産業に次々に影響を及ぼすことを経済波及効果という。経済波及効果を計測するために有用である産業連関表を初めて作成した経済学者を，次の①〜⑤のうちから，一つ選びなさい。　**1**

① アドルフ・ケトレー

② アダム・スミス

③ エティエンヌ・ラスパイレス

④ ワシリー・レオンチェフ

⑤ レオン・ワルラス

---

1 .... **正解 ④**

　本問は，経済波及効果の計測に広く活用されている産業連関表に関する知識について問うている。

①：誤り。アドルフ・ケトレーは19世紀のベルギー人であり，確率論などの自然科学の手法を社会現象に適用する社会物理学を提唱した数学者，天文学者，統計学者である。

②：誤り。アダム・スミスは18世紀のイギリスの経済学者であり，市場のメカニズムを提唱し，現在に至る経済学を最初に牽引した。

③：誤り。エティエンヌ・ラスパイレスは19世紀から20世紀初頭のドイツの経済学者であり，基準年に購入数量バスケットを固定した物価指数（ラスパイレス指数と呼ばれる）の作成を提唱した。

④：正しい。ワシリー・レオンチェフはロシア生まれのアメリカ人であり，産業連関分析の創始者である。1936年に産業連関表を考案した。1973年ノーベル経済学賞を受賞している。

⑤：誤り。レオン・ワルラスは19世紀のフランス生まれの経済学者であり，経済学的分析に数学的手法を積極的に活用し，一般均衡理論を最初に定式化したことで有名である。

　以上から，正解は④である。

　1947年に設立された国連統計委員会は，国際的な統計制度の頂点に位置する存在である。国連統計委員会は国連経済社会理事会によって選出される24の委員国の代表24名（1国1名）によって構成されている。我が国は1962年から1969年まで，および1973年から現在に至るまで委員国を務めている。

国連統計委員会に関する記述について，最も適切なものを，次の①〜⑤のうちから，一つ選びなさい。 2

① 国連統計委員会は，毎年テーマを設定して，そのテーマに基づいた統計の作成を国連加盟国に義務づけている。

② 国連統計委員会は，国民経済計算（SNA）などのマニュアルや基準，ガイドラインの整備を行っている。

③ 国連統計委員会は，産業分類などの国際分類を作成せず，国連加盟国に分類の作成をゆだねている。

④ 国連統計委員会は，国連加盟国の各種統計を個別に審査し，改善を指示している。

⑤ 国連統計委員会は，西暦の末尾が0と5の年に限って国連本部において委員会を開催している。

2017年11月

---

2 .... **正解** ②

本問は，統計に関する国際的な活動についての知識を問うている。

国連統計委員会は国際的な統計システムの頂点に位置する存在であり，統計委員会メンバー国の国家統計機関のトップが一堂に会する会議である。特に，国際レベルでの各種統計活動に係る最もハイレベルな機関であって，国連経済社会理事会に付属する機能委員会の役割を担っている。その役割は，各国の統計の開発及び比較可能性の改善の促進，専門機関の統計事業の促進などについて国連経済社会理事会を援助することである。

①：適切でない。国連統計委員会がテーマを設定して各国に作成を義務づけることはない。ただし，国際的な統計のデータ収集は行っている。

②：適切である。国連統計委員会は，統計に関する基準（標準），ガイドライン，マニュアル等の整備を行っている。国民経済計算（SNA）は2008年に採択されたマニュアルが最新のもので，我が国のSNAも2008年のマニュアルに準拠して作成されている。

③：適切でない。国連統計委員会は，国際標準産業分類（ISIC）を作成している。各国は，それぞれの産業構造を踏まえ産業分類を作成しており，我が国は日本標準産業分類を作成しているが，ISICは各国の産業に関する統計を比較する際のベースになる。

④：適切でない。国連統計委員会が各国の統計を審査することはない。国連統計委員会は国際的な統計活動を行うものであり，各国の統計の審査は所管事項にない。

⑤：適切でない。国連統計委員会は，2000年以降，基本的に年に1度，2月〜3月に国連本部（ニューヨーク）で開催されている。なお，1999年までは2年に1度の開催であった。

以上から，正解は②である。

　統計法において公的統計とは，行政機関，地方公共団体又は独立行政法人等（以下「行政機関等」という）が作成する統計とされている。また，統計法における統計調査とは，行政機関等が統計の作成を目的として個人又は法人その他の団体に対し事実の報告を求めることにより行う調査とされている。他方，公的統計のうち行政機関等が行う世論調査の結果として作成される統計は，統計法における統計調査ではないとされている。

　世論調査が統計法における統計調査に該当しない理由について，最も適切なものを，次の①〜⑤のうちから，一つ選びなさい。　**3**

① 世論調査は，民間事業者に委託して実施しているため。

② 世論調査は，電話調査によって行われ，調査票を用いないため。

③ 世論調査は，母集団名簿を用いることなく調査対象を抽出しているため。

④ 世論調査は，調査対象者に報告義務がなく，虚偽の報告も許されるため。

⑤ 世論調査は，調査対象者の意見・意識など事実に該当しない項目を調査することを目的にしているため。

---

3 .... **正解** ⑤

　本問は，統計法における統計調査に関する知識を問うている。

　統計法における統計調査は，事実の報告を求めるものに限られている。世論調査は，思想や感情その他の内面的意識の把握を目的とする調査であり，事実の報告に該当しないので，統計法における統計調査には該当しない。

　ただし，経済見通しのように，将来の事実についての予測や，自らの健康状態という事実についての判断といった事項については，思想や感情といった内面的な意識とは異なるものとして，事実に関する報告として統計法における統計調査の対象として扱われている。

①：適切でない。統計法における統計調査であっても，調査の実施を民間事業者に委託している例はある。

②：適切でない。統計法における統計調査であっても，電話調査を行うことができないといった調査方法の制約はない。

③：適切でない。統計法における統計調査が必ずしも母集団名簿の作成・使用を求められているものではない。

④：適切でない。統計法における統計調査として規定されている一般統計調査についても，調査対象者に報告の義務はない。

⑤：適切である。上で述べたとおり思想や感情等の把握を目的とする世論調査は事実の報告を求める統計法における統計調査には該当しない。

　以上から，正解は⑤である。

問4

統計法に関する説明について，最も適切なものを，次の①〜⑤のうちから，一つ選びなさい。 4

① 統計法は，公的統計を作成するに当たり，利用者の声を反映させるために，公聴会の制度を定めている。

② 統計法は，行政機関に統計部局を設置することを義務付けている。

③ 統計法は，公的統計だけではなく，民間事業者が作成する統計にも適用される。

④ 統計法は，行政機関等が行う統計調査として基幹統計調査と一般統計調査を，地方自治体等が行う統計調査として指定統計調査を定めている。

⑤ 統計法は，統計が社会経済情勢の変化に応じたものになっているかどうかなどを勘案し，公的統計の整備に関する基本計画を定期的に作ることを定めている。

4 ·· **正解** ▶ ⑤

本問は，統計法の目的や規定内容に関する理解について問うている。

①：適切でない。統計法には，公聴会の制度は規定されていない。

②：適切でない。統計法には，行政機関に統計部局を設置することを義務付ける規定はない。

③：適切でない。統計法は，公的統計に関して基本的なことがらを定めているが，民間事業者が作成する統計調査には適用されない

④：適切でない。現行の統計法に定義されている公的統計の範囲は基幹統計と一般統計のみであり，指定統計調査は昭和22年に制定された旧統計法で定義されていた統計調査の種類である。

⑤：適切である。統計法の第4条では，「政府は，公的統計の整備に関する施策の総合的かつ計画的な推進を図るため，公的統計の整備に関する基本的な計画（以下この条において「基本計画」という。）を定めなければならない。」と規定されおり，同条5項で，「国民の意見を反映させるために必要な措置を講ずるものとする。」と規定されている。

以上から，正解は⑤である。

統計の作成方法と種類に関して，次の文中の（ア）〜（エ）に入る適切な語句の組合せを，下の①〜⑤のうちから，一つ選びなさい。　　5

> 統計には，（ア）統計と（イ）統計という2つの区分がある。
> （イ）統計は，（ア）統計を基に作成されるものであり，国民経済計算，産業連関表，消費者物価指数などが含まれる。
> （ア）統計はさらに，登録・届出などをもとに作成される（ウ）統計と，何らかの調査を行うことによって集められた情報から作成される（エ）統計に分けられる。

① （ア）加工　　　　（イ）一次　　　　（ウ）調査　　　　（エ）記述
② （ア）一次　　　　（イ）加工　　　　（ウ）調査　　　　（エ）業務
③ （ア）一次　　　　（イ）加工　　　　（ウ）業務　　　　（エ）調査
④ （ア）加工　　　　（イ）基幹　　　　（ウ）調査　　　　（エ）記述
⑤ （ア）基幹　　　　（イ）一次　　　　（ウ）業務　　　　（エ）調査

5 .... 正解 ③

本問は，統計の作成方法と種類についての理解を問うている。

我が国では各府省により多種多様な統計が作成され，様々な場面で活用されている。統計は，その作成方法により以下のように分類することができる。

> 一次統計｛調査統計：統計調査によって作成される統計
> 　　　　　業務統計：行政記録情報によって作成される統計
>
> 加工統計（二次統計）：一次統計を加工するなどして作成される統計

統計には大きく分けて一次統計と加工統計という区分がある（加工統計は二次統計とも呼ばれる）。このうち，一次統計とは，統計調査の結果や後述の業務統計から直接得られる統計である。我が国の大部分の統計は，この一次統計に分類される。これに対し，加工統計とは，一次統計を基に何らかの加工等の処理を行って作成する統計である。

一次統計はさらに，調査統計と業務統計に区分される。このうち，調査統計とは，国勢調査や毎月勤労統計調査など，各種の統計調査を実施することにより収集された情報を基に作成される統計である。これに対し業務統計とは，行政機関等への申告・登録・届出等の業務記録を基に作成する統計であり，人口動態統計や建築着工

統計などがある。

　なお，選択肢④と⑤にある基幹統計とは，国勢統計，国民経済計算，その他国の行政機関が作成する統計のうち総務大臣が指定する特に重要な統計のことをいう。

　以上から，正解は③である。

参考文献：
・「統計実務基礎知識：平成29年3月改訂版」公益財団法人統計情報研究開発センター（2017年）
・「統計法：逐条解説」総務省政策統括官（統計基準担当）（2009年）

問6

　統計調査の実査（実際の調査活動）の流れを，次の図のように（A）から（C）の3種類に分けた。統計調査の実査の流れに関する説明として，最も適切なものを，下の①〜⑤のうちから，一つ選びなさい。　**6**

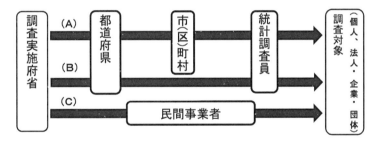

① 機械受注統計調査（内閣府）は，（A）の流れで実施している。
② 国勢調査（総務省）は，（B）の流れで実施している。
③ 人口動態調査（厚生労働省）は，（C）の流れで実施している。
④ 就業構造基本調査（総務省）は，（A）の流れで実施している。
⑤ 学校基本調査（文部科学省）は，（B）の流れで実施している。

6 .... **正解** ▶ ④

　本問は，国の実施する統計調査の実査の流れに関する知識を問うている。なお，ここでは，調査対象者へ調査票を届ける方法についての問題であり，調査票の提出については問うておらず，オンラインによる回答は考慮する必要はない。

①：適切でない。機械受注統計調査は，内閣府が実施する一般統計調査である。調査は，調査票を調査対象の企業に調査実施者である内閣府から直接送付する方法で実施している。

②：適切でない。国勢調査は，総務省が実施する基幹統計調査である。調査は，総務省から都道府県，市（区）町村，統計調査員を通じて世帯に調査票を配布して実施して（A）の流れである。

③：適切でない。人口動態調査は，問5における業務統計に該当する．市区町村長が出生・死亡・婚姻・離婚について保健所を通じて，都道府県，そして厚生労働省に報告する。

④：適切である。就業構造基本調査は，総務省が実施する基幹統計調査である。調査は，総務省から都道府県，市（区）町村，統計調査員を通じて調査対象へ調査票を配布して実施している。

⑤：適切でない。学校基本調査は，文部科学省が実施する基幹統計調査である。学校基本調査には統計調査員は設置されていない。文部科学省，都道府県，市町村がそれぞれ調査を担当する学校へ調査票を送付して実施している。

以上から，正解は④である。

問7

人口統計の中には，現在の人口を表す統計だけでなく，将来の人口を予測する加工統計もある。次の記事は，ある人口統計に関するものである。

> 厚生労働省の（ア）は，長期的な日本の人口を予測した「（イ）」を公表した。1人の女性が生む子供の数が今と変わらない場合，人口は2053年に1億人を割り，65年には15年比3割減の8808万人になる。働き手の世代（生産年齢人口）は4割減とさらに大きく減る見通しだ。

資料：2017（平成29）年4月11日 日本経済新聞（抄）

〔1〕 記事の（ア）にはこの人口統計を作成した機関の名称が，（イ）にはこの人口統計の名称が入る。（ア），（イ）に入る適切な語句の組合せを，次の①〜⑤のうちから，一つ選びなさい。 □7□

① （ア）経済社会総合研究所
　 （イ）日本の将来推計人口（平成29年推計）

② （ア）経済社会総合研究所
　 （イ）平成28年10月1日現在将来予測人口

③ （ア）労働政策研究・研修機構
　 （イ）日本の将来推計人口（平成29年推計）

④ （ア）国立社会保障・人口問題研究所
　 （イ）日本の将来推計人口（平成29年推計）

⑤ （ア）国立社会保障・人口問題研究所
　　（イ）平成28年10月1日現在将来予測人口

〔2〕　この記事に関する説明について，最も適切なものを，次の①〜⑤のうちから，
　　　一つ選びなさい。　**8**

① この人口統計は，国勢調査を基にして10年ごとに作成されている。

② この人口統計では，1人の女性が生涯で産む平均的な子供の数（合計特殊出
　　生率）に仮定を置いている。

③ この人口統計では，将来の出生推移，死亡推移に関して複数の仮定を設け，
　　仮定の組合せにより計16通りの推計を行っている。

④ この人口統計では，国際人口移動は考慮していない。

⑤ 働き手の世代（生産年齢人口）とは，20歳以上60歳以下の人口のことである。

〔1〕　**7**　……………………………………………………………………… **正解▶④**

　本問は，日本の人口予測に関する新聞記事から該当する統計とその実施機関の名
称に関する知識を問うている。

　厚生労働省の国立社会保障・人口問題研究所は，我が国の将来の人口規模ならび
に年齢構成等の人口構造の推移を推計した「日本の将来推計人口（平成29年推計）」
を公表した。この人口統計は施策計画，開発計画，経済計画等の立案の基礎資料と
して幅広く活用されている。

①，②：適切でない。経済社会総合研究所は内閣府の施設等機関であり，経済活動，
　　経済政策，社会活動等に関わる理論及び実証研究等を行うとともに，GDP（国
　　内総生産）統計に代表される国民経済計算体系（SNA：System of National
　　Accounts）の推計作業・公表などを行っている。

③：適切でない。労働政策研究・研修機構は厚生労働大臣を主務大臣とする独立行
　　政法人であり，労働に関する総合的な調査研究や労働関係事務担当職員等に研修
　　を行っている。

④：適切である。国立社会保障・人口問題研究所は厚生労働省の施設等機関であり，
　　人口や世帯の動向をとらえるとともに，内外の社会保障政策や制度についての研
　　究を行っている。

⑤：適切でない。この人口統計の名称は「日本の将来推計人口（平成29年推計）」
　　である。

　以上から，正解は④である。

2017年11月

〔2〕 **8** .... **正解** ②

　日本の人口予測に関する新聞記事にあるに関する知識を問うている。「日本の将来推計人口（平成29年推計）」は，平成27年国勢調査の確定数が公表されたことを受けて，将来の出生，死亡ならびに国際人口移動について仮定を設けて推計を行ったものである。

①：適切でない。この人口統計は5年ごとに実施される国勢調査の結果に基づいて，5年ごとに作成されている。

②：適切である。合計特殊出生率は15歳以上49歳以下の女性の年齢別出生率を合計したもので，1人の女性がその年齢の出生率で一生の間に生むとしたときの子供の数に相当する。この人口統計では，ある世代の出生状況に着目し，同一世代生まれ（コーホート）の女性の各年齢（15歳〜49歳）の出生率を過去から積み上げたコーホート合計特殊出生率を算出している。

③：適切でない。この人口統計では，将来の出生推移，死亡推移について，それぞれ中位，高位，低位の3仮定を設け，その組合せにより9通りの推計を行っている。なお，国立社会保障・人口問題研究所がプレスリリースし，この記事に使用されているのは出生中位・死亡中位推計である。

④：適切でない。この人口推計では，国際人口移動についても既存の統計指標の実績に基づき，その動向を推計している。

⑤：適切でない。生産年齢人口は15歳以上64歳以下の人口のことである。

　以上から，正解は②である。

問8

　国または地方公共団体が実施する統計調査については，実施過程の一部が民間事業者に委託されることがある。民間事業者への統計調査の委託内容や委託された民間事業者の業務について，最も適切なものを，次の①〜⑤のうちから，一つ選びなさい。　**9**

① 民間事業者の調査員は非常勤の公務員となるので，公務員としての守秘義務が課せられる。

② 国が統計調査の実施を民間事業者に委託する際には，事前に統計委員会の承認を得なければならない。

③ 国または地方公共団体が民間事業者に委託できる統計調査は，郵送調査またはインターネット調査に限られている。

④ 調査票情報の取扱いに関する業務を受託した民間事業者には，統計法上の守秘義務は課せられていないので，契約で守秘義務を課すことになる。

⑤ 統計法により，民間事業者の調査員にも守秘義務が課せられる。

9 ··· **正解** ⑤

国または地方公共団体は，実施する統計調査の実施過程の一部を民間事業者に委託することがあり，本問は，民間事業者の役割や統計法との関係について問うている。

①：適切でない。民間事業者が国または地方公共団体の統計調査を受託しても，民間事業者の調査員が公務員となることはない。

②：適切でない。国が統計調査の実施を民間事業者に委託する際に，統計委員会の事前の承認が必要であるとは統計法では定められていない。

③：適切でない。民間事業者に委託する統計調査について，調査方法による制限はない。

④：適切でない。統計法第41条は，調査票情報等の取扱いに関する業務に従事する者または従事していた者について守秘義務を課すことを定めている。この中には委託を受けた民間事業者も含まれることが明記されている。

⑤：適切である。統計法第41条により，民間事業者の調査員にも守秘義務が課せられている。

以上から，正解は⑤である。

２０１７年11月

問9

経済産業省が実施する商業統計調査は，「卸売業，小売業」に属する全国の事業所を調査対象としている。平成26年商業統計調査の調査対象に含まれていない事業所を，次の①～⑤のうちから，一つ選びなさい。 **10**

① クリーニング店
② ガソリンスタンド
③ リサイクルショップ
④ ペットショップ
⑤ 店舗を持たない通販業者

10 ··· **正解** ①

本問は，商業統計調査について，日本標準統計基準である産業分類に関する知識を問うている。商業統計調査は，昭和27年に調査を開始して以来，昭和51年までは２年ごと，それ以後平成９年までは３年ごと，それ以後平成19年までは５年ごとに本調査を実施し，その中間年（本調査の２年後）には簡易調査を実施してきた。そして，平成19年以降は経済センサス－活動調査の実施の２年後に実施されている。

商業統計調査は，日本標準産業分類の大分類「Ⅰ－卸売業・小売業」の事業所を対象に調査しており，平成26年調査では，「管理・補助的経済活動を行う事業所」，「無店舗小売業」が新たに対象となり，「持ち帰り飲食サービス業」，「配達飲食サー

ビス業」が対象外となっている。

①：対象に含まれない。クリーニング店は，取次店も含め，日本標準産業分類では，大分類「N－生活関連サービス業，娯楽業」のため，商業統計調査の対象外である。

②～⑤：対象に含まれる。いずれも日本標準産業分類の大分類「I－卸売業・小売業」の事業所であり，平成26年商業統計調査の対象となっている。

以上から，正解は①である。

問10

統計調査の実査（実際の調査活動）には，多くの人手や経費，日数を要し，多くの調査対象者からの報告を求めることになる。このため，統計調査の企画の段階で調査目的やこれまでの調査の結果を十分に検討し，綿密な計画を立てる必要がある。

次の（ア）～（オ）の統計調査の企画に関する正しい説明として，最も適切な組合せを，下の①～⑤のうちから，一つ選びなさい。 **11**

（ア）統計利用者にとって得られる調査結果の利用価値が高いと期待されるのであれば，既存の他の統計調査によるデータが活用できる場合であっても，その調査の実施を優先すべきである。

（イ）調査目的やどのような内容の調査結果が必要かということを常に念頭において，統計調査の企画を進めるべきである。

（ウ）多くの有用な情報を得るために，できるだけ多くの調査事項で調査を行うように統計調査の企画を進めるべきである。

（エ）調査の対象は，調査目的，調査結果及び調査の技術上の難易度などを考慮した上で，属性的範囲，地域的範囲，時間的範囲といった観点から具体的に決めるべきである。

（オ）個人に対する統計調査では，調査対象を漏れなくとらえるために，調査対象者である個人に調査票を直接配布・回収する方法を検討すべきである。

---

① （ア）と（ウ）
② （ア）と（オ）
③ （イ）と（ウ）
④ （イ）と（エ）
⑤ （エ）と（オ）

---

11 .... **正解** ④

本問は，統計調査の企画・設計を行う際に心がけるべき事項について，実務的な

観点から問うている。

（ア）：適切でない。統計調査の実施には，多くの人手や経費，日数を要し，さらに，多くの調査対象者の報告を求めるものであることから，既存のデータでは必要なデータが得られず，調査の実施が必要である場合に限り，統計調査の実施を企画すべきである。

（イ）：適切である。統計調査の企画・設計に当たっては，調査事項，調査方法，調査票をはじめとした各種調査書類の作成，集計計画など様々な事項を具体的に検討することとなるが，企画・設計のどの段階においても常に，調査の目的やどのような内容の結果が必要かということを念頭において検討を進めることが重要である。

（ウ）：適切でない。調査事項の数は，調査対象者や調査員の負担，集計や分析の能力等の観点から適切になるように検討する必要がある。調査事項が多いことで調査対象者の負担が増し，未回答や誤回答が増え，調査票の審査や集計に時間を要し，結果の公表・利用に支障を来すおそれがある。そのため，調査事項は必要最小限にとどめるよう配慮すべきである。

（エ）：適切である。調査を正確に行うために，調査対象は具体的に決める必要がある。例えば，平成27年国勢調査では，地域的範囲として「本邦（総務省令で定める島を除く）内に」，時間的範囲として「平成27年10月1日現在に」，属性的範囲として「常住する者」と定めている。

（オ）：適切でない。調査単位は，調査を正確に行い調査目的に合う情報を得るために，調査対象をどのような単位で調査すればよいかという観点で決めることが重要である。一般的に個人を調査対象とする統計調査では，世帯を調査単位として実施することが多くなっている。

以上から，適切な組合せは，（イ）と（エ）となり，正解は④である。

参考文献：

・「統計実務基礎知識：平成29年3月改訂版」公益財団法人統計情報研究開発センター（2017年）

　国勢調査では，国勢調査員の担当区域を明確にすること，各種統計調査の実施において調査地域を選定する際の基礎資料（母集団情報）とすることなどを目的として，国勢調査調査区を設定している。

　次の（ア）～（オ）の統計調査について，国勢調査調査区を母集団情報に使用している統計調査として適切な組合せを，下の①～⑤のうちから，一つ選びなさい。

| 12 |

> （ア）景気ウォッチャー調査（内閣府）
> （イ）住宅・土地統計調査（総務省）
> （ウ）個人企業経済調査（総務省）
> （エ）国民生活基礎調査（厚生労働省）
> （オ）農林業センサス（農林水産省）

① （ア）と（エ）
② （ア）と（オ）
③ （イ）と（ウ）
④ （イ）と（エ）
⑤ （ウ）と（オ）

12 ·· **正解** ④

　本問は国勢調査調査区の母集団情報としての活用に関する知識を問うている。

　国勢調査調査区の設定は，国勢調査の前年に行われている。国勢調査調査区は，一部の特別な地域を除き全国をおおむね50世帯となるように一律の基準で区画されていることから，世帯や個人を調査対象とする統計調査における標本設計の基礎資料として活用されている。

（ア）：適切でない。景気ウォッチャー調査（内閣府）は，毎月実施されている。景気の動向を敏感に観察できる職種の中から選定した調査客体（たとえば，タクシー運転手やコンビニエンスストア店長など）に対して，景気の現状や見通しについて聞く調査であり，国勢調査調査区を母集団情報として活用していない。

（イ）：適切である。住宅・土地統計調査（総務省）は5年に1度実施されている。我が国の住宅とそこに居住する世帯の居住状況，世帯の保有する土地等の実態を把握し，その現状と推移を明らかにする調査であり，国勢調査調査区を母集団情報として活用して調査地域の選定を行っている。

（ウ）：適切でない。個人企業経済調査（総務省）は四半期ごと（調査事項によっては年1回）に実施されている。個人経営の事業所を対象として業況判断や営業収支等を把握する調査であり，総務省が整備する経済センサスの調査区を母集団情報として活用している。

（エ）：適切である。国民生活基礎調査（厚生労働省）は，毎年実施されている。厚生労働行政の基礎資料を得るために保健，医療，福祉，年金，所得等の国民生活の基礎的事項を把握する調査であり，国勢調査調査区を母集団情報として活用して調査地域の選定を行っている。

（オ）：適切でない。農林業センサス（農林水産省）は5年に1度実施されている。我が国の農林業の生産構造や就業構造，農山村地域における土地資源など農林業・農山村の基本構造の実態とその変化を明らかにする調査であり，一定規模以上の農林業生産活動を行う者を対象としており，国勢調査調査区を母集団情報として活用していない。

　以上から，国勢調査調査区を母集団情報として活用している統計調査の組合せは，（イ）と（エ）となり，正解は④である。

「季節調整法の適用に当たっての統計基準」では，季節調整法の運用に関する情報を，季節調整値と併せて公表するものと定めている。この統計基準における公表すべき情報に含まれていないものを，次の①〜⑤のうちから，一つ選びなさい。

13

① 手法の名称

② 推計に使用するデータ期間

③ オプション等の設定内容及び設定理由

④ 季節調整値の改定の頻度及び時期並びに改定の対象とするデータ期間

⑤ 季節的な出来事や習慣などの具体例

13 ･･ **正解** ⑤

季節調整法の適用に当たっての統計基準（平成23年３月25日総務省告示第96号）は以下のとおりである。

（抜粋）

> 2 季節調整法の適用に関する公表事項
> (1) 季節調整法の適用に当たっては，次に掲げる季節調整法の運用に関する情報を，季節調整値と併せてインターネットの利用その他の適切な方法により公表するものとする。
> ①手法の名称
> ②推計に使用するデータ期間
> ③オプション等の設定内容及び設定理由
> ④オプション等の見直しの頻度及び時期
> ⑤季節調整値の改定の頻度及び時期並びに改定の対象とするデータ期間
> ⑥その他参考となるべき事項
> (2) 前記(1)の場合において，オプション等の設定内容について重大な変更があるときは，変更の影響（例えば変更前に公表された季節調整値と変更後の季節調整値の差異）を併せて公表するものとする。

①〜④は上の基準に含まれており，⑤「季節的な出来事や習慣などの具体例」は当該基準に含まれていない。

以上から，正解は⑤である。

問13

統計法に定める統計基準に関する説明について，適切でないものを，次の①～⑤のうちから，一つ選びなさい。　14

① 「日本標準商品分類」は，公的統計を商品別に表示する場合の分類であり，統計法に基づく統計基準として指定されている。

② 「日本標準職業分類」は，公的統計を職業別に表示する場合の分類であり，統計法に基づく統計基準として指定されている。

③ 「日本標準産業分類」は，統計調査の対象における産業の範囲の確定，及び公的統計を産業別に表示する場合の分類であり，統計法に基づく統計基準として指定されている。

④ 「疾病，傷害及び死因の統計分類」は，公的統計を疾病，傷害及び死因別に表示する場合の分類であり，統計法に基づく統計基準として指定されている。

⑤ 「指数の基準時に関する統計基準」は，指数間の相互利用や比較等に支障が生じることを防ぐための基準であり，統計法に基づく統計基準として指定されている。

---

14 ⋯⋯⋯⋯⋯⋯⋯⋯⋯⋯⋯⋯⋯⋯⋯⋯⋯⋯⋯⋯⋯⋯⋯⋯⋯⋯⋯⋯⋯⋯⋯⋯⋯⋯⋯⋯ **正解** ①

本問は，統計法に基づく統計基準に関する理解を問うている。

統計基準とは，公的統計の作成に際し，その統一性又は整合性を確保するための技術的な基準である（統計法第2条で定義）。統計法上に定める統計基準には，標準統計分類に関するものと経済指標に関するものがある。統計基準に基づき統計が作成されることで，公的統計の相互比較や国際比較が可能となる。

①：適切でない。「日本標準商品分類」は，公的統計を商品別に表示する際に用いられる標準統計分類であるが，統計基準として指定されていない。

②：適切である。「日本標準職業分類」は，統計法に定める統計基準として指定されており，平成21年12月に最終改定が行われている。

③：適切である。「日本標準産業分類」は，統計法に定める統計基準として指定されており，平成25年10月に最終改定が行われている。

④：適切である。「疾病，傷害及び死因の統計分類」は，統計法に定める統計基準として指定されており，平成27年2月に最終改定が行われている。

⑤：適切である。「指数の基準時に関する統計基準」は，統計法に定める統計基準として指定されており，平成22年3月に告示が行われている。

以上から，正解は①である。

参考文献：
・「統計実務基礎知識：平成29年3月改訂版」公益財団法人統計情報研究開発セ

ンター（2017年）

・「統計法：逐条解説」総務省政策統括官（統計基準担当）（2009年）

問14

「政府統計オンライン調査総合窓口（オンライン調査システム）」は，調査対象者の負担軽減，調査の効率的な実施に対応するため，電子調査票を用いてオンラインにより政府の統計調査に回答できるシステムである。オンライン調査システムの説明として，最も適切なものを，次の①～⑤のうちから，一つ選びなさい。　**15**

① 電子調査票の入力・中断・保存・送信は，平日・土曜日には実施可能であるが，日曜日・祝日には実施できない。

② 電子調査票の入力ミスを防ぐチェック機能はない。

③ 電子調査票を送信した後でも，入力した内容に間違いがあったと気づいた場合，調査対象者は電子調査票の入力内容を修正できる。

④ 電子調査票の提出完了を知らせる通知機能はない。

⑤ 提出された電子調査票は，調査実施府省の職員であれば，その調査の担当者以外でも閲覧できる。

15 ……………………………………………………………………………………………………… **正解**▶③

本問は，調査対象者の負担軽減，調査の効率的な実施に対応するため，従来から用いられてきた紙の調査票だけでなく，電子調査票を用いてオンラインによっても自宅や職場のパソコンから政府の統計調査に回答できるシステムである「政府統計オンライン調査総合窓口（オンライン調査システム）」の機能について問うている。

このシステムによって，他人の目に触れることなく，回答した調査票を提出することができるといった調査対象者の利便性の向上やセキュリティの確保，調査員による調査対象者への調査票の配布・回収等の業務軽減といった統計調査業務の効率化が期待されている。

①：適切でない。平日・休日を問わず24時間いつでも入力・中断・保存・送信が可能な常時報告機能を有しており，調査対象者の都合のよいときに回答ができる。

②：適切でない。入力した内容を自動でチェックする入力チェック機能を有している。

③：適切である。電子調査票送信後の修正機能を有している。

④：適切でない。電子調査票の提出を受け付けたことを知らせる確認通知機能を有している。

⑤：適切でない。このシステムで回答した電子調査票は，その調査の担当者しか閲覧できない。

以上から，正解は③である。

問15

各府省の実施する統計調査と標本抽出法の組合せに関し，表中の（ア）〜（ウ）に当てはまる標本抽出法として，最も適切な組合せを，下の①〜⑤のうちから，一つ選びなさい。 16

統計調査	標本 抽出法	概 要
家計調査 （総務省）	（ア）	全国の市町村を人口規模などにより層化し，全国計168の各層から，1市町村ずつ抽出する。抽出した市町村について，調査を行う単位区を無作為に抽出する。抽出した各単位区内の全居住世帯の名簿を作成した上で，二人以上の世帯については1単位区から6世帯，単身世帯については2単位区から1世帯を無作為に抽出する。
労働力調査 （総務省）	（イ）	全国の国勢調査調査区について，地域ごとに住居の形態や産業・従業上の地位別の就業者構成により層化し，各層から調査区を抽出する。抽出した各調査区内の全住戸の名簿を作成した上で，1調査区当たりの抽出住戸数がほぼ15となるように，系統抽出法で住戸を抽出する。
国民健康・ 栄養調査 （厚生労働省）	（ウ）	国民生活基礎調査で設定された約2,000調査区について，産業特性等の状況により層化し，各層から計300の単位区を無作為に抽出する。抽出した各単位区内の全世帯に対して調査を行う。

① （ア）層化二段抽出法 （イ）層化三段抽出法 （ウ）層化集落抽出法
② （ア）層化二段抽出法 （イ）層化集落抽出法 （ウ）層化三段抽出法
③ （ア）層化三段抽出法 （イ）層化二段抽出法 （ウ）層化集落抽出法
④ （ア）層化三段抽出法 （イ）層化集落抽出法 （ウ）層化二段抽出法
⑤ （ア）層化集落抽出法 （イ）層化二段抽出法 （ウ）層化三段抽出法

16 .... 正解 ③

本問は，各府省が実施する標本調査において用いられている標本設計について問うている。

母集団の一部を調査することにより，母集団全体の状況を推測する統計調査を標本調査という。標本の抽出に当たっては，その規模や系統などを考慮して，様々な標本設計が行われている。なかでも，標本が特定の集団に偏らないよう母集団を分割してグループを作り，各グループから抽出を行う方法を層化抽出という。また，調査対象が広範囲に分散しないように多段に分けて抽出を行う方法を多段抽出（二段，三段抽出等）という。

家計調査の標本設計では，全国の市町村を人口規模により層化を行い，市町村→単位区→世帯の三段に分けて抽出を行う**層化三段抽出**が用いられている。

労働力調査の標本設計では，地域・住居形態・産業・従業上の地位別の就業者構成により層化を行い，調査区→住戸の二段に分けて抽出を行う**層化二段抽出**が用いられている。

国民健康・栄養調査では，産業特性等により層化を行った上で，抽出した単位区内の全世帯を調査する**層化集落抽出法**が用いられている。表中の各調査の概要の部分を注意深く読み，層化の有無，多段調査の段数を読み解くことができれば，回答が可能である。

以上から，正解は③である。

参考文献：
・「統計実務基礎知識：平成29年3月改訂版」公益財団法人統計情報研究開発センター（2017年）

問16

統計調査の審査におけるデータチェックに関する説明について，最も適切なものを，次の①〜⑤のうちから，一つ選びなさい。 **17**

① クロス・チェックでは，各調査事項間の関連性に着目し，記入内容の矛盾や不合理な記入内容がないかを確認する。

② オフコード・チェックでは，あらかじめ他の資料により調査票の枚数を入手しておき，これを実際の調査票などとつきあわせることで確認する。

③ トータル・チェックでは，調査項目において定められた規定コード（男＝1，女＝2など）について，規定コード以外のものが記入されていないかを確認する。

④ シーケンス・チェックでは，価格のように値幅があるものに関して，あらかじめ上限，下限を設定し，記入された内容が許容範囲にあるかを確認する。

⑤ レンジ・チェックでは，一連番号が昇順，降順などで並んでいるか，欠番がないかを確認する。

17 .... **正解** ①

本問は，統計の審査におけるデータチェックの種類と内容についての理解を問うている。

統計調査の結果から統計表を作成するまでの過程では，回答の誤りを発見し，結果の精度を高めるために，様々な審査が行われ，その過程で各種のデータチェックが行われる。

①：適切である。クロスチェックとは，たとえば，年齢が10歳でも大学卒と回答しているような記入内容間の矛盾をチェックする。

②：適切でない。あらかじめ入手した他の資料とのつきあわせによるチェックは，他の資料によるチェックである（オフコード・チェックについては③参照）。

③：適切でない。調査項目において定められた規定コード以外のコードの有無の確認は，オフコード・チェックである（トータル・チェックとは合計が合っているかどうかをチェックする）。

④：適切でない。設定された上限，下限の許容範囲にあるかを確認する作業は，レンジ・チェックである（レンジ・チェックについては⑤参照）。

⑤：適切でない。一連番号の昇順，降順などの並び方を確認する作業は，シーケンス・チェックである。レンジ・チェックとは，たとえば年齢を回答する際に，マイナスの値や200歳などあり得ない回答を行っていないかをチェックする。

以上から，正解は①である。

参考文献：
・「統計実務基礎知識：平成29年3月改訂版」公益財団法人統計情報研究開発センター（2017年）

問17

平成27年国勢調査において，総務省から地方公共団体に対して示された国勢調査員の選考要件として，最も適切なものを，次の①〜⑤のうちから，一つ選びなさい。

18

① 原則として18歳以上の者であること
② 税務・警察に直接関係のない者であること
③ 仕事を持たずに平日に調査活動が行える者であること
④ 市町村の職員であること
⑤ 自動車の運転ができる者であること

18 ⋯⋯⋯⋯⋯⋯⋯⋯⋯⋯⋯⋯⋯⋯⋯⋯⋯⋯⋯⋯⋯⋯⋯⋯⋯⋯⋯⋯⋯⋯ **正解▶②**

本問は，国勢調査を例に調査員に求められる要件に関する知識を問うている。

国勢調査における調査員の選考要件については，事務要領などの調査書類によって，具体的に地方公共団体に示されている。

①：適切でない。責任をもって調査事務を遂行できる者という観点から，原則として20歳以上の者となっている。

②：適切である。国勢調査の調査票が徴税や犯罪捜査の資料として利用されるのではないかとの誤解を招くことのないようにするため，次に示す税務・警察関係者は避けることとなっている。

・国税徴収法第2条第11号に規定する徴収職員及び地方税法第1条第1項第3号に規定する徴税吏員

・警察法第34条第1項及び第55条第1項に規定する警察官

③：適切でない。調査期間中は調査に専念し，調査票の配布・回収などの調査活動は，平日・休日の区別なく調査対象者の都合によって柔軟に対応できることが望ましいが，仕事を持たないことが選考要件として示されてはいない。

④：適切でない。調査員は原則として民間人の中から選考することとなっている。

⑤：適切でない。調査活動はなるべく自動車の利用を避けて，徒歩や公共交通機関を利用して行うことが望ましい。そのため自動車の運転ができることを選考要件とはしていない。

以上から，正解は②である。

参考文献：

・「統計実務基礎知識：平成29年3月改訂版」公益財団法人統計情報研究開発センター（2017年）

問18

統計調査員の業務に関する説明について，最も適切なものを，次の①〜⑤のうちから，一つ選びなさい。　19

① 調査票の回収時に，調査票配布時には居住していなかった世帯があったので，その世帯が調査の対象となるかについて，その世帯を訪問して確認した。

② 調査票配布時に，自分が調査員であることを調査対象にすでに示しているため，調査票の回収時には調査員証を身に着けていかなかった。

③ 調査対象と約束した調査票の回収日時に急用ができたため，調査対象に連絡して了解を得た上で，自分の同居家族に調査票の回収を行わせた。

④ 担当する調査地域の中で，よく知っている友人の世帯が調査対象であったので，調査票は配布せず，自分で記入した。

⑤ 自宅には回収した調査票の審査を行う場所がなかったため，自宅近くの図書館で調査票の審査を行った。

19 ……………………………………………………………………… 正解 ①

本問は，統計調査員の適切な調査活動に関する理解について問うている。

統計調査員は，調査対象を訪問し，調査票の記入依頼や調査票の回収・検査するといった統計調査の中でも基本的で重要な役割を担っている。そのため，統計調査を正確かつ円滑に行うためには，統計調査員は，調査方法を正しく理解し，調査対象からの信頼を得るように努めなければならない。

①：適切である。統計調査員は受け持ちの区域の中で，調査対象を漏れなく重複なく調査することが重要である。調査票回収時に新たに調査客体を発見した場合には，調査対象となるかどうか訪問し確認する必要がある。

②：適切でない。調査対象を訪問する際には常に調査員証を携行しておく必要がある。

③：適切でない。統計調査員を活用する統計調査においては，調査票の配布・回収などの調査活動は調査員が行うこととなっており，家族など調査員の身分を持たない者が行うことは出来ない。このような場合には，調査対象に事情を説明し訪問日時を変更するか，調査実施機関の職員や指導員に相談する。

④：適切でない。よく知っている友人が調査対象であったとしても，本人自身により回答されるべきであるし，他の調査対象と同じ扱いをすべきである。

⑤：適切でない。図書館などで調査書類の審査を行うことは，調査書類が他の人の目に触れるおそれがあり，調査対象の秘密保護，調査書類の適正管理の観点から適切でない。自宅で審査が行えないような場合には調査実施機関の職員や指導員に相談する。

以上から，正解は①である。

次の表は，厚生労働省「平成27年国民生活基礎調査」に基づく世帯類型別にみた所得金額階級別世帯数の分布及び1世帯当たり平均所得金額・中央値である。

世帯類型別にみた所得金額階級別世帯数の分布（%）
及び1世帯当たり平均所得金額・中央値

所得金額階級	世帯類型総数	高齢者世帯	母子世帯	その他の世帯
総数	100.0	100.0	100.0	100.0
100万円未満	6.4	13.7	7.8	3.5
100～200万円未満	13.6	27.2	28.4	8.0
200～300万円未満	14.0	22.1	36.3	10.3
300～400万円未満	13.1	18.4	12.7	11.0
400～500万円未満	9.8	7.7	8.8	10.6
500～600万円未満	8.8	4.5	4.9	10.6
600～700万円未満	7.3	2.0	1.0	9.5
700～800万円未満	6.3	1.5	0.0	8.4
800～900万円未満	4.7	0.6	0.0	6.4
900～1000万円未満	3.9	0.5	0.0	5.3
1000～1500万円未満	9.2	1.1	0.0	12.5
1500万円以上	3.0	0.8	0.0	4.0
1世帯当たり平均所得金額(万円)	541.9	297.3	254.1	644.7
中央値(万円)	427	240	229	556

注：「その他の世帯」には「父子世帯」を含む。

資料：厚生労働省「平成27年国民生活基礎調査」

〔1〕 この表について，最も適切な説明を，次の①～⑤のうちから，一つ選びなさい。 **20**

① この表に基づいて，高齢者世帯の所得金額の範囲を求めることができる。

② その他の世帯の所得金額を階級幅の違いを考慮してヒストグラムで表現すると，300～400万円未満と1000～1500万円未満の2つの階級に峰がある分布となる。

③ 所得金額の四分位範囲は，その他の世帯よりも高齢者世帯の方が大きい。

④ 所得金額が200万円未満である世帯の割合は，高齢者世帯よりも母子世帯の方が大きい。

⑤ 1世帯当たり平均所得金額以下の所得金額である世帯の割合は，すべての世

帯類型（高齢者世帯，母子世帯，その他の世帯）において50%を超える。

〔2〕 この表における世帯類型という分類は，世帯に含まれる世帯人員に関する次の変数 a〜c に基づいて作成される。

---

a. 世帯主との続柄
b. 性
c. 年齢

変数 a〜c の説明として，適切なものを，次の①〜⑤のうちから，一つ選びなさい。 **21**

① a は質的変数，b と c は量的変数である。
② a は量的変数，b と c は質的変数である。
③ a と b は質的変数，c は量的変数である。
④ a と b は量的変数，c は質的変数である。
⑤ a と b と c はすべて量的変数である。

〔1〕 **20** ·· **正解** ▶ ⑤

厚生労働省「平成27年国民生活基礎調査」に基づく世帯類型，所得金額階級別相対度数，1世帯当たり平均所得金額，中央値の表から，範囲や四分位範囲，ヒストグラムの形状，相対度数，中央値の意味について読み取れるかを問うている。

①：適切でない。範囲は最大値から最小値を引いたものであり，表において最大値と最小値の値は示されていないため，範囲を求めることはできない。

②：適切でない。所得金額階級の階級幅は1000万円までの階級では100万円間隔であり，1000〜1500万円未満の階級では500万円間隔である。ヒストグラムでは，柱の面積と相対度数とを比例するように柱の高さを調整するため，1000〜1500万円未満の階級の柱の高さは，1000万円までの階級の柱の高さの5分の1に調整する。1000〜1500万円未満の所得階級の柱の高さを調整すると，$12.5 \div 5 = 2.5$ となるため，1000〜1500万円未満の階級はヒストグラムの峰には該当しない。

③：適切でない。相対度数を累積すれば，高齢者世帯における所得金額の第1四分位数は100〜200万円未満の階級に含まれ，第3四分位数は300〜400万円未満の階級に含まれる。そこで，高齢者世帯における所得金額の四分位範囲（第3四分位数と第1四分位数の差）は，100〜300万円未満となる。また，その他の世帯における所得金額の第1四分位数は300〜400万円未満の階級に含まれ，第3四分位数は800〜900万円未満の所得金額階級に含まれることが分かる。そこで，その他の世帯における所得金額の四分位範囲は，400〜600万円未満となる。これから，所得金額の四分位範囲は高齢者世帯よりもその他の世帯の方が大きい。

④：適切でない。所得金額が200万円未満である世帯の割合は，階級100万円未満と100～200万円未満の相対度数の和である。所得金額が200万円未満である世帯の割合は，高齢者世帯で40.9％，母子世帯で36.2％である。これから，所得金額が200万円未満である世帯の割合は，母子世帯よりも高齢者世帯の方が大きい。

⑤：適切である。すべての世帯類型（高齢者世帯，母子世帯，その他の世帯）において，1世帯当り平均所得金額は中央値よりも大きい。中央値よりも所得金額が小さい世帯の割合は50％であるため，1世帯当たり平均所得金額以下の所得金額である世帯の割合は50％を超える。

以上から，正解は⑤である。

〔2〕 **21** .... **正解** ③

質的変数と量的変数の分類について問うている。

a：世帯主との続柄は，世帯主や配偶者，子供，親などに分類されるため，質的変数である。

b：性は，男と女に分類されるため，質的変数である。

c：年齢は，0以上の数値で表され，0を基準とした数値であり，その数値の差が意味をもつため，量的変数である。

以上から，正解は③である。

問20

次の表は，厚生労働省「平成27年国民生活基礎調査」に基づく2015年の所得金額階級別世帯数と，ローレンツ曲線を描くために必要ないくつかの数値を，世帯主の年齢が29歳以下と65歳以上の世帯について示したものである。

所得金額階級別世帯数と世帯比率・所得金額比率（2015年）

所得金額階級 （万円）	階級値 （万円）	世帯数		階級値×世帯数 （万円）		世帯比率		所得金額比率	
		29歳以下	65歳以上	29歳以下	65歳以上	29歳以下	65歳以上	29歳以下	65歳以上
100万円未満	50	13	280	650	14,000	0.066	0.092	0.009	0.011
100〜200万円未満	150	31	614	4,650	92,100	0.157	0.201	0.062	0.073
200〜300万円未満	250	40	595	10,000	148,750	0.202	0.195	0.134	0.119
300〜400万円未満	350	43	512	15,050	179,200	0.217	0.168	0.202	0.143
400〜500万円未満	450	28	269	12,600	121,050	0.141	0.088	0.169	0.097
500〜600万円未満	550	17	204	9,350	112,200	0.086	0.067	0.126	0.089
600〜800万円未満	700	14	243	9,800	170,100	0.071	0.080	0.132	0.136
800〜1000万円未満	900	9	130	8,100	117,000	0.045	0.043	0.109	0.093
1000〜1500万円未満	1250	2	142	2,500	177,500	0.010	0.047	0.034	0.142
1500〜2000万円未満	1750	1	34	1,750	59,500	0.005	0.011	0.024	0.047
2000万円以上	2250	0	28	0	63,000	0.000	0.009	0.000	0.050
総数		198	3,051	74,450	1,254,400	1.000	1.000	1.000	1.000

資料：厚生労働省「平成27年国民生活基礎調査」

この表に基づいて描いた世帯主の年齢が29歳以下と65歳以上に関するローレンツ曲線は，それぞれ次の図のア〜オのどれにあたるか。最も適切な組合せを，下の①〜⑤のうちから，一つ選びなさい。 $\boxed{22}$

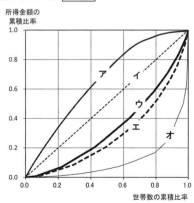

①	29歳以下：ア	65歳以上：イ
②	29歳以下：ウ	65歳以上：ア
③	29歳以下：ウ	65歳以上：エ
④	29歳以下：エ	65歳以上：ウ
⑤	29歳以下：オ	65歳以上：ウ

22 .... **正解** ③

　厚生労働省「国民生活基礎調査」の所得金額階級別世帯数に基づいて描かれた所得格差を数量的に把握するためのローレンツ曲線について，世帯主の年齢による違いを問うている。

　ローレンツ曲線は，世帯数の累積比率（累積相対度数）を横軸，所得金額の累積比率を縦軸にとって，階級ごとに両者の累積比率をプロットし，結んだ線である。いずれの累積比率も最小値が0，最大値が1であるので，縦横の辺の長さがそれぞれ1の正方形の中にローレンツ曲線が描かれる。ここで，正方形の対角線上の点は両者の累積比率が等しくなるため格差のない状態を表し，均等分布線（完全平等線）と呼ばれ，ローレンツ曲線が均等分布線に近いほど格差が小さく，離れるほど格差が大きいことを示す。また，ローレンツ曲線は均等分布線より右下に位置し，格差が最も大きい場合のローレンツ曲線は正方形の右枠に一致する。

　よって均等分布線の左上に位置する**線ア**は，ローレンツ曲線として適切でない。また，**線イ**は均等分布線であり，累積世帯比率と累積所得金額比率が完全に一致する場合のみに限られるので，表のローレンツ曲線には該当しない。

　表にある各年齢の世帯比率と所得金額比率を累積して累積世帯比率と累積所得金額比率を求め，それらの値が図中の**線ウ〜線オ**のどれに対応するのかをチェックすれば，この問題を解くことができる。しかしながら，すべての階級について累積比率を算出しなくても，判断することは可能である。低い方から2番目の100〜200万円の階級について累積比率を算出すると，

29歳以下…	累積世帯比率	0.066+0.157=0.223
	累積所得金額比率	0.009+0.062=0.071
65歳以上…	累積世帯比率	0.092+0.201=0.293
	累積所得金額比率	0.011+0.073=0.084

となる。図において，横軸（累積世帯比率）が0.223や0.293に対応する縦軸（累積所得金額比率）の値をみると，0.071，0.084が与えられているのは，それぞれ**線ウ**，**線エ**であることが読み取れる（低い方から3番目の200〜300万円の階級まで同様の計算をすれば，よりはっきりと両者を区別できる）。**線オ**は，累積所得金額比率が表から算出される値よりもかなり低く，適切でない。

114

　また，29歳以下と65歳以上の所得を考えれば，65歳以上の方が格差はより大きいことが予想できる。20歳代の働き始めて間もない時期ではそれほど所得に格差はないが，65歳以上であれば，退職して無職の者，会社の役員や経営者になっている者等々，格差が大きいと考えられるからである。

　以上から，正解は③である。

　次の図1は，総務省「平成27年国勢調査」に基づき，近畿地方と中国地方の11府県別に描いた市区町村人口の箱ひげ図である。また，図2は，図1の縦軸を対数目盛（たとえば，図1の5と50の間と，50と500の間が図2では等しい間隔になる）で表示した箱ひげ図である。

図1 近畿地方と中国地方における市区町村人口の箱ひげ図（2015年）

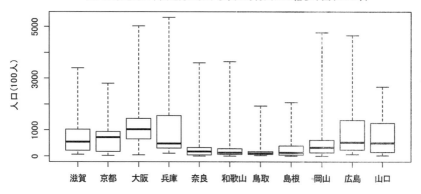

図2 対数目盛による近畿地方と中国地方における市区町村人口の箱ひげ図（2015年）

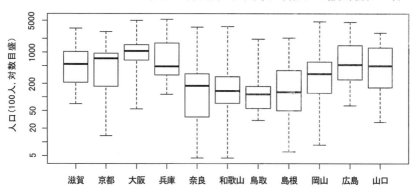

資料：総務省「平成27年国勢調査」

〔1〕 11府県のなかで，中央値が最も小さい府県はどれか。適切なものを，次の①〜⑤のうちから，一つ選びなさい。 <u>**23**</u>
　　① 大阪府　　② 奈良県　　③ 和歌山県　　④ 鳥取県　　⑤ 岡山県

〔2〕11府県のなかで，四分位範囲が最も大きい府県はどれか。適切なものを，次の
①〜⑤のうちから，一つ選びなさい。 **24**

① 滋賀県　　② 京都府　　③ 大阪府　　④ 兵庫県　　⑤ 奈良県

〔1〕 **23** ⋯⋯⋯⋯⋯⋯⋯⋯⋯⋯⋯⋯⋯⋯⋯⋯⋯⋯⋯⋯⋯⋯ **正解** ④

　市区町村別人口の分布についての箱ひげ図から，中央値を読み取れるかどうかを
問うている。

　箱ひげ図では，箱の下端が第1四分位点，上端が第3四分位点，箱の中の太線が
中央値である。対数変換は大小関係を保つ変換であるので，大小関係を見るには図
1と図2のどちらをみてもよい。

　図2から，鳥取県の中央値（箱ひげ図の箱の内部の太線）が12府県のうち最小で
あることが分かる。

　以上から，正解は④である。

〔2〕 **24** ⋯⋯⋯⋯⋯⋯⋯⋯⋯⋯⋯⋯⋯⋯⋯⋯⋯⋯⋯⋯⋯⋯ **正解** ④

　市区町村別人口の分布についての箱ひげ図から，四分位範囲を読み取れるかどう
かを問うている。

　図1から，兵庫県の四分位範囲（箱ひげ図の箱の上端と下端の距離，つまり箱の
長さ）が①〜⑤のうち最大であることが分かる。ただし，図1における2つの数量
の位置の差は両者の差をあらわすのに対して，図2における2つの数量の位置の差
は対数の性質から両者の比率をあらわし，図2の箱の長さの大小関係は，四分位範
囲の大小関係と対応しないことに注意する。つまり，図2で箱の長さが最も長い奈
良県では，第3四分位数／第1四分位数という比率が最も大きいのであって，（第
3四分位数−1四分位数）が最も大きいとは限らない。

　以上から，正解は④である。

　下の図は，総務省「労働力調査」の地域別完全失業率（季節調整済み）の標準偏差を縦軸にとり，経済産業省が公表している全産業活動指数（2010年＝100，季節調整済み）を横軸にとって描いた散布図である。データ期間は，2010年第Ⅰ四半期から2017年第Ⅰ四半期までの29期である。標準偏差は，各四半期における9つの地域別完全失業率（％）から計算しており，地域とは，北海道，東北，南関東，北関東・甲信，北陸，東海，近畿，中国・四国，九州・沖縄の9地域である。

地域別完全失業率の標準偏差と全産業活動指数の散布図

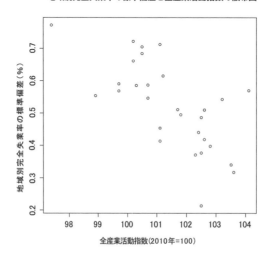

資料：総務省「労働力調査」，経済産業省「全産業活動指数」

〔1〕地域別完全失業率の標準偏差と全産業活動指数の間の相関係数として，最も適切な値を，次の①～⑤のうちから，一つ選びなさい。　**25**
　　①　　－0.99　　　②　　－0.67　　　③　　－0.21　　　④　　0.01　　　⑤　　0.28

〔2〕この図について，最も適切な説明を，次の①～⑤のうちから，一つ選びなさい。
　　26
　　①　産業活動が活発になるほど，地域間の完全失業率の格差が縮小する傾向がある。
　　②　産業活動が活発になるほど，地域間の完全失業率の格差が拡大する傾向がある。

③　産業活動が活発になるほど，全国平均の完全失業率は高くなる傾向がある。
④　産業活動が活発になるほど，全国の完全失業者数の増加率が低くなる傾向がある。
⑤　産業活動が活発になるほど，全国の完全失業者数の増加率が高くなる傾向がある。

〔1〕　**25** .... **正解** ②

労働力調査の地域別完全失業率の標準偏差と経済産業省の全産業活動指数の時系列データ（四半期別データ）で作成した散布図から相関係数の大きさについて読み取れるかを問うている。

①：適切でない。相関係数が−0.99であれば，散布図の様相は負の傾きをもつ直線に近くなる。当該の図に現れた関係はそこまで強くない

②：適切である。当該の図では負の相関であると読み取ることができる。

③：適切でない。相関係数が−0.21であれば，散布図の様相はかなり弱い負の相関になる。当該の図に現れた関係はそこまで弱くない。

④：適切でない。相関係数が0.01であれば，散布図の様相はほとんど無相関になる。当該の図に現れた関係は負の相関である。

⑤：適切でない。相関係数が0.28であれば，散布図の様相は弱い正の相関になる。当該の図に現れた関係は負の相関である。

以上から，正解は②である。

〔2〕　**26** .... **正解** ①

労働力調査の地域別完全失業率の標準偏差と経済産業省の全産業活動指数の時系列データで作成した散布図から読み取れる両データの関係について問うている。

横軸は全産業活動指数の水準であるが，縦軸は地域別完全失業率の標準偏差，すなわち地域ごとの完全失業率の散らばり（格差）の大きさをあらわしていることに注意する。

①：適切である。散布図より，全産業活動指数（産業活動が活発さをあらわす指数）と完全失業率の標準偏差（散らばり，すなわち，格差）に負の相関があることが分かる。

②：適切でない。散布図は①と逆の傾向を示している。

③：適切でない。散布図の縦軸は地域別完全失業率の標準偏差（散らばり）であり，図から全国平均の完全失業率の水準について知ることはできない。

④と⑤：適切でない。散布図の縦軸は地域別完全失業率の標準偏差（散らばり）であり，図から全国の完全失業数の増加率について知ることはできない。

以上から，正解は①である。

次の図1は，経済産業省「商業販売統計」に基づく2013年1月から2017年5月までの月別の百貨店販売額の推移であり，図2は同じ時期の百貨店販売額の前年同月比の推移である。この図1と図2について，適切でない説明を，下の①～⑤のうちから，一つ選びなさい。 27

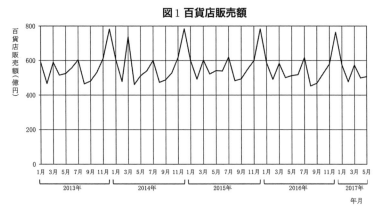

図1 百貨店販売額

資料：経済産業省「商業販売統計」

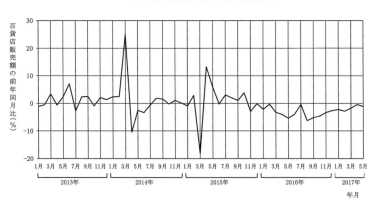

図2 百貨店販売額の前年同月比

資料：経済産業省「商業販売統計」

120

① 百貨店販売額の推移には，季節変動が含まれている。

② 百貨店販売額の前年同月比の推移には，季節変動はみられない。

③ 2016年1月から12月までの期間において，百貨店販売額は前年同月に比べて減少した。

④ 3月における百貨店販売額の前年同月比をみると，2014年だけが他の年（2013年，2015年，2016年，2017年）の前年同月比と異なり，大幅に上昇している。

⑤ 2015年3月の百貨店販売額が他の年（2013年，2014年，2016年，2017年）の3月の百貨店販売額に比べて大きく減少したことにより，2015年3月の前年同月比は大きく下落した。

27 .... **正解▶** ⑤

百貨店販売額とその前年同月比の推移をあらわす折れ線グラフから，季節性などグラフの特徴を読み取れるかを問うている。

①：適切である。百貨店販売額は，3月，7月そして12月に山があり，顕著な季節変動がみられる。

②：適切である。前年同月比は1年間の変化をみる指標であり，季節変動は除去される。図2をみても月ごとのパターンはみられない。

③：適切である。図2をみると，2016年1月から12月まで前年同月比はどの月もマイナスになっている。

④：適切である。2014年4月の消費税引上げによる駆け込み需要を反映し，図2の2014年3月の百貨店販売額の前年同月比は他の年に比べて大幅に上昇している。

⑤：適切でない。2015年3月の前年同月比の大幅な下落は，前年の消費税引上げによる駆け込み需要の反動であり（④参照），図1をみると，2015年3月は他の年（2014年を除く）の3月の百貨店販売額と同様の水準である。

以上から，正解は⑤である。

次の表は，厚生労働省「出生動向基本調査」の調査結果に基づく1977年の第7回調査から2015年の第15回調査までの調査結果のうち，結婚持続期間が15〜19年の夫婦の出生子ども数分布及び平均子ども数（完結出生児数）に関するデータである。出生子ども数分布とは，子どもの数ごとの夫婦の割合（相対度数）を表す。

夫婦の出生子ども数分布及び平均子ども数の推移（結婚持続期間15〜19年）

調査	年	子ども数別夫婦の相対度数（%）					平均子ども数（人）
		0人	1人	2人	3人	4人以上	
第7回	1977	3.0	11.0	57.0	23.8	5.1	2.19
第8回	1982	3.1	9.1	55.4	27.4	5.0	2.23
第9回	1987	2.7	9.6	57.8	25.9	3.9	2.19
第10回	1992	3.1	9.3	56.4	26.5	4.8	2.21
第11回	1997	3.7	9.8	53.6	27.9	5.0	2.21
第12回	2002	3.4	8.9	53.2	30.2	4.2	2.23
第13回	2005	5.6	11.7	56.0	22.4	4.3	2.09
第14回	2010	6.4	15.9	56.2	19.4	2.2	1.96
第15回	2015	6.2	18.6	54.1	17.8	3.3	1.94

資料：厚生労働省「出生動向基本調査」

〔1〕 2015年の4人以上の階級の子ども数の平均は何人か。最も適切な値を，次の①〜⑤のうちから，一つ選びなさい。 **28**

① 3.95人　② 4.04人　③ 4.18人　④ 4.50人　⑤ 5.18人

〔2〕 この表について，適切でない説明を，次の①〜⑤のうちから，一つ選びなさい。 **29**

① 子ども数の中央値は，いずれの調査年も2人である。

② 子ども数の最頻値は，いずれの調査年も2人である。

③ 子ども数が4人以上を1つの階級とみたときの出生子ども数分布は，いずれの調査年も単峰である。

④ 子ども数が2人以上の夫婦が占める割合は，いずれの調査年も80%を超えている。

⑤ この表における結婚した夫婦の平均子ども数は減少傾向にあるが，少子化が進んだ原因としては，結婚しない人の割合（未婚率）や出産可能な女性の人口などの変化も考慮する必要がある。

〔1〕 **28** .... 正解 ▶ ③

出生動向基本調査の夫婦の出生子ども数分布において，階級値（子ども数）と相

対度数から平均子ども数がいかに算出されているかの理解について問うている。

この表における平均子ども数（完結出生児数）は，次のように求められる。

平均子ども数
$$= (0×子どもが0人の夫婦数+1×子どもが1人の夫婦数+$$
$$2×子どもが2人の夫婦数+\cdots)÷夫婦数の合計$$
$$=0×\frac{子どもが0人の夫婦数}{夫婦数の合計}+1×\frac{子どもが1人の夫婦数}{夫婦数の合計}+$$
$$2×\frac{子どもが2人の夫婦数}{夫婦数の合計}+\cdots$$
$$=0×子どもが0人の夫婦数の割合+1×子どもが1人の夫婦数の割合+$$
$$2×子どもが2人の夫婦数の割合+\cdots$$

よって，2015年の4人以上の階級の平均子ども数を x とすると，
$$1.94=0×0.062+1×0.186+2×0.541+3×0.178+x×0.033$$
となる。これを x について解くと，$x=4.18$ となる。

以上から，正解は③である。

〔2〕 **29** .... **正解** ④

夫婦の出生子ども数別の度数分布表から読み取れる代表値や分布の形などについて問うている。

①：適切である。度数分布表から中央値を求めるには，累積相対度数が0.5に対応する階級（子ども数）をみればよい。1977年については，子どもが1人の累積相対度数は$0.030+0.110=0.140$，2人の累積相対度数は$0.030+0.110+0.570=0.710$となるので，累積相対度数0.5に対応する子ども数（中央値）は2人である。同様に1982年以降をみれば，子ども数が1人まででは，いずれの調査年も累積相対度数が0.5に届いておらず，かつ子ども数が2人の相対度数がいずれも0.5以上であるから，累積相対度数が0.5に対応する子ども数はすべての調査年で2人であり，中央値はいずれの調査年も2人である。

②：適切である。最頻値は，度数（相対度数）が最も大きい階級の階級値（子ども数）である。階級幅が異なっている場合は，階級幅で調整した度数（相対度数）で考える必要があるが，階級幅が他と異なっている4人以上の階級は，階級幅を調整できたとしても明らかに度数（相対度数）が最も大きくなることはない。相対度数が最も大きいのは，各年とも50％を超えている2人であり，最頻値はいずれの調査年も2人である。

③：適切である。②でみたように最頻値はすべての年で2人であるが，どの調査年でも階級幅を調整したとしても明らかに，0人の相対度数＜1人の相対度数＜2人の相対度数，2人の相対度数＞3人の相対度数＞4人以上の相対度数となって

おり，分布の山（峰）はすべての調査年で1つだけである。

④：適切でない。子ども数が2人以上の占める割合は，子どもの数が1人以下の割合を1から減じればよいので，0人と1人の相対度数の合計が0.2を上回るかどうかに注目すればよい。たとえば，1977年は $1 - (0.030 + 0.110) = 0.86$ と計算できる。しかし，2010年と2015年については1人以下の割合が，$0.064 + 0.159 = 0.223$，$0.062 + 0.186 = 0.248$ と0.2を超えており，この2回の調査年について子ども数が2人以上の占める割合は0.8を下回っている。

⑤：適切である。この表から，3人以上の子どもをもつ夫婦の割合はほぼ低下していること，さらに子ども数が0人や1人の割合が上昇していることは，夫婦当たりの平均子ども数の減少をもたらしており，少子化が進んでいる一つの要因と考えることができる。しかしながら，この調査はあくまでも結婚している夫婦に関する子ども数の分布である。結婚する夫婦の数自体が減少する，すなわち未婚率が上昇したり，出産可能な女性の人口が減少すれば，子ども数の分布が変化しなくても子ども数は減少することになり，この表の子ども数の分布や平均子ども数の変化だけから少子化をすべて説明することはできない。

　以上から，正解は④である。

問25

　次の図は，内閣府「国民経済計算」に基づく2010年第Ⅰ四半期から2017年第Ⅰ四半期までの四半期別の名目GDP（国内総生産）及び実質GDPの前年同期比の推移である。この図について，最も適切な説明を，下の①〜⑤のうちから，一つ選びなさい。　30

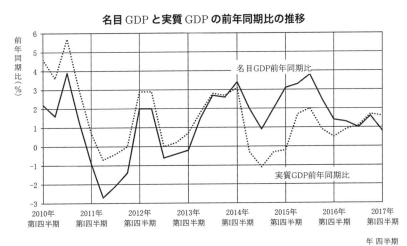

名目GDPと実質GDPの前年同期比の推移

資料：内閣府「国民経済計算」

① 実質GDPは，名目GDPから物価変動の影響を除いたものである。このため，実質GDP前年同期比は名目GDP前年同期比よりも必ず低くなる。

② 2010年第Ⅰ四半期から2013年第Ⅳ四半期までの期間において，GDPデフレーターの前年同期比はマイナスで，GDPデフレーターでみた物価水準は前年同期に比べて下落していた。

③ 2010年第Ⅰ四半期から2017年第Ⅰ四半期までの期間において，GDPデフレーターの前年同期比がプラスであった四半期の数は，マイナスであった四半期の数より多い。

④ 2014年4月の消費税率引上げは，名目GDP前年同期比と実質GDP前年同期比との関係に対して，全く影響を及ぼしていない。

⑤ 2010年第Ⅰ四半期から2017年第Ⅰ四半期までの期間において，GDPデフレーターの前年同期比が2％を超えたことはない。

　GDP（国内総生産）の名目値と実質値の違いや GDP デフレーターの意味についての理解を問うている。

　GDP デフレーターの前年同期比が名目成長率（名目 GDP 前年同期比）と実質成長率（実質 GDP 前年同期比）の差（厳密にいうと，名目成長率と実質成長率の比率）でほぼ近似できることを理解していれば，正解を得やすい。

①：適切でない。物価変動，すなわち GDP デフレーターの前年同月比がマイナスのときは，実質 GDP 前年同期比は名目 GDP 前年同期比よりも高くなる。

②：適切である。2010年第Ⅰ四半期から2013年第Ⅳ四半期までの期間において，実質 GDP 前年同期比は名目 GDP 前年同期比より大きいので，GDP デフレーターの前年同月比はマイナスとなり，物価水準は前年同期に比べて下落していた。

③：適切でない。2010年第Ⅰ四半期から2017年第Ⅰ四半期までの期間において，GDP デフレーターの前年同月比がプラスであった四半期の数は，2014年第Ⅰ四半期から2016年第Ⅲ四半期までの11四半期あり，一方，マイナスであった四半期の数は18とより多くなっている。

④：適切でない。2014年4月の消費税率引上げの影響により，2014年第Ⅱ四半期の実質 GDP 前年同期比は名目 GDP 前年同期比に比べ2ポイント程度低くなっている。

⑤：適切でない。たとえば2015年第Ⅰ四半期をみると，名目 GDP 前年同期比は実質 GDP 前年同期比よりも3ポイント程度高くなっており，GDP デフレーターの前年同月比は3％程度と2％を超えて上昇している。

　以上から，正解は②である。

統計調査士　2017 年 11 月　正解一覧

問		解答番号	正解
問 1		1	④
問 2		2	②
問 3		3	⑤
問 4		4	⑤
問 5		5	③
問 6		6	④
問 7	〔1〕	7	④
	〔2〕	8	②
問 8		9	⑤
問 9		10	①
問10		11	④
問11		12	④
問12		13	⑤
問13		14	①
問14		15	③

問		解答番号	正解
問15		16	③
問16		17	①
問17		18	②
問18		19	①
問19	〔1〕	20	⑤
	〔2〕	21	③
問20		22	③
問21	〔1〕	23	④
	〔2〕	24	④
問22	〔1〕	25	②
	〔2〕	26	①
問23		27	⑤
問24	〔1〕	28	③
	〔2〕	29	④
問25		30	②

PART 5

専門統計調査士
2019年11月
問題／解説

2019年11月に実施された
専門統計調査士の試験で実際に出題された問題文を掲載します。
問題の趣旨やその考え方を理解できるように、
正解番号だけでなく解説を加えました。

　調査員が直接訪問する，世帯を対象とする調査の確率標本抽出法に関する説明として，適切でないものを，次の①〜⑤のうちから一つ選びなさい。　1

① 　単純無作為抽出法は，精度の点で最も望ましい抽出方法である。
② 　調査対象地域が広範な場合，単純無作為抽出では対象世帯の地理的ちらばりが大きく訪問が困難なため，調査区域を抽出し各区域のすべての世帯を調査する集落抽出法が用いられる場合がある。
③ 　同じ標本の大きさで標本誤差をより小さくするために，層化抽出法が用いられる場合がある。
④ 　一般的に，全国規模の訪問調査では，調査区域を抽出して，その調査区域から調査対象世帯を抽出する二段（または多段）抽出法が用いられる。
⑤ 　二段抽出法において調査区域を抽出する場合には，調査区域の世帯数を考慮した確率によって抽出する確率比例抽出法を用いる場合がある。

1 .... 正解　①

①：適切でない。単純無作為抽出法は，最も基本的な無作為抽出法であるが，精度（標本誤差に関する）としては層化抽出法のほうが高い。また調査員訪問調査において単純無作為抽出で世帯を抽出すると，現実的には広範囲に世帯が散在して，調査員が世帯訪問することが困難になり，予算や時間等の制約から非標本誤差に関する精度も悪化させることがある。
②：集落抽出法に関する説明であり，適切である。
③：層化抽出法に関する説明であり，適切である。
④：二段抽出法に関する説明であり，適切である。
⑤：確率比例抽出法に関する説明であり，適切である。
　以上から，正解は①である。

　個人を調査対象とする訪問面接調査法による社会調査で，調査員の活動について，適切でないものを，次の①〜⑤のうちから一つ選びなさい。　2

① 　不在で回収ができなかった場合に，訪問時間帯を変え，あらかじめ定められた訪問回数よりも多く訪問をするなど工夫する。
② 　週末や平日がバランスよく含まれるように事前に訪問計画を立てる。
③ 　何度訪問しても，本人と面接できないまま実査期間の終了を迎えそうな場合，

家族に調査票への回答を依頼し，回収率向上に努める。

④ 現地を訪問する初日には，まず地域を一通り歩き回るなどして，担当地域の状況をよく知っておく。

⑤ 住宅地図などで，対象者宅を特定しておき，名簿の対象者番号などで目印をつけておく。

2 ·· **正解** ③

①：適切である。実施本部が定める最少の回数を訪問せずに，不能標本と判断するのは不適切であるが，定めた最少回数を超えて訪問することは必要なこともある。

②：適切である。週末だけや平日だけに訪問することを計画するほうが一般には適切ではない。

③：適切でない。家族であっても本人以外の者が回答することや，あるいは更に代理人が記入するのは，面接調査の実施において不正とみなされる。

④：適切である。現地の様子に慣れるためには，こうした活動も行っておくことは推奨される。

⑤：適切である。この準備も一般には必要とされる。

以上から，正解は③である。

問3

同じテーマでの調査を繰り返す場合に，いくつかの方法がある。特に同じ調査項目について一定の間隔で調査を繰り返し，時間経過にともなう変化を調べる調査は定点調査とも呼ばれる。定点調査としては，大別して（A）同じ対象者に繰り返し協力を依頼して調査を行う場合と，（B）調査の都度，すべての対象者を新たに抽出して調査を行う場合とがある。（A）と（B）のやり方を表す語として，適切なものを，次の①～⑤のうちから一つ選びなさい。 **3**

① （A）パネル調査 　（B）コホート調査
② （A）縦断調査 　（B）パネル調査
③ （A）パネル調査 　（B）反復横断調査
④ （A）反復横断調査 　（B）パネル調査
⑤ （A）反復横断調査 　（B）コホート調査

3 ·· **正解** ③

A：パネル調査が適切である。一定の時間間隔で実施されることは，パネル調査の要請事項ではないが，そのように設計されることが多い。縦断調査（反復横断

調査と同じ）は時系列調査ともいえるが，必ずしも，同じ対象者に繰り返し調査するものではない。

B：反復横断調査が適切である。各調査回では，通常の（1回限りの）横断調査となっているものを，繰り返すことから，反復横断調査と呼ぶことができる。特定集団に着目して時系列的に繰り返すコホート調査は必ずしも，すべての対象者を新たに抽出するものではない。

以上から，正解は③である。

問4

調査の一つのやり方として，調査項目に関する状態の個人内での変化を追跡する目的で，同じ対象者に繰り返し調査を依頼することがある。こうした継続的な調査の正確性を削ぐものとして，協力者が次第に脱落し減少していくことが挙げられる。このような状態のことをどのように呼ぶか，適切なものを，次の①〜⑤のうちから一つ選びなさい。 **4**

① パネルの消耗　　② アクセスの不備　　③ カバレッジの不定
④ マスター標本の補定　　⑤ 識別不定

4 ⋯⋯⋯⋯⋯⋯⋯⋯⋯⋯⋯⋯⋯⋯⋯⋯⋯⋯⋯⋯⋯⋯⋯⋯⋯⋯⋯⋯⋯⋯⋯⋯⋯ **正解 ①**

①：適切である。こうした設計の調査は，しばしばパネル調査と呼ばれ，協力者集団はパネルとも呼ばれることがある。このパネルから次第に協力者が脱落していくことを，パネルの消耗（あるいは摩耗等）と呼ぶことが多い。

②：適切でない。アクセスは必ずしも継続的な調査に関係して用いられる用語ではない。

③：適切でない。カヴァレッジとは，通常，①標本そのものが網羅する範囲　②標本抽出によって標本で網羅される母集団要素の範囲を意味することが多い（『ウェブ調査の科学』用語集，大隈他訳，朝倉書店，2019）。協力者の減少とは関係がない。

④：適切でない。「マスター標本の補定」とは，パネル調査などで，回が進むごとに失われるサンプルを補うことである。

⑤：適切でない。「識別不足」とは，例えば，コホート分析などで，モデルの変数の数が制約する方程式の数よりも多いため不定となる場合などをさす。

以上より，正解は①である。

問5

　調査の企画にあたり，層別無作為抽出法により標本設計をし，総計画標本サイズ2,000に対してNeymanの最適割当の考え方で各層への標本の割当てを行うものとする。母集団にA，B，Cの３つの層があり，調査目的上最も主要な変数に関する層の特性値（層平均と層分散）について，過去の調査から妥当であることが経験的に知られている推定値を用いるものとする。層のサイズと，過去の調査に基づく推定値が下のように与えられているとき，割当サイズが最大となる層と最小となる層の組み合わせとして，適切なものを，次の①～⑤のうちから一つ選びなさい。　5

計画時の層のサイズと，過去の調査に基づく層の特性値（推定値）

層A：	サイズ 3,000,000	層平均 100.0	層分散 18.0^2 $(=324)$
層B：	サイズ 4,000,000	層平均 150.0	層分散 10.0^2 $(=100)$
層C：	サイズ 4,000,000	層平均 120.0	層分散 15.0^2 $(=225)$

① 最大がA，最小がB　② 最大がB，最小がC　③ 最大がB，最小がA

④ 最大がC，最小がB　⑤ 最大がA，最小がC

5 ⋯⋯⋯⋯⋯⋯ **正解** ④

　層別無作為抽出法におけるネイマンの最適割当は，有限修正項等を無視すれば層の重みと層の標準偏差の積に比例した大きさを各層に配分するものである。

　層A，層B，層Cの重みは3：4：4なので，この値の相対的な比は，層Aについては3×18＝54，層Bについては4×10＝40，層Cについては4×15＝60となり，層Cに最大，層Bに最小のサイズを割り当てることになる。

　したがって，正解は④である。

問6

　調査会社が，クライアントである民間企業に対して，市場調査に関する企画を提案するにあたり，適切でないものを，次の①～⑤のうちから一つ選びなさい。　6

① 調査方法・調査規模・調査スケジュール等の概要を設定した際の前提条件を明示する。

② 調査スケジュールは，一般的に「企画・準備，調査の実施，集計・分析，報告書作成」に分けて明示する。

③ 調査費用は，クライアントの予算に合わせて総額のみを明示する。

④ 調査データの分析計画（内容と範囲）を明示する。

⑤　業務（調査の実施，集計・分析）の一部を外部委託する場合には，再委託先
　　を明示する。

---

6 ⋯⋯⋯⋯⋯⋯⋯⋯⋯⋯⋯⋯⋯⋯⋯⋯⋯⋯⋯⋯⋯⋯⋯⋯⋯⋯⋯⋯⋯⋯⋯ **正解▶③**

①：適切である。調査の方法・規模・スケジュール等の前提条件を含め，提案内容
　　をクライアントが検討・判断するのに最低限に必要な情報である。
②：適切である。調査の業務は企画から報告まで，プロセスごとにスケジュールを
　　対応させることで，クライアントとの間で予定や各プロセスで実施する具体的
　　内容を確認することができる。
③：適切でない。スケジュールと同様にプロセスごとに費用（見積金額）を示さな
　　ければ，クライアントにとって各プロセスの内容が必要・不要か等の判断がで
　　きない。総額のみで業務を進めると，後でトラブルになりかねない。
④：適切である。データの分析は単純集計から，複雑な集計や特別なデータ解析な
　　ど，どの範囲まで実施するのかによって作業量が著しく異なり，費用にも大き
　　く影響するので，事前に明示する。追加集計・分析が発生した場合の費用の扱
　　いも事前に示すことが望ましい。
⑤：適切である。機密情報や個人情報の保護はクライアントにも管理責任があり，
　　発注先の調査機関がさらに再委託先を使う場合には，その影響範囲を認識して
　　おく必要がある。また，調査の品質に関わるため，事前に合意しておくべきで
　　ある。
　　以上から，正解は③である。

問7

面接調査の調査票作成にあたって，注意すべき点として，適切でないものを，次
の①〜⑤のうちから一つ選びなさい。　**7**

①　調査員が読みやすいように，ルビや句読点を付けるほうがよいことがある。
②　調査対象者に内容がわかりにくいことが懸念される質問は，調査現場の状況
　　に応じた説明を調査員に任せる。
③　設問や回答選択肢が複雑な場合は，提示リストを作成し，対象者がそれを見
　　て回答できるようにする。
④　「その他」「わからない」「回答なし」を区別して記録できるようにする。
⑤　調査対象者が不快に思うことが懸念される質問は用いない。

---

7 ⋯⋯⋯⋯⋯⋯⋯⋯⋯⋯⋯⋯⋯⋯⋯⋯⋯⋯⋯⋯⋯⋯⋯⋯⋯⋯⋯⋯⋯⋯⋯ **正解▶②**

①：適切である。調査票は，調査員の読み上げで対象者に間違いなく伝わるように，

漢字にルビを付けたりする。句読点も文章の理解しやすさのために大切である。

②：適切でない。内容がわかりにくいような質問も，質問文をそのままゆっくり読みなおすなどで対応し，調査員が勝手に説明を加えてはいけない。

③：適切である。提示リストにより，調査員の読み上げた内容を確実にすることができる。

④：適切である。できるだけ，区別して記すように準備するとよい。

⑤：適切である。調査票は，調査対象者が不快に思う内容や言葉になっていないか，十分に注意する。

以上から，正解は②である。

問8

　地方自治体が，その自治体に居住している成人住民を対象として，意識調査を郵送調査法で実施するとしよう。調査の実施における対応や留意点に関して，適切でないものを，次の①〜⑤のうちから一つ選びなさい。　**8**

① 調査票・返信封筒などを，日本郵便のサービス「ゆうパック」などの荷物便で送付する。

② 調査票を郵送する際に事前に協力依頼状を発送し，調査対象者へ調査に対する理解と協力を要請する。

③ 回答済み調査票の投函締め切り日を設定する場合，週末に回答する調査対象者が多いことを考慮する。

④ 調査対象者への謝礼（ペンなどの粗品）を，調査票を送る際に同封する（回収後ではなく先に渡す）。

⑤ 未回答の調査対象者に再度協力を依頼するための督促状を，すべての調査対象者に対して，お礼状（既回答者向け）兼督促状（未回答者向け）の形式で送付する。

8 ·· **正解** ▶ **①**

①：適切でない。調査票は信書の定義に該当する可能性が高く，一般的な調査票は信書として扱われる。法令遵守の観点から，信書を送ることのできない荷物便や宅配便は使わない。微妙な場合は，郵便法第4条，信書便法第2条の定義を確認するか，総務省に相談することが望ましい。個人情報保護の観点からも荷物便よりも信書郵便のほうが対象者の安心感が得やすく，有効回収率も向上が期待できる。

②：適切である。事前の協力依頼状は，調査票を受け取る数日前に届くように送付し，調査に対する理解と協力を要請するとともに，調査票がダイレクトメール

類と混同して捨て去られるのを未然に防ぐ役割も期待できる。

③：適切である。回答済み調査票の投函締め切り日は，調査票が調査対象者宅に到着する日程や多くの人々が回答可能な時間的余裕を考慮しなければならない。多くの人々は週末が休日となり，土・日曜日に回答する調査対象者が多いことを想定し，締め切り日を設定するのが望ましい。

④：適切である。調査協力の謝礼は前渡しのほうが回収率は高いという実験調査の報告もある。

⑤：適切である。調査票を無記名とする場合に，リマインダー（督促状）はすべての調査対象者に対して送付する。督促文とともに，回答済みの対象者への御礼文が示されていることで，未回答者に回答を促す効果も期待できる。行き違いになった場合のお詫び文も入れたほうがよい。

以上から，正解は①である。

問9

調査機関が民間企業から受託して，成人男女を対象とした訪問面接調査を実施するとしよう。標本抽出をクォータ・サンプリング（割当法）による場合，実査管理担当者の対応として，適切でないものを，次の①～⑤のうちから一つ選びなさい。
9

① 調査の趣旨，調査結果の利用方法，調査主体の名称と詳細な連絡先，調査対象者の秘密の保持等について記載した文書を調査員に持参させ，調査への協力を求める際に調査対象者に渡し説明する。

② 訪問した調査対象者の氏名，住所，電話番号，訪問状況，調査完了状況等を記入する欄を設けた調査対象者一覧表を調査員ごとに用意し，調査員に記入させる。

③ 調査の実施期間中に報告日を設け，調査員から調査活動の進捗を報告させる。

④ 調査活動経験やスキルの習熟度合いに応じて，モニタリングが必要と判断される調査員については，調査を実施した一票目の調査票を提出させ，正しい方法で調査が実施されたかを点検する。

⑤ 回答済みの調査票から担当した調査員ごとに一定の比率で抽出し，抽出した調査票の内容について，当該の調査対象者に郵便や電話で問い合わせる。

9 ⋯⋯⋯⋯⋯⋯⋯⋯⋯⋯⋯⋯⋯⋯⋯⋯⋯⋯⋯⋯⋯⋯⋯⋯⋯⋯⋯⋯⋯ **正解** ▶ ④

①：適切である。調査対象者に調査の趣旨を十分に伝えるため，調査の趣旨，調査結果の利用方法，調査主体の名称と詳細な連絡先，調査対象者の秘密の保持等について記載した文書を調査員に持参させる。調査対象者に対する導入あいさつで，文書を渡し説明することは，調査対象者が調査協力を判断するうえで必

要なことである。

②：適切である。クォータ・サンプリングを用いた場合には，調査が正しく実施されたかどうかを点検するために，訪問した調査対象者の氏名，住所，電話番号，訪問状況等の情報が必要であり，調査対象者一覧表を用意し調査員に記入させる。

③：適切である。調査員の活動は，調査員の裁量に委ねられている部分があるが，調査実施期間内に完了するように調査員の活動進捗を確認するのは必要である。クォータ・サンプリングにおいては，該当する調査対象者を探して調査を実施するが，該当する調査対象者がなかなか見つからないことがあるため，進捗確認は重要である。

④：適切でない。初心者の調査員だけでなく，熟練した調査員であっても，調査手順を正しく理解しておらず，誤った方法で調査を実施してしまう可能性がある。調査を実施した一票目の調査票を調査本部に提出させ，正しい方法で調査が実施されているかを点検する初票点検は，担当するすべての調査員に対して実施することが望ましい。

⑤：適切である。調査が正しく行われたか，不正がなかったかを点検するインスペクションは，担当した調査員ごとに一定の比率で実施する。一般社団法人日本マーケティング・リサーチ協会は，インスペクションを実施する比率について，調査員ごとに最低10％と定めている。

以上より，正解は④である。

問10

訪問留置調査を実施するにあたり，実査管理担当者が調査員に対して実施する教育・訓練の内容として，適切でないものを，次の①～⑤のうちから一つ選びなさい。

10

①　調査活動中，記入済みの調査票と，依頼時に配布する白紙の調査票とは区別して保管・管理する。

②　調査対象者を訪問した際には，基本的に玄関先で応対し，不用意に家の中に入らないようにする。

③　調査への協力を依頼する際は，必ず調査対象者として選ばれた本人に直接伝える。

④　調査対象者が調査票を封筒に入れて密封して提出した場合には，調査員はその場で開封・点検せずに，密封した状態のまま持ち帰り調査本部に提出する。

⑤　何度訪問しても調査対象者が不在の場合に，そこに居住していることが明白であっても，原則として調査書類一式を郵便受けなどにポスティングし配付し

てはならない。

①：適切である。記入済みの調査票は調査対象者の秘密を保護するために，特に厳重に管理する必要がある。また，白紙の調査票は，調査の依頼の際に調査対象者に手渡す必要があるので，出しやすいよう分けて用意しておくべきである。

②：適切である。調査員の応接態度が調査協力に影響する。あわせて調査活動上における調査員の安全面についても十分に留意することが必要である。不用意に家の中に入らないことは，応接のマナーの基本であると同時に調査員が危険を避けるポイントでもある。

③：適切でない。留置法については，どうしても対象者本人に会えない場合は，同居家族を通じて依頼してもよい。ただし必ず本人が回答記入するように強調しておくことを忘れてはならない。

④：適切である。個人情報保護のため回答した調査票を封筒に入れ密封し提出する場合がある。調査対象者は調査員に調査票を見られたくないために封筒に密封し提出しているため，密封した状態のまま持ち帰り調査本部に提出する。

⑤：適切である。留置法では調査書類一式をポスティングした場合，書類などを紛失する危険性が高く，また調査目的も十分理解してもらえないため，ポスティングは原則として行うべきではない。ただし，政府の一部の調査でも，どうしても対象の本人に会えず，同居家族など本人に渡すことを頼めるものがいない場合，状況を総合的に判断して，あらかじめポスティングを認めているものもある。

以上から，正解は③である。

問11

統計調査における誤差は，「標本誤差」と「非標本誤差」に大別できる。標本誤差と非標本誤差について，適切なものを，次の①〜⑤のうちから一つ選びなさい。

11

① 全数調査では標本誤差も非標本誤差も生じない。

② 標本調査において，調査票の審査を行って発見した誤りは標本誤差に該当する。

③ 調査対象による記入誤りや調査実施者による集計誤りは非標本誤差に該当する。

④ 標本調査において，調査対象の調査漏れや調査対象以外のものが調査される誤りは標本誤差に該当する。

⑤ 調査員が誤った説明をすることで生じる回答の誤りは，標本誤差と非標本誤差のいずれにも該当しない。

11 ·· 正解 ③

① : 適切でない。全数調査で有効回収率100％であれば標本誤差はないが，非標本
　　誤差は必ずしも除けない。
② : 適切でない。非標本誤差に分類される。
③ : 適切である。母集団の一部を抽出して調査することによって生ずる誤差を標本
　　誤差という。標本誤差以外の記入誤りや集計誤りなどの調査の段階で生ずる誤
　　差は非標本誤差に分類される。
④ : 適切でない。非標本誤差に分類される。
⑤ : 適切でない。非標本誤差に分類される。
　以上より，正解は③である。

参考文献：
・『社会調査の基本』杉山明子編著pp.124-125（朝倉書店，2011）など

問12

　社会調査・世論調査における標本設計やその精度評価について，適切でないもの
を，次の①～⑤のうちから一つ選びなさい。なお，調査の精度は推定量の標準誤差
によって評価するものとする。　**12**

① 層ごとに単純無作為抽出を行う層化無作為抽出のほうが，同じ標本の大きさ
　で層化を行わずに単純無作為抽出を行う場合よりも，通常は調査の精度を良く
　することができる。
② 世論調査などで大きさNの有権者母集団から非復元の単純無作為抽出により
　大きさnの標本を得る場合に，ある任意の有権者が標本に含まれる確率はn/N
　よりも大きくなる。
③ 不等確率抽出として用いられる確率比例抽出では，集計目的の変数と相関の
　高い変数について，その大きさに比例するような確率で復元比例抽出を行うと，
　精度面で有利である。
④ 例えば全国調査において，市町村などの単位を抽出し，さらに抽出された各
　単位から個人を抽出する手順をとる場合，これを二段抽出という。
⑤ 一段抽出と比べて，二段抽出など多段抽出では，一般に精度は低下する。

12 ·· 正解 ②

① : 適切である。層化無作為抽出を，例えば比例割り当てで行うと，同じ標本サイ
　ズの単純無作為抽出に比べて，（層間分散が0ではない限り）標本誤差は小さ
　くすることができる。

139

②：適切でない。本肢の手続きによれば任意の有権者が標本に含まれる確率（包含確率）は正確に n/N である。

③：適切である。目的変数そのものの値に抽出確率を比例させることによって，推定量の分散は小さくできる。

④：適切である。二段抽出の概要の説明として正確である。

⑤：適切である。一般に，二段抽出を含め，多段抽出では段が重なるごとに標本誤差が大きくなる。

　以上から，正解は②である。

問13

標本設計に合わせた推定量の性質を考える場合，不偏であっても分散が大きい推定量を考えるよりも，偏りがあっても分散が小さい推定量を考えるほうが有利な場合もある。こうした観点から推定量の良さを最も直接的に評価することができる指標として，適切なものを，次の①〜⑤のうちから一つ選びなさい。　13

① 標本標準偏差　　② 母分散（母集団分散）　　③ 有限修正項
④ 平均2乗誤差　　⑤ 推定量の期待値

13 ·· 正解 ④

①：適切でない。標本標準偏差は，得られた標本におけるデータのバラツキ具合（分散）を表す指標であり，推定量の性質そのものを評価する指標ではない。

②：適切でない。母分散は，母集団における分散であり推定量の性質そのものを評価する指標ではない。

③：適切でない。有限修正項は，例えば単純無作為抽出における推定量の標準誤差の評価式において，母集団の大きさが有限であることに伴い生じる項のことをさし，推定量の性質そのものを評価する指標ではない。

④：適切である。平均2乗誤差は，まさに本問の目的に用いられる指標である。

⑤：適切でない。推定量の期待値は，それが母数に一致する場合に不偏な推定量と呼ばれるように，推定量の（可能な標本のすべてにわたる）平均的な値を意味する。推定量の性質を評価する指標にはなるが，偏りと分散（バラツキ）の双方を考慮に入れた指標ではない。

　以上から，正解は④である。

問14

　民間企業や研究者が実施する意識調査において，調査員による訪問調査の方法として，適切でないものを，次の①〜⑤のうちから一つ選びなさい。　| 14 |

① 調査管理者は調査員から最初に提出された回収調査票については，適切に実施されているか必ず点検する。

② 対象者の都合で面接調査が中断された場合，別の日に再訪問して続きを尋ねてもよい。

③ 訪問面接調査であっても，対象者の希望に応じて電話で聴き取ってよい。

④ 訪問留置調査では，調査員は対象者本人が調査に回答していることを確認しなければならない。

⑤ 個人情報を保護するために，対象者の住所や氏名を調査票に記入してはならない。

| 14 | .... **正解** ③

①：適切である。最初に回収した調査票の点検は初票点検と呼ばれている。調査員の誤解による記入ミスや不適切な方法による調査がなされている場合，できるだけ早く修正する必要があるのでこれを行う。

②：適切である。調査が複数日にわたって実施されても問題ない。途中で調査を終えて不完全な調査票を得ることのほうを避けるべきである。

③：適切でない。特別に指定がなされていない限り，訪問面接調査は直接接触で本人に聞き取らなければならない。

④：適切である。留置き調査票の訪問回収時には，必ず本人が記入したことを確認することが求められる。

⑤：適切である。調査票に個人を特定できる情報を残してはならない。対象者リストは，常に調査票とは連結できないかたちで保持しなければならない。

　以上から，正解は③である。

問15

　パネル調査について，適切でないものを，次の①〜⑤のうちから一つ選びなさい。
| 15 |

① 計画標本のうちから，継続して追跡可能な調査対象者をあらかじめ厳選して実施しなければならない。

② 有効回収数は調査を繰り返すごとに減っていくが，欠落率は後の調査の回の

ほうが低くなることが多い。

③ 調査対象者には初回調査実施までに，この調査がパネル設計であることを必ず伝えなければならない。

④ パネル調査では，同じ形式で同じ質問を繰り返すことが重要である。

⑤ パネル調査データがもつ重要なメリットは，時間的に変動しないような個人属性は，必ずしも調査内で取得しなくともその影響を統制できることである。

---

15 .... **正解** ①

①：適切でない。第1波のベースパネルの設計の時点では，対象者は継続を目的に選別されるべきではなく，統計的にランダムに抽出されていることが望ましい。継続可能な対象者だけを有意抽出すると偏りが生じる可能性が高い。

②：適切である。一般に対象者の欠落率は，第1波時点が最も高く，調査波を重ねるごとに徐々に低くなっていく場合が多いことが報告されている。ただし，それ故に，欠落数を少なくする各種の工夫がなされ，結果として，表面上，必ずしもこの傾向が見られない場合もあり得る。

③：適切である。パネル設計の調査では，繰り返して調査を行うことについて対象者に事前の同意を得ておかなければならない。

④：適切である。パネル調査の目的は同一の変数の時点間変化を見ることであるので，調査項目は同一の形で繰り返し尋ねる必要がある。

⑤：適切である。パネル調査の分析の重要な目的の一つは，個人の属性を統制したうえで注目している変数間の因果関係を知ることである。パネル調査分析をする理由の一つとして，この「観察できない異質性（Unobservable heterogeneity）」の統制が挙げられる。

以上から，正解は①である。

問16

回収データのアフターコーディングについて，適切でないものを，次の①～⑤のうちから一つ選びなさい。 **16**

① コーディングのルールは，あらかじめ方針は決めておくが，細部については実際にどのような回答が得られているかを確認しながら決めていく。

② 分類不能の回答には，無回答とは別のコードを与えなければならない。

③ インターネットを用いた調査でもアフターコーディングが必要になる場合がある。

④ 自由回答のテキスト分析と数値コーディングは同じ作業である。

⑤ アフターコーディングの後も，元の回答情報は保持しなければならない。

16 .... **正解** ④

①：適切である。アフターコーディングにおいては，あらゆる回答に数値を割り当てるために，どのような回答が得られているかを確認し，記録を取りながらルールを決めていく。

②：適切である。欠損値には無回答，非該当のほかに分類不能の回答がある。これは無回答とは区別されるべき回答である。

③：適切である。インターネットで自記式調査を行ったとしても，その他の自由記述などの項目でアフターコーディングが必要になる場合がある。

④：適切でない。テキスト分析は自由回答の情報をそのまま分析するものだが，数値コーディングは，数値化して変数を作成する作業である。

⑤：適切である。アフターコーディングを行った場合でも，その判断についての記録は事後的に再確認できるように，保存されていることが望ましい。

以上から，正解は④である。

問17

近年の電話調査法による報道機関の全国世論調査では，固定電話だけでなく携帯電話も対象としている。現在の日本における，固定電話と携帯電話の普及率や利用状況を前提条件として，適切でないものを，次の①～⑤のうちから一つ選びなさい。

17

① すべての可能な固定電話番号を枠母集団として，数万個の電話番号を単純無作為抽出する標本設計では，携帯電話を利用契約している有権者も抽出される可能性がある。

② すべての可能な携帯電話番号を枠母集団として，数万個の電話番号を単純無作為抽出する標本設計では，固定電話を利用契約している有権者も抽出される可能性がある。

③ すべての可能な固定電話番号と携帯電話番号の両方を合わせて枠母集団として，数万個の電話番号を単純無作為抽出する標本設計では，有権者の抽出確率は等しくない。

④ すべての可能な固定電話番号と携帯電話番号の両方を合わせて枠母集団として，数万個の電話番号を単純無作為抽出する標本設計では，すべての有権者の抽出確率が0より大きい。

⑤ すべての可能な固定電話番号と携帯電話番号の両方を合わせて枠母集団として，数万個の電話番号を単純無作為抽出する標本設計では，有権者の世帯と個人の両方が抽出対象となる。

①：適切である。固定電話の契約世帯の有権者もまた，携帯電話の利用者である場合がある。

②：適切である。携帯電話の利用契約者もまた，固定電話を契約している場合がある。現状では正確な割合は不明だが，固定電話と携帯電話の両方が利用されている。

③：適切である。固定電話と携帯電話の両方を枠母集団とした場合，世帯によって固定電話の契約回線数は異なる。また有権者個人に着目しても，携帯電話を利用している数は一様ではない。利用契約の数が多い有権者ほど抽出確率が高くなる。

④：適切でない。有権者の中には，固定電話も契約していないし，携帯電話も利用していない人が存在する。この有権者が抽出される確率は 0 である。

⑤：適切である。固定電話は世帯と結びついており，世帯には複数の有権者が所属している場合がある。携帯電話は個人と結びついているので，世帯抽出と個人抽出が混在することになる。

以上から，正解は④である。

問18

調査手法に関する説明として，電話調査法と呼ぶのが適切でないものを，次の①〜⑤のうちから一つ選びなさい。 **18**

① 電話オペレータと呼ばれる調査員が，調査対象者の電話番号に電話をかけて，調査事項を質問して回答を得る。

② 事前に調査事項の質問を録音した音声と電話システムが，調査対象者の電話番号に電話をかけて，調査事項を質問して回答を得る。

③ 電話帳から統計的に無作為抽出した住所に調査依頼状を郵送し，配達された後に調査員が電話をかけて，調査事項を質問して回答を得る。

④ RDD（Random Digit Dialing）法で抽出した携帯電話番号にURLを送信して，調査事項をWEB画面から表示して回答を得る。

⑤ 選挙人名簿等の母集団名簿から無作為抽出した世帯の電話番号に，調査員が電話をして調査事項を質問して回答を得る。

①：適切である。電話番号の抽出法は記述されていないが，典型的な電話調査法である。

②：適切である。調査員が直接的には介在していないが，選挙調査などで実際に利用されている電話調査法である。回答者が音声の指示に従って番号を押すこと

で回答を得ることができる。

③：適切である。調査対象者の家に事前に郵便を送付しておくプロセスがあるが，そのあとは典型的な電話調査法である。

④：適切でない。携帯電話番号の抽出はしているが，それはURLを送信するためであり，調査員が直接的にも間接的にも介在せず，その後の過程はWEB調査（あるいはインターネット調査）であるため，これを電話調査法と呼ぶのは適切ではない。抽出法と測定法を混同しないように注意する。

⑤：適切である。調査対象者を名簿から抽出するか否かに関係なく，抽出した調査対象者の電話番号を調べた後のプロセスは，典型的な電話調査法である。日本において，調査員調査から電話調査に移行する初期には，調査員調査と同様の抽出標本に対して電話番号を調べてから，電話調査を実施するという方法が，実際に採用されていた事例もある。

以上から，正解は④である。

問19

公的統計調査が行われる頻度（平成30年度現在）について，適切でないものを，次の①〜⑤のうちから一つ選びなさい。 19

① 就業構造基本調査（総務省）は5年に1回行われている。
② 労働力調査（総務省）は毎月行われている。
③ 国民生活基礎調査（厚生労働省）は毎年行われている。
④ 賃金構造基本統計調査（厚生労働省）は5年に1回行われている。
⑤ 経済センサス-活動調査（総務省・経済産業省）は5年に1回行われている。

19 .... 正解 ④

①：適切である。就業構造基本調査（総務省）は5年に1回行われている。
②：適切である。労働力調査（総務省）は毎月行われている。
③：適切である。国民生活基礎調査（厚生労働省）は毎年行われている。
④：適切でない。賃金構造基本統計調査（厚生労働省）は毎年行われている。
⑤：適切である。経済センサス－活動調査（総務省・経済産業省）は5年に1回行われている。

各調査の頻度（周期とも呼ばれる）を暗記する必要はないが，マスメディア等で盛んに取り上げられている調査については理解しておいたほうがよかろう。主なものを挙げておく。

5年に1回	国勢調査（総務省），住宅・土地統計調査（総務省），就業構造基本調査（総務省），社会生活基本調査（総務省），農林業センサス，漁業センサス（農林水産省），法人土地基本調査（国土交通省）
3年に1回	社会教育調査（文部科学省），医療施設生態調査（厚生労働省），患者調査（厚生労働省）
毎年	学校基本調査（文部科学省），賃金構造基本統計調査（厚生労働省），工業統計調査（経済産業省），経済産業省企業活動基本調査（経済産業省）
毎月	小売物価統計調査（総務省），家計調査（総務省），農業経営統計調査（農林水産省），経済産業省精算動態統計調査，商業動態調査（経済産業省），建築着工統計調査（国土交通省）

ただし，現在は統計改革の計画実行中であり，基幹統計調査も含めて統廃合があり，変更されることもあるので注意。

問20

公的統計等においては，標本調査の結果から，各調査対象の数値に抽出率の逆数（復元倍率または復元乗数）を乗じたものの和によって母集団の数値を推計する場合がある。この復元倍率についての説明として，適切でないものを，次の①〜⑤のうちから一つ選びなさい。 **20**

① 系統抽出法を用いる場合には，系統抽出の抽出間隔の逆数が復元倍率に該当する。

② 地域別結果を推計するために，各地域に必要な標本を割り当てることがある。その場合には，地域ごとに復元倍率が異なることがある。

③ 層化抽出法が用いられる場合には，層ごとに復元倍率が異なることがある。

④ 二段抽出法が用いられる場合には，それぞれの抽出段階での復元倍率を乗じることになる。

⑤ 母集団の基になる全数調査の調査時点と標本調査の調査時点が離れている場合，標本調査の調査時点の母集団全体を復元するために復元倍率を補正することがある。

20 .... **正解** ①

①：適切でない。系統抽出の場合，母集団から標本を抽出する際の抽出率の分母に抽出間隔が該当するので，抽出間隔の逆数ではなく，抽出間隔そのものが復元倍率に該当する。

②：適切である。地域ごとに標本を抽出する際に，一律の抽出率ではなく，それぞれにおいて抽出率を変えることがある。

③：適切である。層ごとに標本を抽出する際に，一律の抽出率ではなく，それぞれにおいて抽出率を変えることがある。

④：適切である。二段抽出では，全体の復元倍率は各抽出段階での復元倍率を乗じたものになる。

⑤：適切である。個人を対象とする調査においては，調査時点の人口構造を反映させるように復元するために，復元倍率を補正することがある。

以上から，正解は①である。

問21

店舗において，商品や商品パッケージに記載・添付されたバーコードをレジスターのスキャナーで読み取り，入力された個数情報とともに収集されるPOSデータに関する説明として，適切でないものを，次の①～⑤のうちから一つ選びなさい。
<u>21</u>

① 店舗ごとの納品情報と合わせることで，商品管理，在庫管理，発注などのサプライチェーンに役立つ。

② 店舗ごとに購買商品と値引きや広告プロモーション，天候，陳列などとの関連を分析することができる。

③ 購買商品の商品ジャンルやブランドだけではなく，容量やパッケージ等の違いによる詳細を分類することができる。

④ 顧客一人ひとりの購入履歴や購入サイクルがわかるため，顧客個々を対象としたマーケティングに役立つ。

⑤ 都道府県別や特定地域における代表性のあるデータではないため，当該地域での購買実態を表すことはできない。

<u>21</u> ⋯⋯⋯⋯⋯⋯⋯⋯⋯⋯⋯⋯⋯⋯⋯⋯⋯⋯⋯⋯⋯⋯⋯⋯⋯⋯⋯⋯⋯⋯⋯⋯ **正解** ④

①：適切である。POSデータにより，商品の購買状況がわかるため，納品情報と合わせることで，商品の在庫状況を把握し，発注などに役立たせることができる。

②：適切である。POSデータは店舗ごとに集約（集計）できるため，販売価格やチラシ，クーポンなどの広告プロモーション，陳列方法，当該地域の天候などのデータを用いて，どのような商品がどんな時に売れているのか（売れていないのか）という分析をすることができる。

③：適切である。バーコード（商品コード・JANコード等）は，容量やパッケージの違いにより異なる番号が付けられているケースも多く，その違いによる分類をすることができる。

④：適切でない。POSデータは，あくまでもレジスターごとにスキャナーで読み取

ったデータであり、「誰が買ったか」まではわからない。

⑤：適切である。POSシステムを導入している店舗に限定されたデータであり、購買の全数データではない。また、POSシステム導入店と非導入店、EC（イー・コマース、電子商取引）での購買状況が同じであるとはいえないため、購買全体の縮図となっているともいえない。

以上より、正解は④である。

問22

世帯における測定機（機械）によるテレビ視聴率調査は、調査世帯内にあるすべてのテレビに視聴チャンネルを測定する機械を設置し、測定したチャンネルデータを1日1回収集機に伝送し、集計することで自動的にテレビ視聴率を算出している。このような測定機によるテレビ視聴率調査について、調査票に視聴記録を記入する日記式調査に対する優位点の説明として、適切でないものを、次の①～⑤のうちから一つ選びなさい。　22

① 視聴データを集計し調査結果を提供する時間を早めることができる。

② 測定機（機械）の故障や誤作動がなければ、チャンネルデータは日記式より正確である。

③ より細かい単位（秒単位）でのチャンネルデータを測定することができる。

④ スポーツバーやパブリックビューイングなど屋外での視聴も測定することができる。

⑤ 測定機を設置するだけなので調査対象者への負担が小さい。

22 .... 正解 ④

①：適切である。測定機による調査では、測定したチャンネルデータを1日1回収集機に伝送するため、毎日データを集計・提供することが可能である。一方、日記式調査では、調査票の回収、データ入力等の時間を要することから毎日の提供は難しい。

②：適切である。日記式調査では、チャンネルや視聴時間の記入を調査対象者に委ねるため記入間違いが発生する場合がある。したがって、測定機によるチャンネルデータの計測のほうが正確である。

③：適切である。日記式調査では視聴時間の記入を調査対象者に委ねるため、分単位での記入が限界となる。したがって、秒単位でのチャンネルデータは測定機による調査でのみ実現できる。

④：適切でない。測定機による調査は世帯に測定機を設置しており、屋外での視聴を計測することはできない。

⑤：適切である。世帯でのテレビ視聴率調査は，測定機によりチャンネルデータを計測するため，調査対象者への負担は測定機の設置や取り外し時の確認程度である。したがって，毎日の視聴記録を記入する日記式調査に比べると負担は少ない。

以上から，正解は④である。

問23

　質問紙調査における回答の入力方法やデータの整理に関する説明として，適切でないものを，次の①〜⑤のうちから一つ選びなさい。　**23**

①　アフターコーディングとは，回答者に自由に回答してもらい，その記述内容をあらかじめ用意した分類基準に従って分類コードを与える方式である。どの分類基準にも当てはまらず，出現数が多い場合には，分類コードを追加していく。

②　プリコードとは，調査票にあらかじめ分類コードとその内容を併記しておいて，回答者に該当する分類コードを選択させる方式である。

③　エディティングとは，回収した質問紙について記入漏れや回答ミスがないかを点検する作業のことである。また，書き損じなど明らかに修正可能な範囲であれば，回答の誤りを修正することもある。

④　いくつかの自由回答欄を設けて，思いつくモノや単語を回答してもらう質問方法を「純粋想起」と呼ぶ。これに対し，あらかじめモノや単語をプリコードの選択肢として用意して選択させる質問方法を「助成想起」と呼ぶ。

⑤　自由回答方式は調査票設計者が用意した選択肢に従う必要がなく，回答者の好きなように回答できるため，自由回答方式は選択肢方式よりも回答負荷は低い。

23 .... **正解** ⑤

①：適切である。

②：適切である。

③：適切である。質問紙調査の際，回収した調査票の記入内容を点検し，回答の誤りや不備を正すことをエディティングという。アフターコーディングもエディティングに含まれる。論理矛盾のチェックは目視よりもコンピューターのプログラムによって検出したほうが効率的，かつ正確に行える。

④：適切である。

⑤：適切でない。自由回答方式は，どのように回答すればよいのかというヒントが与えられないまま，頭の中で言語化し，文字入力をするという工程を踏むため，あらかじめヒントが与えられているプリコードよりも回答負荷が高いとされて

いる。

以上より，正解は⑤である。

問24

ブラウザ上で回答するWEB調査の調査票について，適切でないものを，次の①
～⑤のうちから一つ選びなさい。　24

① 自記式という意味では郵送調査と共通なので，調査票のデザインも郵送調査
と同じでよい。
② 回答の進行の制御が可能なので，回答もれをなくすように設定することできる。
③ 複数回答の質問で回答選択肢の順序を回答者ごとにランダムに変えて提示す
ることができる。
④ 回答時間を記録することができ，回答内容と回答時間の関係を分析できる。
⑤ 調査対象者が利用している機器に関わる情報など調査実施に伴い付帯的に得
られる情報により個人識別性が高まることがあり，その扱いに注意が必要であ
る。

24 ⋯⋯⋯⋯⋯⋯⋯⋯⋯⋯⋯⋯⋯⋯⋯⋯⋯⋯⋯⋯⋯⋯⋯⋯⋯⋯⋯⋯ 正解 ①
①：適切でない。WEB調査でもPCによる場合は，郵送調査とほぼ似た設計で行う
ことも可能であるが，ページ構成などはそれぞれに適した工夫が必要である。
②：適切である。回答しないと次の質問に進めないような設計にすることができる。
③：適切である。選択肢の順序を回答者ごとに無作為に変えて提示することができ，
順序による影響をなくすことができる。
④：適切である。システムの工夫により回答所要時間などの回答者の回答行動を記
録することが，原理的には可能である。回答内容以外に調査実施に伴い付帯的
に得られるこのような情報は一般にパラデータと呼ばれる。パラデータの一つ
として，自動的に記録するようにできる。
⑤：適切である。パラデータと他の情報の組合せ次第では個人の特定または識別性
が高まる恐れがあり，個人情報保護の観点からの配慮が必要である。
以上から，正解は①である。

問25

　調査会社に依頼してインターネット調査を行う場合，「スクリーニング調査」と「本調査」に分けて実施することが多い。このうち，スクリーニング調査の説明として，適切でないものを，次の①〜⑤のうちから一つ選びなさい。　25

① 　スクリーニング調査とは，本調査で不正回答がないかどうかを確かめるため，本調査実施後に本調査と同じ設問を含めた調査を追跡で実施して，回答矛盾をチェックすることである。

② 　スクリーニング調査の調査票を設計する際には，回答者に調査会社がどのような調査対象者を抽出したいのかを気づかれないようにするため，調査票のタイトルを抽象的に書いたり，ダミーの選択肢を設けたりすることが望ましい。

③ 　スクリーニング調査は，本調査よりもモニター謝礼が安く設定されており，回答負荷の大きな調査を依頼すべきではない。

④ 　スクリーニング調査の実施時期と本調査の実施時期が開きすぎると，対象者の条件が変わってしまう恐れがある。

⑤ 　インターネット調査会社は対象者を抽出するためにモニターの基本的な登録属性を把握しているが，居住地や職業などは改めてスクリーニング調査で質問することが望ましい。

　25　·· **正解** ①

①：適切でない。スクリーニング調査は本調査の実施前に行うため，事前調査，あるいは予備調査とも呼ばれることがある。本調査実施後に不正回答かどうかを検出するための調査は「インスペクション調査」と呼ばれており，本肢はスクリーニング調査に関する説明ではない。

②：適切である。多くのモニターは謝礼額が多い本調査の回答を望んでいる。どのように回答すれば，本調査の対象者に選ばれるかどうかとわかる設計をしてしまうと，虚偽の申告を行い，本当は対象者条件には合致しない人が含まれてくる可能性がある。このためスクリーニング調査の調査票を設計するときには，あえて誰が調査対象と選ばれるかがわからないような配慮が必要である。

③：適切である。スクリーニング調査は，本調査の調査対象者を抽出することを目的としていて，調査対象者を抽出するためには大量のモニターへの調査を依頼している。このためモニターへの謝礼も安く設定されており，回答負荷の大きな調査を依頼すると回答脱落にもつながりやすい。そのため，スクリーニング調査では特に回答負荷が大きくならないような配慮が必要である。

④：適切である。モニターがインターネット調査に回答するのは任意であり，スクリーニング調査に回答した人全員が本調査も回答するとは限らない。期間が広

がれば，モニター自身が退会してしまう可能性もあるし，対象者条件が変わる
可能性もある。このためスクリーニング調査が終了してから本調査を開始する
までの期間はなるべく短いほうがよい。

⑤：適切である。調査会社が保有している基本的な登録属性は，性別，生年月日，
居住地，職業・業種，婚姻状況，家族構成などである。特に居住地や職業につ
いては変更が起こりやすく，調査会社が保有している登録属性が必ずしも調査
時点のものと一致しているとは限らない。このため，登録属性と同じ項目であ
ったとしても改めてスクリーニング調査の中で聴取することが望ましい。

以上から，正解は①である。

問26

インターネット調査における調査品質や，調査モニターを集めたアクセスパネル
の品質管理について，適切でないものを，次の①～⑤のうちから一つ選びなさい。
| 26 |

① 極めて短い時間で回答していないか，同一調査票内で矛盾した回答をしてい
ないか，マトリクス形式の設問において同じ選択肢のみを回答していないか，
という視点で，不正回答の有無を検査する。

② 回答者が残したIPアドレスを使い，異なる調査での同じ回答の羅列がないか，
1つの調査で同一回答者が複数回答者として含まれていないか確認する。

③ 何年も調査に協力していない調査モニターへのメールの配信停止や，不正回
答を繰り返す調査モニターは退会させるなどの方策を実施して，アクセスパネ
ルのメンテナンスをする。

④ 調査モニターの登録属性のうち，居住地や職業など，数年で変化する可能性
の高い項目については，定期的に見直しをして最新情報の維持に努める。

⑤ 調査モニターは複数のパネル管理会社には登録されないシステムが組み込ま
れており，一人の調査モニターは原則として1社しか登録できない。

| 26 | .... **正解** ⑤

①：適切である。いい加減に回答する人は質問文や選択肢を読み飛ばすことで，回
答所要時間が短くなる傾向が見られたり，マトリクス設問においてもすべての
項目で同じ選択肢を選ぶ傾向が見られたりする。また複数回答の設問において
も，論理的に矛盾するような選択肢ばかり選ぶ傾向があるかどうかなどが，不
正回答者である可能性を検出する方法として考えられる。

②：適切である。モニターの中には，同一個人が複数の人間になりすまして登録し
ている可能性がある。すべて同じ回答パターンの組合せがないか，重複してい

るIPアドレスが存在しているかどうかを調べることによって，同一個人のなりすまし回答を排除することができる。

③：適切である。インターネット調査は匿名性が高く，謝礼目当ての不正回答の温床となりやすい。不正回答者が含まれることによって調査そのものの信頼性が失われることになる。インターネット調査会社は不正回答を繰り返すモニターを検出し，退会措置を講じるべきである。また，一定期間以上，応答のないものに依頼メールを配信し続けても，回収率が低下するだけである。インターネット調査を効率的に運用するためも非アクティブなモニターは配信対象から除外しておくことが望ましい。

④：適切である。モニターの性別や生年月日，居住地や職業，同居している家族構成などの属性情報を取得しているが，居住地や職業，家族構成などは変更となる可能性がある。変更が生じた際，モニター本人が属性情報を変更することを失念している場合もあり得るので，定期的にモニター全員に属性情報の内容を確認させるべきである。

⑤：適切でない。インターネット調査会社は，厳重にモニターの個人情報を保護する義務があり，氏名・生年月日・メールアドレスといった情報を第三者に提供することはできない。そのため，調査会社間でモニターの名寄せは不可能であり，同一個人が複数のアクセスパネルに登録できる状況にある。

以上から，正解は⑤である。

問27

　消費者購買パネル調査は，「いつ」「どこで」「誰が」「何を」「いくらで」「どのくらい」購入したのかを時系列で把握するものである。性別・年齢構成別の分布が国勢調査結果などに合致するような消費者購買パネルを構築し，同一の個人に対して日々購入した商品のバーコードやレシートのスキャンによって登録してもらっている。消費者購買パネル調査に関する記述について，適切でないものを，次の①〜⑤のうちから一つ選びなさい。　**27**

①　バーコードスキャンを採用している調査会社は，流通コードセンターから最新のJANコード統合商品情報データベース（JICFS/IFDB）を入手する必要がある。

②　バーコードスキャンを採用している消費者購買パネル調査は，バーコードがない商品（例えば生鮮食品や弁当・惣菜等）は購入品目の対象外とされることがある。

③　JANコード統合商品情報データベース（JICFS/IFDB）に登録されていない商品が発見された場合は，速やかに調査会社が管理する商品マスターに追加・更新することが必要となる。

④ 店舗のレシートをスマートフォンで撮影した場合，OCR技術を用いることによって，購入した商品名や数量・金額のほかに，印字されている店舗や購入時刻も同時に把握することができる。

⑤ 消費者購買パネル調査は，消費者が店頭で購入した商品を登録するものであり，オンラインで購入した商品については対象外とされている。

---

27 ·· **正解** ⑤

①：適切である。JANコードは「どの事業者の，どの商品か」を表す，世界共通の商品識別番号であり，日本では流通コードセンターがJANコードとこれに付随する商品情報を一元的に管理している。商品マスターに存在しない商品がスキャンされた場合，実際にどの商品を購入したのかを識別できなくなってしまうので，常に最新のデータベースから商品マスターを更新する必要がある。

②：適切である。消費者パネルは入力作業を複雑にしすぎてしまうとパネルとしての継続性の維持が難しくなる。購入した商品のうち，バーコードが付いているものをすべてスキャンして登録するように指示している。そのため，バーコードがない商品やサービスは購入品目の対象外とされている。

③：適切である。事業者が単独で製造・販売するプライベートブランドの商品は，JANコード統合商品情報データベースに登録されていない可能性がある。データベースに登録されていないバーコードの商品が確認された場合は，調査会社が扱う商品マスターに追加・更新作業が必要となる。

④：適切である。レシートスキャンの場合は，OCR技術を使って購入時刻と購入店舗も同時に登録可能である。一方，バーコードスキャンの場合は，モニター自身に別途，WEB画面を通じて，購入数量や購入時刻，購入店舗を入力してもらう必要がある。

⑤：適切でない。消費者パネルは「購入日」「購入場所」「購入者」「購入品目」「購入金額」「購入数量」を時系列で把握するものである。これら購入実態は，店頭・オンラインを含めて消費の全体像を把握することを目的としており，店頭だけに限る必要性はまったくない。したがって本肢に記載された内容は誤りである。

以上から，正解は⑤である。

問28

次の表は，厚生労働省が実施した「中高年者縦断調査」の調査結果のうち，全国の中高年者世代の50歳から59歳（2005年10月末現在）の男女について，第1回（2005年）調査と第13回（2017年）調査のいずれにも回答した調査対象者の就業状況についてのクロス集計結果である。この表から読み取ることのできる就業状況の変化に関する記述として，適切でないものを，下の①〜⑤のうちから一つ選びなさい。 **28**

第1回調査の就業状況別にみた第13回調査の就業状況

(単位: 人)

第1回調査の就業状況 ＼ 第13回調査の就業状況	総数	仕事をしている	自営業主,家族従業者	会社・団体等の役員	正規の職員・従業員	パート・アルバイト	労働者派遣事業所の派遣社員,契約社員,嘱託	家庭での内職など,その他	仕事をしていない
総数	18,819	9,503	2,589	651	1,021	3,280	1,449	501	9,286
仕事をしている	15,307	9,038	2,501	631	998	3,028	1,422	447	6,256
自営業主,家族従業者	2,935	2,318	1,871	105	46	173	45	74	617
会社・団体等の役員	880	631	110	329	55	62	50	25	249
正規の職員・従業員	7,199	3,947	380	185	816	1,324	1,072	165	3,244
パート・アルバイト	3,129	1,523	75	7	41	1,229	92	78	1,602
労働者派遣事業所の派遣社員,契約社員,嘱託	707	397	35	2	29	165	144	22	309
家庭での内職など,その他	424	203	29	2	9	65	18	79	221
仕事をしていない	3,502	464	88	20	23	252	27	53	3,022

注：総数には各項目の不詳を含む。

資料：厚生労働省「中高年者縦断調査」

① 第1回調査で正規の職員・従業員であった者のうち，第13回調査でも正規の職員・従業員であった割合は11.3％である。

② 第1回調査で仕事をしていた者のうち，第13回調査では仕事をしていない者の割合は40.9％である。

③ 第13回調査でパート・アルバイトであった者のうち，第1回調査で正規の職員・従業員であった者の割合は40.4％である。

④ 第1回調査と第13回調査ともに自営業主，家族従業者であった者の割合は，総数の20.7％である。

⑤ 第1回調査と第13回調査ともに仕事をしていた者のうち，仕事の形態が変化しなかった者の割合は49.4％である。

①：適切である。第1回調査で正規の職員・従業員であった者7,199人のうち，第13回でも正規の職員・従業員であった者は816人で，その割合は11.3％である。

②：適切である。第1回調査で仕事をしていた者15,307人のうち，第13回調査では仕事をしていない者は6,256人となっており，割合にして40.9％である。

③：適切である。第13回調査でパート・アルバイトであった者3,280人のうち，第1回調査で正規の職員・従業員であった者は1,324人であり，その割合は40.4％である。

④：適切でない。第1回調査と第13回調査ともに自営業主・家族従業者であった者は1,871人である。その割合は調査対象者18,819人の9.9％となる。

⑤：適切である。第1回調査と第13回調査ともに仕事をしていた者9,038人のうち，仕事の形態が変化しなかった者は，$1871 + 329 + 816 + 1229 + 144 + 79 = 4468$〔人〕である。その割合は49.4％となる。

以上から，正解は④である。

問29

次の表は，厚生労働省の「平成30年賃金構造基本統計調査」による，一般労働者の男女別賃金（6月分の所定内給与額）に関する特性値と労働者数を表している。この表から読み取れることについて，適切でないものを，下の①〜⑤のうちから一つ選びなさい。　29

一般労働者の男女別賃金と労働者数

		男	女
平均値	（千円）	337.6	247.5
第1四分位数	（千円）	229.8	183.8
中央値	（千円）	295.7	226.1
第3四分位数	（千円）	399.4	282.6
労働者数	（千人）	13,828	7,397

資料：厚生労働省「平成30年賃金構造基本統計調査」

① 男の半数以上は，賃金が33.76万円以上である。

② 女の半数以上は，男の第1四分位数の賃金よりも小さい。

③ 賃金の四分位範囲は，男のほうが女よりも大きい。

④ 男女の計では，賃金の中央値は29.57万円以下である。

⑤ 男女の計では，賃金の平均値は29.57万円以上である。

29 ··· **正解** ①

①：適切でない。男の半数は賃金29.57万円以下であり，33.76万円以上では半数にならない。

②：適切である。女の半数は賃金22.61万円以下であり，男の第1四分位数の賃金22.98万円よりも小さい。

③：適切である。男の賃金の四分位範囲は39.94－22.98＝16.96万円，女の賃金の四分位範囲は28.26－18.38＝9.88万円となる。

④：適切である。男の賃金の中央値は29.57万円，女の賃金の中央値は22.61万円であり，男女合計の中央値は29.57万円以下になる。

⑤：適切である。

男の賃金総額は33.76×13828≒466833万円

女の賃金総額は24.75×7397≒183076万円

なので，男女合計の平均値は

$(466833＋183076)÷(13828＋7397)≒30.62$万円

となる。

以上より，正解は①である。

問30

　ある大学の経済学専攻の学生22名に対して試験を行ったところ，その結果は，平均点が62点，標準偏差が6.4点となった。なお，標準偏差は，分母を22とする計算式により求めたものである。翌日，他の専攻の2名の学生が含まれていることがわかり，2名の学生の成績はそれぞれ70点と74点であった。この試験の成績について，次の〔1〕，〔2〕の問に答えなさい。

〔1〕　他の専攻の2名を除いた20名の学生全体の平均点として，最も近い値を，次の①〜⑤のうちから一つ選びなさい。　**30**

①　60点　　②　61点　　③　62点　　④　63点　　⑤　64点

〔2〕　他の専攻の2名を除いた20名の得点の標準偏差として，最も近い値を，次の①〜⑤のうちから一つ選びなさい。なお，標準偏差は，分母を20とする計算式によるものとする。　**31**

①　5.0点　　②　5.2点　　③　5.4点　　④　5.6点　　⑤　5.8点

〔1〕　**30** ·· **正解** ②
　22名の総得点数は$62 \times 22 = 1364$〔点〕，2名を除いた20名の総得点数は$1364 - (70 + 74) = 1220$〔点〕なので，その20名の平均点は$1220 \div 20 = 61$〔点〕となる。
　よって，正解は②である。

〔2〕　**31** ·· **正解** ⑤
　n個ある変数xの分散を求める式$\sigma^2 = (1/n) \sum x^2 - \bar{x}^2$（$\bar{x}$は平均値）を変形することにより，$x$の2乗和は，$\sum x^2 = n(\sigma^2 + \bar{x}^2)$の式で求められる。したがって，22名の得点の2乗和は，
　　$22 \times (6.4^2 + 62^2) = 85469.12$
である。20名の得点の2乗和は，
　　$85469.12 - (70^2 + 74^2) = 75093.12$
であり，分散は，$75093.12 \div 20 - 61^2 = 33.656$，標準偏差は5.8点となる。
　よって，正解は⑤である。

問31

　次の図は，1996年から2018年までの年別の完全失業率と有効求人倍率の散布図である。この図から読み取れることについて，適切でないものを，下の①〜⑤のうちから一つ選びなさい。　32

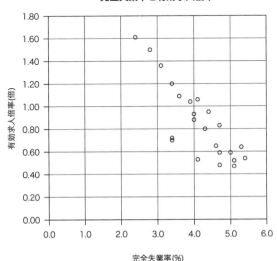

完全失業率と有効求人倍率

注：完全失業率と有効求人倍率は年平均である。

資料：総務省「労働力調査」，厚生労働省「職業安定業務統計」

① 完全失業率が低い年は，有効求人倍率が高いことが多い。

② 完全失業率と有効求人倍率の相関係数の値は負になる。

③ 完全失業率と有効求人倍率の相関係数の絶対値は0.8程度となり，強い相関があるとみなせる。

④ 横軸を有効求人倍率，縦軸を完全失業率にすると，散布図は右上がりになる。

⑤ 縦軸を有効求人倍率の逆数にすると，散布図は右上がりになる。

── **正解** ④

32

①：適切である。完全失業率が低い年は有効求人倍率が高くなっている（散布図は右下がり）。

②：適切である。完全失業率と有効求人倍率の関係は，負の相関がみられる。

③：適切である。相関係数を計測すると−0.83であり，強い負の相関がある。

④：適切でない。横軸，縦軸を交換しても，負の相関であることに変わりなく，散布図は右下がりになる。

⑤：適切である。有効求人倍率の逆数をとると，正の相関関係になり，散布図は右上がりになる。

以上より，正解は④である。

問32

10万人以上の母集団から単純無作為抽出によって調査対象者を選び，回収率100％という条件で，母集団における比率を推定する。標本の大きさは$n=2,500$と決定したときに，95％の信頼度で母比率を推定する際の誤差幅（点推定値の上下に幅を設けて推定する際の幅）として，最大どの程度の値を見込んでおけば良いか。最も近い値を，次の①〜⑤のうちから一つ選びなさい。　**33**

① 0.5％　　② 1.0％　　③ 1.5％　　④ 2.0％　　⑤ 2.5％

33 ⋯⋯⋯⋯⋯⋯⋯⋯⋯⋯⋯⋯⋯⋯⋯⋯⋯⋯⋯⋯⋯⋯⋯⋯⋯⋯⋯ **正解** ④

十分にサイズが大きい母集団から単純無作為抽出したサイズがnの標本の調査で母比率Pを推定する際の標準誤差は$\sqrt{\dfrac{P(1-P)}{n}}$であり，これはPが50％のときに最大となるので，Pが不明のときは$P=50$％を用いて推定する。信頼度95％の推定誤差幅は$1.96 \times \sqrt{\dfrac{0.5 \times (1-0.5)}{2500}}$であり，これを計算すると0.02となる。

よって，正解は④である。

問33

A市において市役所の移転に関する賛否の状況を調べるために，市全体を北部地域と南部地域の2層に分け，18歳以上の市民を層化無作為抽出した。抽出した調査対象者は北部地域が800人，南部地域が1,000人である。この調査対象者に対し訪問面接によって意識調査を行った結果，すべての調査対象者から協力が得られ，賛成者の割合は北部地域が40％，南部地域が60％であった。

18歳以上の人口が北部地域は10万人，南部地域は5万人であるとき，次の〔1〕，〔2〕の問に答えなさい。

〔1〕 A市の18歳以上の市民全体における賛成者の割合の推定値として，最も近い値

を，次の①～⑤のうちから一つ選びなさい。 **34**

① 38.9%　　② 46.7%　　③ 50.0%　　④ 51.1%　　⑤ 61.3%

〔2〕〔1〕の結果における標準誤差として，最も近い値を，次の①～⑤のうちから一つ選びなさい。 **35**

① 1.2%　　② 1.3%　　③ 1.4%　　④ 1.6%　　⑤ 1.7%

〔1〕　**34** ･･ **正解▶②**

18歳以上の市民全体の推定値は，各地域における推定値の各地域18歳以上人口による加重平均として求められる。北部地域の人口が10万人，推定値が40%，南部地域の人口が5万人，推定値が60%である。これにより加重平均を求めると，

$$\frac{100000 \times 0.4 + 50000 \times 0.6}{100000 + 50000} = 0.466666\cdots$$

となる。

よって，正解は②である。

〔2〕　**35** ･･ **正解▶②**

層化抽出の標準誤差は，

$$\sqrt{\frac{SE_1^{\,2} \cdot N_1^{\,2} + SE_2^{\,2} \cdot N_2^{\,2}}{(N_1 + N_2)^2}}$$

N_1：北部地域の母集団の大きさ　　SE_1：北部地域の推定値の標準誤差

N_2：南部地域の母集団の大きさ　　SE_2：南部地域の推定値の標準誤差

で求めることができる。

また，$SE = \sqrt{\dfrac{P(1-P)}{n}}$（$P$：母平均　　n：標本の大きさ）より，式に値を代入すると

$$\sqrt{\frac{0.4(1-0.4)/800 \times 100000^2 + 0.6(1-0.6)/1000 \times 50000^2}{(100000 + 50000)^2}} = 0.012649\cdots$$

となるので，正解は②の1.3%である。

S. S. Stevensによる尺度の分類では，名義尺度，順序尺度（順位尺度），間隔尺度（距離尺度），比例尺度（比率尺度，比尺度）がある。これらの4種類の尺度に関する記述について，適切でないものを，次の①～⑤のうちから一つ選びなさい。　**36**

① 政治的傾向を尋ねる質問の回答選択肢として，例えば「1. 保守的，2. どちらかといえば保守的，3. どちらかといえば革新的，4. 革新的」は順序尺度として意図されることが多い。

② 順序尺度や名義尺度の数値の間では，通常，加減乗除の四則算法は許されない。

③ 尺度の原点が絶対的な0（ゼロ）に対応するのは，比例尺度だけである。

④ 順序尺度は大小関係を有意味に示すことができない。

⑤ 名義尺度や順序尺度で計測したデータは，カテゴリカル・データとして分析する。

---

36 ･･ **正解▶** ④

①：適切である。競争の「1位，2位，3位」などのように，その順序が意味をもっているものを順序尺度と呼ぶ。順序尺度に統計学的に許容される変換は，狭義の単調変換である。政治的傾向である「保守か革新か」という序列を示すものも順序尺度とみなされることが多い。ただし，データ収集の際には順序尺度をなすと想定される場合でも，他の変数とともに数量化Ⅲ類などの多次元データ解析を適用した場合，順序が維持されないこともあるので留意する（『ソーシャル・キャピタルの世界』稲葉・吉野，2016，ミネルヴァ書房，7章3節及び4節（7）参照）。

②：適切である。名義尺度は，個体などを識別する符号としての数字が割り当てられるもので，統計学的には1対1の変換が許容されるのみで，その加減乗除は統計学的には意味をもたない。順序尺度のデータも，統計学上，必ずしも順序の間隔が等しいとみなされないため，加減乗除が意味をもつとは限らない。通常，名義尺度と順序尺度は質的データと称される。ちなみに，間隔尺度の場合，一次変換（$F(x) = ax + b$, $a > 0$）が許容され，その変換の下で加減乗除が統計学的に意味をもち，算術平均の比較などが意味をもつ。

③：適切である。比例尺度では，正の比例定数倍（$f(x) = ax$, $a > 0$）のみが統計的に許容される変換で，その変換の下で零点が固定されている。例えば，重さをグラム，キログラム，ポンドなどの単位で，身長をセンチ，メートル，インチなどの単位で測る場合，単位間は正の比例定数倍で変換できるが，いずれの単位系でも零点は一致する。名義尺度，順序尺度，間隔尺度にそれぞれ許容される1対1変換，狭義の単調変換，一次変換では，一般に零点は固定されない。

④：適切でない。順序尺度の加減乗除は有意味ではないが，単調増加（減少）関数での変換が許され，その変換の下で大小関係は維持されるので，有意味である。

⑤：適切である。名義尺度や順序尺度で計測されたデータはカテゴリカル・データ（質的データ，定性的データ）と称されることが多く，その尺度水準に適した解析がよい。

以上から，正解は④である。

（注）「定性的データ（カテゴリカル・データ）」「定量的データ」などの区別は必ずしも数学的には明白ではなく，便宜的な場合が少なくないので，「尺度水準」の厳密な分類のほうがよいとされる（『調査と測定』池田央，新曜社，1980）。また，数学的な拘束条件（許容される変換）は，名義尺度，順序尺度，間隔尺度，比例尺度の順で強くなるので，比例尺度は間隔尺度でもあり，間隔尺度は順序尺度でもあり，順序尺度は名義尺度でもある。データ解析の際には，より確実な結果を得るために，想定された尺度水準よりも，あえて緩い条件の下での手法を適用することがある。

問35

社会調査によって得られたデータの一部の変数に多変量解析を適用することを考える。一般的にデータの尺度水準によって適用できる多変量解析の方法も異なる。間隔尺度と比例尺度で測定された変数をまとめて量的変数，順序尺度と名義尺度で測定された変数を質的変数と捉えたとき，以下の記述について，適切でないものを，次の①〜⑤のうちから一つ選びなさい。　37

① 重回帰分析を，量的な多数の説明変数（独立変数）に対して，1つの量的な基準変数（従属変数）の場合に適用する。

② 林の数量化Ⅲ類は，通常，多数の質的な説明変数（独立変数）に対して，1つの量的な基準変数（従属変数）の場合に適用される。

③ （線型）判別分析を，多数の量的な説明変数（独立変数）と2値の質的な基準変数（従属変数）の場合に適用する。

④ 主成分分析と因子分析は，通常，外的基準がなく，多数の量的な変数の場合に適用される。

⑤ 重回帰分析を，多数の質的な説明変数（独立変数）と1つの量的な基準変数（従属変数）の場合，説明変数をダミー変数化して適用する。

37　……………………………………………………………………………… 正解 ②

①：適切である。

②：適切でない。林の数量化Ⅲ類は，通常，質的な多数の変数のデータ構造を把握

するために適用される。

③：適切である。

④：適切である。

⑤：適切である。重回帰分析は，通常，①のように量的変数に適用されるが，質的変数の場合は適切なダミー変数に変換し，量的変数として扱い，適用することが可能である。

以上から，正解は②である。

参考文献：

・『多変量解析法　新版』高根芳雄・柳井晴夫著（1985），朝倉書店
・『数量化』林知己夫著（1993），朝倉書店
・『国際比較データの解析』吉野・林文・山岡著（2010），朝倉書店，第5章など
・『心を測る』吉野諒三著（2001），朝倉書店
・『調査の実際』林文・山岡和枝著（2002），朝倉書店，第4章

問36

社会調査等で収集されたデータや情報を公開したり，第三者に提供したりする場合について，開示する情報の特性との関係で，適切でないものを，次の①〜⑤のうちから一つ選びなさい。 **38**

① 個人情報保護法では，本人の同意を得れば収集した個人情報（法文上は「個人データ」）を第三者に提供できるが，提供するためには情報収集の際にそれを利用目的として明示しておくことが必要である。

② 匿名加工情報は個人の特定はできないように加工してあるが，他の情報と掛け合わせることにより特定個人を識別し個人情報の復元も可能であり，個人情報とみなされる。

③ 特定の個人を識別できない形での匿名アンケートについては，個人情報とはみなされないので個人情報保護法は適用されないが，公開利用にあたってはプライバシーへの配慮が必要である。

④ 情報収集時に，個人情報に関して対象者の同意が得られていても，対象者はいつでもそれを撤回する権利があり，求められた場合は情報収集・保持の主体は速やかにそれに応じなければならない。また，情報開示の範囲や目的の変更などは，その都度，本人の同意を得なければならない。

⑤ 個人情報を集計した統計情報や数値については，一般公開することは可能であり，また第三者に開示する際にも特段の問題はない。

38 .... **正解** ②

①：適切である。一般向けの「個人情報保護法」とは別に，「独立行政法人個人情報保護法」では，原則的にあらかじめ本人に対して利用目的を明示しなければならず（4条柱書），また「独立行政法人等は，法令に基づく場合を除き，利用目的以外の目的のために保有個人情報を自ら利用し，又は提供してはならない。」としている（同9条1項）。ただし，その場合でも，対象者本人の同意があれば第三者提供できる。さらに「専ら統計の作成又は学術研究の目的のために保有個人情報を提供するとき」は，対象者の同意がなくとも利用目的以外にも自ら利用したり，提供したりすることができるとされている（同9条2項4号）。しかし，現実には本人同意がなく第三者提供することは対象者の不信感を招く危惧があり，今後の情報提供が受けられなかったり，社会調査全般の信用が著しく低下したりするリスクがあるので，やはり本人同意を得ておくべきである。

②：適切でない。それ自体は個人情報とはみなされない。対象者の同意を得ている場合，情報を加工し，特定の個人を識別できないようにした匿名加工情報（独立行政法人個人情報保護法では「非識別加工情報」）を，第三者に開示することは特段の問題はない。ただし，「個人情報保護法」では，本人識別するために匿名加工情報を他の情報と照合してはならないとしている。「独立行政法人個人情報保護法」には，その照合禁止は明確には規定はないが，その趣旨から考えて，非識別加工情報を第三者へ開示する場合にそのような照合禁止を契約し，指導，監督しなければならない。なお，個人情報匿名加工方法には個人情報保護委員会の厳しい基準遵守の必要があり，公開に当たっては匿名加工した旨を明記すべきである。他方で，匿名となっていても，住所，生年月日などの識別情報で特定の個人が識別できる場合，他の情報を持っておりそれらと容易に照合できる場合は，個人情報保護法が適用される。

③：適切である。

④：適切である。EUの一般データ保護規則（GDPR）が2018年5月に制定されて以来，その主旨に沿って各国の個人情報保護法や関連規定が適用されるようになってきている。GDPRでは，個人情報は本人が統制する権利を持つことを強調している。

⑤：適切である。

以上から，正解は②である。

社会調査における個人情報の収集や活用について，大学等を含む独立行政法人や大学共同利用機関法人に対しては「独立行政法人等の保有する個人情報の保護に関する法律」，私立大学や私学研究組織や研究者個人には「個人情報の保護に関する法律」が適用されている。また，EUで「一般データ保護規則（General Data Protection Regulation, GDPR）」が2018年5月に適用開始され，これに世界各国がならう潮流となっている。これらに関して，適切でないものを，次の①～⑤のうちから一つ選びなさい。 **39**

① GDPRはEUから第三国への個人データ移転を禁じているが，移転先の国に「十分性」が認められた場合や，適切な保護措置をとった場合など，例外的に移転が認められる。

② WEB上で公開されている個人情報については，「独立行政法人等の保有する個人情報の保護に関する法律」，「個人情報の保護に関する法律」は適用されず，自由に収集し，自由に活用できる。

③ 個人情報を収集した者がその情報を第三者に利用させる場合，第三者へ提供するという利用目的を特定し，収集の際に明示または通知などをし，対象者の同意を得ることが必要である。「独立行政法人等の保有する個人情報の保護に関する法律」では，専ら統計の作成または学術研究の目的であれば，第三者提供は可能である。

④ 「独立行政法人等の保有する個人情報の保護に関する法律」では，民間事業者に非識別加工情報（匿名加工情報）を利用させる場合，利用提案を募集し，審査などを経て利用を認めている。

⑤ 社会調査では情報収集・取り扱いを民間事業者に委託することも多いが，この際も委託元において委託先の管理や監督の責任を負っている。

---

39 ･･ **正解** ②

①：適切である。日本も2019年1月に「十分性」が認められている。

②：適切でない。公開情報については要配慮個人情報でも自由に取得してよいとされる（個人情報保護法17条5項）が，その利用については，利用目的の明示，利用目的に沿った利用，第三者提供の可否，本人同意など，「独立行政法人等の保有する個人情報の保護に関する法律」，「個人情報の保護に関する法律」で制約されている。

③：適切である。ただし，統計の作成または保有個人情報を学術研究の目的であっても，対象者の不信感を招く恐れがあるので，収集の際に第三者提供も利用目的に明示しておいたほうが望ましい。

④：適切である。したがって，個人情報はもちろん，非識別加工情報についても，一民間事業者の私益に利用させることは控えるべきである。

⑤：適切である。「個人情報の保護に関する法律」では，「個人情報取扱業者は，個人データの取り扱いの全部または一部を委託する場合は，その扱いを委託された個人データの安全管理が図られるよう，委託を受けた者に対する必要かつ適切な監督を行わなければならない。」と規定されている。

　以上から，正解は②である。

専門統計調査士　2019 年 11 月　正解一覧

問		解答番号	正解
問1		1	①
問2		2	③
問3		3	③
問4		4	①
問5		5	④
問6		6	③
問7		7	②
問8		8	①
問9		9	④
問10		10	③
問11		11	③
問12		12	②
問13		13	④
問14		14	③
問15		15	①
問16		16	④
問17		17	④
問18		18	④
問19		19	④
問20		20	①

問		解答番号	正解
問21		21	④
問22		22	④
問23		23	⑤
問24		24	①
問25		25	①
問26		26	⑤
問27		27	⑤
問28		28	④
問29		29	①
問30	[1]	30	②
	[2]	31	⑤
問31		32	④
問32		33	④
問33	[1]	34	②
	[2]	35	②
問34		36	④
問35		37	②
問36		38	②
問37		39	②

PART 6

専門統計調査士
2018年11月
問題／解説

2018年11月に実施された
専門統計調査士の試験で実際に出題された問題文を掲載します。
問題の趣旨やその考え方を理解できるように、
正解番号だけでなく解説を加えました。

　日本に住む18歳以上の男女を対象として，防災意識に関する調査を行うことになった。調査概要として，次のような一次案が示され，その内容を検討することになった。この調査を企画・実施する上で，精度の確保・向上のための方法の提案として，適切でないものを，下の①～⑤のうちから一つ選びなさい。 $\boxed{1}$

調査概要（一次案）
母集団　　　日本に住む18歳以上の男女（平成30年9月1日現在）
調査地点数　100地点（地域）（国勢調査の調査区を調査地点として抽出する。）
標本サイズ　3,600人
有効回収率　60％以上を目標
抽出方法　　二段無作為抽出法
調査方法　　調査票を用いた調査員による訪問面接聴取法
抽出台帳　　住民基本台帳
調査期間　　平成30年10月1日から2週間
集計期間　　調査期間終了後2週間
報告書提出　平成30年11月30日

---

① 住民基本台帳からの調査対象者の抽出は，可能な限り9月1日以降に行う。

② 調査員の数や管理体制に余力がある場合には，調査地点数（調査地域数）を100地点から120地点に増やし，1地点当たりの調査対象者数を36人から30人に減らす。

③ 抽出方法を二段無作為抽出法ではなく，調査地点（地域）を市区町村の人口規模により層化した層化二段無作為抽出法に変更する。

④ 調査員の訪問時に調査対象者が留守だった場合には，在宅の家族がいれば，その人に質問して回答を得る。

⑤ データの入力は，異なる2人が別々に行った上，2つのデータを照合し，差異があった質問については調査票に戻って確認する。

1 ··· **正解** ④

①：適切である。正確な調査を行うためには，調査の基準となる期日（平成30年9月1日）に可能な限り近い期日の住民基本台帳を使用することが必要である。住民基本台帳の情報の更新に時間がかかる場合もあるので，転出や転入，死亡等に起因する母集団情報の乖離を最小限とするために，調査対象者の抽出は9月1日以降に行うことが望ましい。

②：適切である。ここでは，説明を簡略化するために，調査地点の対象人口はすべて同一と仮定する。また，各調査地点から抽出される調査対象者はすべて同数とする。この場合，標準誤差（$\hat{\sigma}_{SE}$）は，次の式により近似的に求められる。

$$\hat{\sigma}_{SE} = \sqrt{\frac{\sigma_b^2}{m} + \frac{\sigma_w^2}{n}}$$

σ_b^2：母集団における地点間分散

σ_w^2：母集団における地点内分散

m：調査地点数　　n：標本サイズ

標本サイズ（n）は3,600人なので，第2項（σ_w^2/n）は一定である。他方，第1項（σ_b^2/m）は，調査地点数（m）を増やすほど小さくなる。したがって，1地点当たりの調査対象者数を減らし，調査地点数を増やすことによって，標本誤差を縮小させることができる。調査地点間における調査対象者の属性のばらつきが大きい場合には，抽出する調査地点の数を，調査の実務上可能な範囲で増やすことは，特に効果的である。

③：適切である。層別抽出は，調査地点が特定の特性や地域に偏らないよう，似た特性や地域同士で層を作り，各層から層の大きさなどに比例した調査地点を抽出する方法である。このような層化により，母集団をよりよく代表する標本を設計することができるので，標本誤差を小さくすることができる。

④：適切でない。抽出された調査対象者に調査をせずに代わりの人を調査すると，調査対象者自身の意識が正確に把握できず，調査結果が偏るおそれがある。特に，調査時に在宅している家族に代理回答を求めると，調査結果に在宅している者の意識がより強く反映されやすくなるので，安易に在宅者に代理回答を求めてはならない。

⑤：適切である。データ作成時に人が介在する場合，入力ミス，判断ミスなどが発生しやすい。異なる2人が同じデータを入力することで，データ入力時のデータ処理による誤りを減らすことができる。

以上から，正解は④である。

　訪問面接法により意識調査を行う場合を考える。調査員が回収した調査票に対して行う検査，データ整理，集計などの処理に関する記述として，適切でないものを，次の①～⑤のうちから一つ選びなさい。　2

① 単一回答の質問に対して2つの選択肢に回答がある場合には，選ばれた2つの回答それぞれを0.5人分の回答として取り扱うよう処理する。

② 調査対象者の意識を問う2つの独立した質問について，互いに趣旨の矛盾するような回答が選択されていても，回答は訂正せず，そのまま有効とする。

③ 自由回答の内容をコーディングする場合に，予め用意したコード表に当てはまらない回答があるときには，新たなコードを追加するなどコード表を改訂し，それ以降は改訂したコード表によりコーディングを行う。

④ 調査票の回答に記入されている性別，年齢については，調査対象者名簿に記載されている性別，生年月日と照合して確認する。

⑤ 一部の質問について回答に記入漏れがある場合には，原則として調査対象者に再度質問するが，調査員のメモなどにより，回答が拒否されたことがわかるときは，その質問については「無回答」とする。

2 ┈┈┈┈┈┈┈┈┈┈┈┈┈┈┈┈┈┈┈┈┈┈┈┈┈┈┈┈┈┈┈┈┈ **正解** ①

①：適切でない。単一回答の質問に対しては，回答は一つとしなければならない。調査対象者に確認が取れない場合は，この質問に対する回答は「不明」として処理することになる。

②：適切である。意識を問う質問に対する回答は，時として一見矛盾した回答が得られることがあるが，その場合であっても，回答は調査対象者の意識をなんらかの形で反映しているとみなし，その回答を受容すべきである。

③：適切である。通常，すべての回答内容を予見して網羅したコード表を予め作成することは極めて困難であるので，コーディングをしているときに新たな回答内容が見つかった場合には，コード表を改訂して作業を進める。

④：適切である。調査対象者以外の人に調査をしている可能性もあるので，調査票の点検時には，調査対象者名簿に記載された性別，生年月日と照合して確認する必要がある。

⑤：適切である。質問によっては，調査対象者が回答を拒否するケースがある。このとき，調査員は記入漏れではないことを示すために「回答拒否」などのメモを残すが，そのような場合には，その質問については「無回答」として処理する。

　以上から，正解は①である。

問3

　民間の調査機関が，国の機関から郵送調査による統計調査の業務を受託する場合を考える。この統計調査は，企業を対象とするものであり，委託される業務内容は，調査関係用品の印刷・配付，調査票の回収・受付，督促，照会対応，個票審査，データ入力，調査結果集計・分析，調査結果報告書の作成である。また，その成果物は，集計用個票データ，集計表，調査結果報告書とされている。この業務の受託者の対応として，適切でないものを，次の①～⑤のうちから一つ選びなさい。　3

① 受託内容に従い，各工程の作業フローと作業体制およびスケジュールを明確にし，発注者に報告する。

② 調査票情報等の管理については，責任者を明確に定めた情報セキュリティ体制を整備し，管理マニュアルに従って対応する。

③ 業務の一部を他の業者に再委託する場合には，再委託先がその業務に関わる責任を負うことについて発注者の了解を得る。

④ 仕様書で示されている成果物のデータ仕様については，受託後できるだけ早い段階で詳細を発注者に確認する。

⑤ 調査の実施状況について管理および報告するため，調査票の収集結果を，回収日や地域などごとに記録する。

3　‥‥‥‥‥‥‥‥‥‥‥‥‥‥‥‥‥‥‥‥‥‥‥‥‥‥‥‥‥‥‥‥‥‥ 正解 ③

①：適切である。受託者は，まず必要な工程を洗い出し，各工程の作業フローと作業体制およびスケジュールを明確にし，発注者の了解を得た上で業務を進める必要がある。

②：適切である。統計法第41条には，国の行政機関，地方公共団体等は，業務に関して知り得た個人又は法人その他の団体の秘密を漏らしてはならないと定められている。さらに，その業務を受託した者に対しても，同様の守秘義務が課せられている。したがって，受託者は，そのための措置を講ずる必要がある。

③：適切でない。再委託先の行為について一切の責任は受託者が負う。

④：適切である。仕様書ではデータ仕様が指定されていない場合や，書面やファイルで示されていても詳細条件が不十分な場合もある。発注者の要求仕様と異ならないように，受託後すぐに詳細条件を確認しておくことが望ましい。

⑤：適切である。受託者は実施過程を記録し，発注者に報告する責務がある。また，このような記録は，統計調査の実施過程の質を評価するためにも必要である。

以上から，正解は③である。

　訪問面接調査において，調査管理者は，結果の品質を保持するためにインスペクション（実査が適切にされたかの監査・検証）を行わなければならない。インスペクションのあり方に関する主な指針としては，日本マーケティング・リサーチ協会が定める「調査マネジメント・ガイドライン」がある。このガイドラインに照らして，インスペクションを実施する方法として，適切でないものを，次の①～⑤のうちから一つ選びなさい。　**4**

① 　インスペクションは，調査員全員ではなく，一定の比率で抽出した調査員を対象として行う。

② 　回収された調査票のうち，最低でも10％について，その回答を行った調査対象者に対して，調査員訪問の有無などの確認を行う。

③ 　インスペクションは，実地調査終了後の早い段階で実施し，集計を行う前に完了させる。

④ 　インスペクションの結果，回答した内容が本来の調査対象者のものではなかったことが判明した場合，当該調査票は集計から除外する。

⑤ 　インスペクションの際に調査対象者に確認する手段は，面接，電話，郵便，電子メールのいずれの方法でもよい。

---

4 ·································· **正解** ①

①：適切でない。原則としてすべての調査員を対象とすべきである。

②：適切である。日本マーケティング・リサーチ協会のガイドラインでは，面接調査法のインスペクションを行う場合，最低でも回収数の10％は検証するよう定めている。

③：適切である。インスペクションは，調査員のミスや不正などによる不適切な回答を発見し，集計されるデータへの混入を排除するために行う監査であり，集計段階以前に完了させなければならない。

④：適切である。回答した内容が本来の調査対象者のものではない場合は，不正票に該当するので，集計に含めてはならない。

⑤：適切である。インスペクションは，面接調査が行われたか，調査員への指示事項が守られたかなどに関する検証ができるように実施する必要があるが，その方法としては，調査対象者に直接コミュニケーションが取ることができるならば，面接，電話，郵便，電子メールのいずれの方法を使用してもよい。

　以上から，正解は①である。

問5

国の行政機関が統計法に基づき実施する統計調査に関する記述として，適切でないものを，次の①～⑤のうちから一つ選びなさい。 5

① 統計法にいう統計調査には，世論調査のように主として意見・意識に関する事項を調査するものは含まれない。

② 調査票に含まれる情報は，本来の統計作成の目的に利用されるほか，一定の公益性を有する場合には，統計の研究や教育など二次的な利用ができる。

③ 統計調査は「基幹統計調査」と「一般統計調査」に大別され，前者では，調査対象者には回答の義務がある。

④ 調査票に含まれる個人情報の取扱いについては，「行政機関の保有する個人情報の保護に関する法律」が適用される。

⑤ 統計法に基づく統計調査の結果は，速やかにインターネットやその他の適切な方法により公表されなければならない。

5 .... 正解 ④

①：適切である。統計法上，「統計調査」は，「統計の作成を目的として個人又は法人その他の団体に対し事実の報告を求めることにより行う調査」とされている。したがって，意見や意識など，事実に該当しない項目を主たる調査事項とする世論調査などは，統計法上の「統計調査」には含まれない。

②：適切である。統計法第40条においては，行政機関等が統計調査を行った場合，その調査票情報は，その統計調査の目的以外に利用又は提供してはならないと定められている。しかし，統計法第33条，第34条においては，一定の公益性を有すると認められる場合や学術研究の発展に資すると認められる場合などには，所定の手続きの下，調査票情報の二次的利用ができることが定められている。

③：適切である。統計法においては，行政機関等の行う統計調査のうち，公的統計の根幹をなす重要性の高い統計に関する調査は「基幹統計調査」とされ，その他の統計調査は「一般統計調査」とされている。「基幹統計調査」は，国勢調査を始め，51の統計調査がある。（総務省政策統括官（統計基準担当）「基幹統計調査総覧」（2016年6月現在））

④：適切でない。統計調査により集められた個人情報の取扱いについては，統計法第52条により，「行政機関の保有する個人情報の保護に関する法律」（行政機関個人情報保護法）を適用しないこととされている。統計法においては，公的統計における調査票情報の保護・管理の重要性にかんがみ，調査票情報の保護に関して，行政機関個人情報保護法と同等以上の厳格な秘密保護措置を講じることが規定されている。

⑤：適切である。公的統計において統計調査の結果を作成したときは，速やかにイ

2018年11月

ンターネットその他の適切な方法により公表しなければならない（統計法第8
条，第23条）。

以上から，正解は④である。

問6

最終的な調査を実施する前段階で，事前に試験的に実施する調査を，本調査に対
してプリテストと呼ぶ。プリテストに関する記述として，適切でないものを，次の
①〜⑤のうちから一つ選びなさい。 **6**

① プリテストは，面接調査の場合には質問を読み上げる形で，インターネット
調査の場合にはインターネット画面を見る形で行うべきである。

② プリテストの調査票には，最終的な調査で確実に尋ねる質問だけではなく，
プリテストの結果から最終的な採否を判断するような質問を含めてもよい。

③ 個人を対象とする調査におけるプリテストの対象者を選ぶ場合には，特定の
属性の人を対象に調査するのではなく，多様な属性の人々を対象に含めたほう
が効果的である。

④ 質問数が多い場合には，全員一律に全部の質問をするのではなく，質問をい
くつかのグループに分け，それぞれを別々の対象者に割り振って質問してもよ
い。

⑤ 過去の調査と同じ調査票を用いる場合は，プリテストの対象者の規模は小さ
くてもよい。

---

6 .... **正解 ④**

①：適切である。プリテストは，調査票の原案作成後に，質問文の作り方，質問の
順序，用語の定義，回答の選択肢の設定，質問量などについて，本調査におい
てどのような問題が生じるかを事前にチェックするために行われる。そのため，
プリテストは，できるだけ本調査の状況に合わせて実施することが望ましい。
面接調査については，質問文や選択肢を耳で聞いて正しく理解できることが重
要であるので，読み上げることが必要である。また，インターネット調査にお
いては，パソコンやスマートフォンの画面を通じて回答されるので，調査票を
紙面にプリントするだけではなく，実際に表示される画面を見ることによって
テストを行うべきである。

②：適切である。最終的に質問として採用するかどうかが判断できないものについ
ては，プリテストの結果を見て判断することがある。その参考とするために，
プリテストにおいて，そのような質問を含めて聞いてもかまわない。

③：適切である。プリテストにおいては，多様な回答の出方を見ることによって質
問の当否を検討する必要がある。対象者を特定の属性の人に限ると十分多様な

回答が得られないことがあるので，なるべく多様な属性の人を対象にするほうが効果的である。

④：適切でない。プリテストは，一問一問について検討するだけではなく，設問の流れや調査全体における問題点の有無を検討する必要があるので，各対象者が調査票全体を通して回答することが必要である。

⑤：適切である。同じ調査票がそれ以前にテストされ，すでに同じ状況において実施されている場合には，プリテストの規模は限定的なものとしてよい。

以上から，正解は④である。

問7

調査機関が，民間企業からの委託により，一般消費者に対するマーケティング・リサーチのための調査を，訪問面接調査として行う場合の対応について，〔1〕，〔2〕に答えなさい。

〔1〕 面接調査を行う際の調査員の対応に関する記述として，適切でないものを，次の①〜⑤のうちから一つ選びなさい。 **7**

① 自由回答の質問について，調査対象者が多くの内容を回答した場合には，その内容の中から調査員が重要と思うものを要約して記入する。

② 自由回答の質問では，できるだけ回答を促して多くのコメントを引き出すよう努める。

③ 選択肢を一覧で示した回答カードから選んでもらう場合には，調査員はカードを提示し，原則として選択肢を読み上げない。

④ 調査対象者が質問の意味を理解できないときは，解説などせずに，もう一度ゆっくり読み上げる。

⑤ 調査対象者から「調査票を見せてほしい」と言われても，調査票は見せずに質問を読み上げて回答してもらう。

〔2〕 面接調査における業務の企画・管理に関する記述として，適切でないものを，次の①〜⑤のうちから一つ選びなさい。 **8**

① 調査員が写真付きの身分証明書を所持している場合であっても，調査機関が調査員証明書を発行する必要がある。

② 調査前にはがきで依頼状を郵送してある場合でも，訪問時に依頼状の文書を手渡しするほうがよい。

③ 担当する調査員が過去に同様の調査を経験している場合であっても，調査実施前の調査員説明会には参加させる必要がある。

④ 調査対象者のリストと回収した調査票は，紛失しないように，一つの封筒に

入れて持ち運ぶよう指導する。

⑤ 調査地点（地域）について土地勘のある調査員を担当させた場合であっても，調査本部は，調査地点（地域）について把握している情報を伝えるなど詳しく指示を出す必要がある。

〔1〕 **7** ‥‥‥‥‥‥‥‥‥‥‥‥‥‥‥‥‥‥‥‥‥‥‥‥‥‥‥‥‥‥‥ **正解** ▶ ①

①：適切でない。回答に調査員の解釈を入れてはならない。調査対象者からの回答はすべて，要約せず，できる限り言葉どおりに記録することが必要である。

②：適切である。自由回答の質問においては，調査対象者の回答が不十分な場合がある。調査員は，特に指示がない限りは，なるべく多くのコメントを得るために回答を促すよう努めることが大切である。

③：適切である。面接調査で回答の選択肢を書き並べたカードを調査対象者に提示しその中から答えてもらう場合，通常は調査員が回答選択肢を読み上げないで行う。ただし，視力の弱い人の場合など，必要があれば調査員が読み上げる場合もある。

④：適切である。質問に書かれていないことを勝手に説明し余計な情報を与えてしまうと，回答に偏りが生じてしまう場合がある。調査対象者が質問の意味を理解できないときは，調査員はもう一度ゆっくり質問を読み上げるようにする。

⑤：適切である。調査票を見ることによって，調査対象者の回答に影響が生じる場合があるため，調査票を見せることはしない。調査対象者に調査票をどうしても見せなくてはならない場合には，すべての質問が終了してからにする。

以上から，正解は①である。

〔2〕 **8** ‥‥‥‥‥‥‥‥‥‥‥‥‥‥‥‥‥‥‥‥‥‥‥‥‥‥‥‥‥‥‥ **正解** ▶ ④

①：適切である。調査員は，当該調査に従事する者であることを明らかにできるよう，調査実施機関が発行する調査員証明書を携行しなければならない。身分証明書には，調査実施機関の名前および連絡先，有効期間の記載が必要である。

②：適切である。調査対象者に対して調査協力依頼を行う際には，少なくとも，対象者の秘密保持に関する説明，調査目的，調査実施機関の連絡先について伝えるべきである。面接調査において事前に依頼状が郵送されている場合であっても，調査員の訪問時には，改めてそれを書面で渡し，調査の趣旨をよく理解してもらうことが必要である。

③：適切である。調査に関する説明を徹底するために，調査員説明会には全員が出席することが原則である。過去に同様の調査を経験しているからといって出席が免除されることはない。

④：適切でない。調査対象者のリストと回収した調査票を照合すると，回答内容が個人別に容易に識別できることとなる。万が一の盗難や紛失の事態に備え，個

人情報の保護の観点から，調査対象者リストと回収した調査票とは別々に保持するよう努める必要がある。

⑤：適切である。調査の実施においては，調査員が支障なく調査を行えるよう，調査員の知識・経験にかかわらず，調査地点に関する十分な情報を提供すべきである。

以上から，正解は④である。

問8

調査手法には，大別して量的調査と質的調査の二つがある。この調査手法に関する記述として，適切でないものを，次の①～⑤のうちから一つ選びなさい。 9

① 量的調査と質的調査のどちらも，調査対象の選定に当たって，できるだけ母集団を偏りなく代表する標本を確保するよう設計する必要がある。

② 量的調査では，質的調査と異なり，調査対象者全員に対して共通の調査票を用いる。

③ 量的調査を行う前には，質問の概念や質問事項を明確にするために質的調査を行うことがある。

④ 多くの人の意見を統計的に処理したい場合には量的調査を用いる。

⑤ 質的調査では，相手の反応を見て，調査目的の範囲内で臨機応変にその場で考えて質問してもよい。

9 .... 正解 ①

①：適切でない。量的調査においては，できるだけ母集団を偏りなく代表する標本が必要であるが，質的調査においては，特にグループインタビューのような場合，必ずしもその必要はなく，調査の目的によっては特定の属性の人だけを対象にしたり，母集団を特定せずに行ったりすることがある。

②：適切である。量的調査の場合は，調査対象者の意識や実態を調べるために全員に対して同じ条件の下で同じ事項について調査する必要があり，調査方法や調査内容が画一的に行われなくてはならない。そのため，共通の調査票を用いる。

③：適切である。量的調査の調査票を作成するため，事前に質問事項の適否や表現の仕方などについて専門家などの意見を聴取することがある。このような情報収集のための聴き取り調査は質的調査である。

④：適切である。世論調査のように，母集団となる人たちの意見や評価を調べるために，性別，年齢別，職業別などにより統計的な結果を得るためには，調査対象を無作為に抽出し，共通の調査票を用いた量的調査を行う。

⑤：適切である。デプスインタビューなどの質的調査においては，予め質問を用意

することはあるが，被調査者の回答内容によっては，予定にない質問をする必要が出てくる。そのような場合には，必ずしも予定した質問だけを行うのではなく，質問者には臨機応変に対処して回答を引き出すことが求められる。

以上から，正解は①である。

問9

個人を対象とする調査における標本の抽出についての説明として，適切でないものを，次の①～⑤のうちから一つ選びなさい。　10

① 単純無作為抽出法では，コンピュータで発生させた乱数などを用いて調査対象者を等しい確率で抽出する。

② 無作為抽出法では，同じ標本サイズで標本誤差をより小さくすることを目的として，層化抽出法が用いられる場合がある。

③ クォータ・サンプリング（割当法）を行うときは，標本の属性の偏りを避けるため，性，年齢，職業などの多くの属性別に細かく割り当てるほどよい。

④ 全国規模で調査員による面接調査を行う場合，一般的には，まず調査地点（地域）を抽出し，次にその調査地点（地域）において調査対象者を抽出する。

⑤ 無作為抽出により選ばれた標本により，十分に高い有効回収率が確保されれば，その標本に対する調査の結果から母集団推定を行うことができる。

---

10 ··· 正解 ③

①：適切である。単純無作為抽出法においては，標本サイズが大きい場合には，乱数表やサイコロなどによる方法では手間がかかるので，効率化のために，コンピュータにより発生させた乱数などを用いることが広く行われている。

②：適切である。層化抽出法は，標本誤差を小さくすることを目的として広く活用される方法である。これの方法では，母集団をいくつかの層に分け，各層の中はできるだけ等質に，異なる層の間ではできるだけ異質なものなるようにする。こうして設定された層ごとに標本を割り当てて無作為抽出を行うことにより，全体を通じた単純無作為抽出法よりも標本誤差を小さくすることができる。

③：適切でない。クォータ・サンプリングにおける標本の属性の割り当ては，調査の目的や調査対象によって決めるが，性，年齢，職業などの割り当てを過剰に細かくすると，該当する属性の出現率が低くなり，調査の実施が困難になることがある。調査の目的や効率を考慮して割り当てを行わなければならない。

④：適切である。全国規模の調査においては，一般に，全国の調査対象者の完全な単一のリストが入手できないことから，最初に調査地点（地域）を抽出し，その中から調査対象者を抽出する「二段抽出法」がしばしば用いられる。この方法によれば，調査員の担当する調査対象者が一定の地域に限定されるので，調

査期間内に無理なく調査が実施できることとなる。

⑤：適切である。適切に設計された無作為抽出法に基づく標本を用いて調査を行った場合，その結果に，抽出確率に応じた適切な復元倍率を乗じると，母集団の値を偏りなく推定することができる。ただし，この場合，有効回収率が低いと，標本の代表性が失われ，推定結果に偏りが生じることとなる。

以上から，正解は③である。

問10

あるテレビ視聴率調査では，全国の世帯から調査対象世帯を無作為抽出して，テレビの視聴状況を調査している。調査対象世帯では，その世帯にあるすべてのテレビに測定機を設置してテレビの視聴状況が調査されるとともに，4歳以上の世帯員全員について，個人別のテレビの視聴状況が調査される。調査の結果には，「世帯視聴率」と「個人別視聴率」がある。「世帯視聴率」は，全調査対象世帯のうち，1台以上のテレビをつけていた世帯の割合として算出される。また，「個人別視聴率」は，4歳以上の人のうち，テレビを視聴していた人の割合として算出される。このようなテレビ視聴率調査において，調査対象の抽出方法や集計方法などに関する説明として，適切でないものを，次の①〜⑤のうちから一つ選びなさい。 11

① 全調査対象世帯のうち，テレビをつけていた世帯の割合は，母集団の世帯視聴率の不偏推定量とみなすことができる。

② 調査対象世帯を系統抽出により選定する方法は，単純無作為抽出に比べて手続きが簡便ではあるが，結果の精度が若干低下する可能性がある。

③ 調査対象世帯を長期間にわたって固定すると，結果に偏りが生じるので，定期的に一定割合の調査世帯を新しい調査対象世帯に入れ替える必要がある。

④ 個人別視聴率の調査対象となる個人は，集落抽出法（クラスター抽出法）によって選定されているとみなすことができる。

⑤ 個人別視聴率を集計する際には，調査対象者の属する世帯の4歳以上の世帯員数から算出された推計用乗率を用いる必要がある。

11 .... 正解 ⑤

①：適切である。テレビ視聴率調査では，調査対象者からの回答が確実に得られるよう管理されており，ほぼ全数から回答が得られる。無作為抽出により抽出された標本から得られる調査結果（平均値）は母集団の不偏推定量である。

②：適切である。母集団が十分大きい場合，単純無作為抽出法では調査対象の数だけ抽出番号を乱数表などからひとつずつ決定する必要がある。それに比べ系統抽出法では，母集団の大きさと抽出率に基づきインターバル（抽出間隔）を計算し，スタート番号（抽出起番号）を無作為に決定すれば，すべての抽出番号

を決定することができる。この方法は，手順が簡便である半面，調査対象世帯の配列に一定の周期がある場合などには標本に偏りが生じる可能性がある。

③：適切である。調査が長期間にわたる場合には，調査対象者を抽出した当初の状況に比べて，調査対象者の属性や世帯構成などが変化するので，標本となる世帯が最新の母集団の状況を反映しなくなる可能性がある。継続して行われる調査では，そのような偏りを回避するために，定期的に一定の割合で調査対象世帯の入れ替えが行われることが多い。

④：適切である。集落抽出法は，各調査対象を直接選ぶのではなく，まず調査対象の含まれる地域や世帯などの集団を選び，次にその集団に含まれる調査対象すべてを調査する方法である。この調査における「個人別視聴率」の調査では，最初に調査世帯を抽出し，次に調査対象世帯に住む全世帯員（4歳以上）に対して調査を行っているので，集落抽出法によっているといえる。

⑤：適切でない。「個人別視聴率」の調査では，すべての調査世帯が等確率で抽出されており，調査世帯の世帯員（4歳以上）については，悉皆（すなわち，抽出確率1）で調査されている。すなわち，抽出された調査対象者（4歳以上の世帯員）は，すべて等確率で抽出されている。母集団推定を行う場合には，抽出確率の逆数を乗じることとなるが，上記のようにすべての調査対象者が等しい確率で抽出されているので，調査対象者の属する世帯の世帯員数による推計用乗率を用いる必要はない。

以上から，正解は⑤である。

問11

18歳以上の個人を対象とする全国規模の調査を考える。住民基本台帳や選挙人名簿などを使用せずに調査対象者を抽出して調査する場合には，一段目で調査地点（地域），二段目で調査世帯，三段目で調査対象者を抽出する「三段抽出法」が用いられることがある。三段抽出法による標本抽出および集計の方法に関する説明として，適切でないものを，次の①〜⑤のうちから一つ選びなさい。　**12**

① 第1次抽出単位である調査地点（地域）は，国勢調査の世帯数データを基に確率比例抽出により選ぶことができる。

② 第1次抽出単位内での世帯の抽出のために，住宅地図を参考に現地で確認し，その調査地点（地域）に該当するすべての世帯に番号を付す。

③ 選ばれた調査地点（地域）に対して住宅地図を利用して調査世帯を抽出するとき，集合住宅については，住戸の状況を現場で確認したうえで，その中から世帯を抽出する。

④ 集計時には，調査世帯ごとに18歳以上の世帯員数による重み付けをして集計する。

⑤ 調査員は，抽出された世帯を訪ねたら，そのときに在宅している18歳以上の世帯員の中から誕生日の情報などを用いて無作為に調査対象者を抽出して調査する。

---

12 ⋯⋯⋯⋯⋯⋯⋯⋯⋯⋯⋯⋯⋯⋯⋯⋯⋯⋯⋯⋯⋯⋯⋯⋯ **正解** ▶ ⑤

①：適切である。確率比例抽出法は，多段抽出法において，抽出単位の大きさが異なる場合に有効な方法としてしばしば用いられる。この方法を適切に使用すれば，調査の効率性や結果の精度の向上が期待できる。

②：適切である。三段抽出法においては，抽出された第一次抽出単位に含まれる第二次抽出単位（世帯）の完全な最新のリストが必要となる。この問題の場合，住民基本台帳など世帯のリストを使用しない前提であるので，調査を実施する段階で住宅地図などを参考にして現地を確認し，世帯のリストを作成する必要がある。そのリストでは，二段目の抽出を適切に行うことができるよう，世帯に一連の番号を付する必要がある。

③：適切である。住宅地図は，集合住宅の住戸を完全に網羅していない場合がありうるので，実際に現場を確認すべきである。

④：適切である。この標本抽出における3段目の抽出においては，調査世帯の中から調査対象者が抽出されることから，その抽出確率は，調査世帯ごとにその18歳以上世帯人員数によって異なる。集計においては，そのような抽出確率の差異を調整するために，18歳以上世帯人員数による推計乗率を使用して適切な重み付けをする必要がある。

⑤：適切でない。母集団は全国の18歳以上の個人であるが，調査の時に在宅している者だけの中から抽出したのでは，留守となることの多い人は調査対象となりにくく，標本に偏りが生じることとなる。

以上から，正解は⑤である。

問12

人口約50万人のA市は，市民病院の移転に関する賛否の状況を調べるために，住民基本台帳より単純無作為抽出した18歳以上の市民3,000人を対象に郵送調査を行った。有効回収率は80％で，そのうち，移転に賛成する人は60％であった。非回答の発生はランダムであったとの仮定の下で，A市における18歳以上の市民のうち，移転に賛成する人の割合の標準誤差の推定値として，最も適切なものを，次の①〜⑤のうちから一つ選びなさい。 **13**

① 0.8％　　② 1.0％　　② 1.2％　　④ 1.4％　　⑤ 1.6％

13 .... **正解** ▶ ②

A市の人口は約50万人だから，18歳以上の市民は数十万人いると考えられるため，この推定値に対する標準誤差は，無限母集団を前提とした $\sqrt{\dfrac{p(1-p)}{n}}$ の式により推定する。ここでは，非回答の発生はランダムであったと仮定していることから，この式の n には，有効回答数 $= 3{,}000 \times 0.8 = 2{,}400$ を代入すればよい。さらに，市民病院の移転に賛成する人の割合は60％であるから，$p = 0.6$ を代入する。その結果，

$$標準誤差 = \sqrt{\frac{0.6(1-0.6)}{2400}} = \sqrt{\frac{0.24}{2400}} = \sqrt{0.0001} = 0.01$$

すなわち，標準誤差は1％となる。
よって，正解は②である。

問13

人口約35万人のB市において，18歳以上の市民を対象に，市民体育館の新設について賛否を問う意識調査の実施を計画する場合を考える。調査対象者は住民基本台帳から単純無作為抽出法により選ぶ。標本の大きさは，賛成者の割合（％）の推定値の標準誤差が1.5％以下となるように設定したい。有効回収率を100％と想定した場合，必要とされる最小の調査対象者数は何人か。その値として最も適切なものを，次の①〜⑤のうちから一つ選びなさい。 **14**

① 433　　② 772　　③ 1112　　④ 1516　　⑤ 2214

14 .... **正解** ▶ ③

B市の人口は約35万人であり，そのうち18歳以上の市民は数十万人いると考えら

れるため，推定値に対する標準誤差は，無限母集団を前提とした $\sqrt{\dfrac{p(1-p)}{n}}$ の式で

推定できる。標準誤差が1.5%以下になるように標本サイズを設定するには，$\sqrt{\dfrac{p(1-p)}{n}}$ ≦0.015の条件を満たす n の最小値を求めればよい。ここで，市民体育館の新設に賛成の割合（p）は未知であるため，標準誤差が最大となる $p=0.5$ と置く。

この不等式を解くには，先の式の両辺を 2 乗して変形する。その結果，

$$n \geqq \frac{0.5(1-0.5)}{(0.015)^2} = 1111.111\cdots$$

が得られる。n は整数であるので，$n \geqq 1112$ となる。

よって，正解は③である。

問14

　インターネット調査を行う会社は，調査を機動的かつ効率的に行うことができるよう，調査に協力してくれる人（モニター）を予め募集し，多数のモニターを登録したアクセスパネルを設定しており，それを利用して調査を実施している。このアクセスパネルの管理およびそれを利用した調査に関する記述として，適切でないものを，次の①～⑤のうちから一つ選びなさい。　**15**

① 全モニターに対して，少なくとも年 1 回，性別や年齢，居住地や職業などの登録属性の内容に相違がないか，確認を依頼する。

② 異なる調査会社のアクセスパネルを合わせて調査を行うことは，同じ人に同じ調査を重複依頼するおそれがあることから，行うべきではない。

③ アンケートに長期間回答してないモニターについては，協力の意思がないとみなし，アクセスパネルから除外する。

④ アクセスパネルに登録してもらうときは，本人確認のためにマイナンバーの提示を求める必要はない。

⑤ 同一人物の重複登録を避けるために，同一のメールアドレスでの登録や，同一の生年月日や住所などでの登録がないか定期的に確認する。

15 ⋯⋯⋯⋯⋯⋯⋯⋯⋯⋯⋯⋯⋯⋯⋯⋯⋯⋯⋯⋯⋯⋯⋯⋯⋯⋯⋯⋯⋯⋯ **正解** ②

①：適切である。モニターの居住地，職業，同居する家族の構成などは特に変わる可能性がある。アクセスパネルに登録した時の属性情報を用いたまま調査を実施した場合，調査における対象条件と一致しないモニターに調査依頼するおそれがある。作業の効率性と正確性を勘案して，少なくとも年に 1 回は更新を促すことが望ましい。

②：適切でない。モニターを利用したインターネット調査の利点の一つは，希少な

対象者に対して効率よく調査できることである。そこで，対象者を増やすために，複数の会社のアクセスパネルを合わせて利用することが行われている。その場合には，通常，同じモニターへの重複依頼を避けるため，複数の会社のアクセスパネルについて，メールアドレス，生年月日，電話番号などの個人を識別しうる情報を不可逆暗号化してから突合するなどして重複排除が行われている。

③：適切である。調査に協力しなくなった人に調査を依頼しても，依頼メールそのものに気づいていない可能性がある。調査への協力率を高めるためにも，一定期間回答をしていない調査モニターを排除する措置は必要である。

④：適切である。アクセスパネルは民間会社が運営しており，登録に際し，マイナンバーの登録は義務付けられたものではない。

⑤：適切である。正確な調査結果を得るためには，一調査に一個人が回答するのが原則である。同一人物の重複登録があると，同じ人に重複して依頼する可能性がある。重複登録を避ける運用が重要である。

以上から，正解は②である。

問15

ふだんの家計消費行動を調べるために，インターネット調査により，同一の調査対象者に対し長期にわたる継続的な調査（パネル調査）を行う場合，その方法や利用の仕方について，適切でないものを，次の①〜⑤のうちから一つ選びなさい。
16

① 家計に関するパネル調査のデータは，ある商品と同時に購入されている商品は何かを把握する「バスケット分析」にも利用される。

② 家計に関するパネル調査では，調査対象者の負担が大きくなるので，時間の経過に伴う脱落の発生を想定し，事前に補充計画を立てておくことが望ましい。

③ 家計に関する調査のパネルを構築するときには，調査対象者の世帯員数を考慮することが望ましい。

④ 購入した商品名や商品の種類に関する回答は，購入した商品のバーコードを，調査対象者に直接スキャンして入力してもらう方法もある。

⑤ 調査対象者が標本から脱落した場合，性別，年齢がその人と同じである人を代替の調査対象者とすれば，調査結果には偏りが生じない。

16 .... 正解 ⑤

①：適切である。家計消費行動の調査では，対象者がどのような商品を購入したかの情報が得られるので，そのデータはバスケット分析にも利用される。

②：適切である。繰り返し行われる調査では，最後まで全員に協力し続けてもらえ

るとは限らない。調査から脱落する対象者が多くなると，時系列データとしての価値が低下するため，欠員が生じた場合には，すみやかに補完できる体制を整えておくことが望ましい。

③：適切である。家計消費行動は，同じ性別・年代であっても世帯構成によって大きく異なる。調査の結果に様々な世帯の家計の状況が適切に反映されるよう，調査のパネルを構築する際には留意する必要がある。

④：適切である。商品に付されているバーコードの多くは，一般財団法人流通システム開発センターにより管理されている。このコードは，JANコードと呼ばれ，これをデータ入力に利用することにより，購入された商品を正確かつ効率的に識別し，分類することが可能となる。

⑤：適切でない。性別や年齢が同じ人であっても，生活スタイルが異なり，消費行動も大きく変わることが多い。性別・年齢が一致すれば同じ消費行動をすると考えてはならない。

以上から，正解は⑤である。

問16

郵送調査を実施する場合における対応として，適切でないものを，次の①～⑤のうちから一つ選びなさい。 **17**

① 郵送調査の調査票では，一般に属性質問（性別，年齢，職業など）は最後に配置すべきである。

② 調査票のページ数が多いと調査対象者の協力が得にくくなるので，質問数を減らせない場合には，文字や行間隔を小さくして，ページ数をできるだけ減らすべきである。

③ 調査対象者に対しては，煩わせることのないよう，やりとりを簡潔に行う必要はあるが，調査票を送る前に依頼状を出すことは回収率を向上させる観点から効果的である。

④ 調査依頼のときに「回答した人に謝礼を進呈する」と伝えておいて後で渡すよりも，謝礼を調査票の発送時に同封して回答前に渡すほうが，回収率が高まる傾向がある。

⑤ 郵便代を節約するために調査票を折り曲げて小さな封筒に入れることは，回答者に与える印象の観点から，避けたほうがよい。

17 ⋯⋯⋯⋯⋯⋯⋯⋯⋯⋯⋯⋯⋯⋯⋯⋯⋯⋯⋯⋯⋯⋯⋯⋯⋯⋯ **正解▶②**

①：適切である。多くの調査における質問の流れを作る上では，漏斗のように広い入口から狭い出口に向かう形で，難しくないもの，興味をひくものから質問して徐々に難しくするアプローチ（「ファンネル（漏斗）・アプローチ」と呼ばれ

る）が基本である。いきなりプライバシーにかかわる属性を質問することは，協力意欲の間口を狭めることとなるので，避けたほうがよい。

②：適切でない。ページ数の多い調査票では負担感が強くなるため，ページ数を減らす工夫は大切である。しかし，余分な質問がないか見直すなどの対応をせずに，ページ数をできるだけ減らすことを目的として，必要以上に文字や行間を小さくしないほうがよい。その場合には，ページ数は減ったとしても質問文などが見づらくなる，読む負担が増える，選択肢の配置が回答に影響を及ぼすものとなるなど，悪影響が生じるおそれがある。

③：適切である。調査対象者には，いきなり調査票を送るのではなく，その前に依頼状を送ることにより，調査者と調査対象者の間にラポール（意思疎通ができる関係）が成立する。依頼状を出したほうが出さないより回収率が高くなるという実験結果は，日本でも欧米でも多数ある。

④：適切である。謝礼は調査票と一緒に送る「先渡し」のほうが，回答後に謝礼を送る「後渡し」よりも回収率が高まるという実験結果は，多数ある。

⑤：適切である。調査票を折り曲げて送付すれば，それを受け取った対象者は折り目を伸ばして広げる手間がかかり，折り目のために調査票が読みにくくなったりしやすい。また，冊子型の調査票であれば，折れ目が完全に伸びずにページめくりがしにくくなる。調査に対する協力度を高めるためには，対象者には面倒だと思わせない調査設計が必要である。

以上から，正解は②である。

問17

有権者を無作為に選んで電話調査をする場合は，対象者を抽出する基となる枠母集団（名簿など）の違いにより，運用や結果精度が大きく変わりうる。異なる種類の枠母集団を用いる電話調査の説明として，適切でないものを，次の①〜⑤のうちから一つ選びなさい。 | 18 |

① 選挙人名簿から個人を抽出した後に電話番号を調べて調査する場合，その標本は，有権者全体の構成と比べて偏ったものとなる。

② 電話帳から直に番号を選んで調査をする方法では，選挙人名簿から個人を選ぶ方法と比較して，調査地点（地域）を容易に増やすことができるが，調査対象者の特定作業に手間取る。

③ 電話番号を乱数により作成して電話するRDD方式による調査では，必要な標本サイズを確保するため，対象外や不使用の電話番号の存在を考慮に入れて，十分な数の番号を発生させる必要がある。

④ 電話帳から選んだ電話番号に電話する方法や，電話番号を乱数により作成して電話するRDD方式による調査では，回答者の所有する電話回線数を尋ねる

必要がある。

⑤　固定電話と携帯電話の両方を対象にしたRDD方式による調査は，衆議院議員総選挙の小選挙区の情勢報道にも広く利用されている。

(注)　選択肢の文中にある「RDD方式」とは，電話番号を乱数により作成して電話するランダム・ディジット・ダイアリング方式のことである。

---

18 .... **正解** ▶ ⑤

①：適切である。選挙人名簿から抽出する段階では，有権者全体を代表する標本を選ぶことができる。しかし，その名前と住所から電話番号を調べても，すべての電話番号が判明するわけではない。その結果，実際に調査する段階では，電話帳に番号を掲載した人だけが対象となる。そのような人にはなんらかの傾向があると考えられるので，有権者全体を適切に反映した標本とはならない。

②：適切である。電話帳から直接抽出すれば，調査地点（地域）を限定せずに調査対象世帯（電話番号）を選ぶことができる。しかし，この方法では，抽出された世帯に有権者がいるかどうか，何人いるかといったことは予め分からないため，電話をかけた際に，世帯内の有権者数を聞き，その中から１人を選ぶなど，対象者特定の作業が必要となる。

③：適切である。電話番号を乱数で作成するため，使用されていない番号や事業用番号も含まれてしまう。これを自動的に判別するプログラム（ACC：オート・コール・チェック）などにかけて振るい分けたものを調査で使う。ACCで振り分けられなかったものは，調査員が実際に電話して振り分けている。

④：適切である。電話番号を乱数により作成したり，電話帳から選ぶ場合には，その番号を使用している世帯を選んだことになる。１世帯に電話回線が２本あれば，その世帯の選ばれる確率は２倍になる。回答の集計においては，このような確率を調整する必要があり，その重み付けのために，電話回線数を尋ねる必要がある。

⑤：適切でない。現在，報道機関が内閣支持率を調べる全国調査は，固定電話と携帯電話を対象にしているものがある。しかし，衆院選の小選挙区を対象に携帯電話で調査をして，その結果を報道しているところはまだない。その理由は，携帯電話番号には地理情報がないため，狭い領域を対象にした電話番号の作成が難しいからである。

　以上から，正解は⑤である。

問18

　人の意識や意見を聞く世論調査や社会調査で質問を作成する場合には，いくつかの注意事項がある。次の調査票の質問文について，下の〔1〕，〔2〕に答えなさい。

【Q1】あなたは，いまの政治にどの程度満足していますか。
1．大いに満足している
2．ある程度満足している
3．どちらともいえない
4．あまり満足していない
5．まったく満足していない

【Q2】選挙に投票に行くことは国民の義務だという意見があります。あなたは，いま解散・総選挙があったら，投票に行きますか。
1．行く
2．行かない

【Q3】あなたは，投票に行くことは，国民の義務だと思いますか。それとも，権利だと思いますか。
1．義務
2．権利

【Q4】あなたは，次の国政選挙では何を重視して投票するつもりですか。一番重視するものを1つだけ選んでください。
1．外交
2．防衛
3．少子・高齢化
4．景気・雇用
5．医療・福祉
6．財政

【Q5】あなたは，憲法を改正して，自衛隊を国防軍にしたり，新しい環境権を定めたりすることに賛成ですか。反対ですか。
1．賛成
2．反対

〔1〕　上の調査票の中で，「キャリー・オーバー」の影響を受けている質問として，最も適切なものを，次の①～⑤のうちから一つ選びなさい。　19

　　① Q1　　② Q2　　③ Q3　　④ Q4　　⑤ Q5

〔2〕　上の調査票の中で，「ダブル・バーレル」の形に該当する質問として，最も適切なものを，次の①～⑤のうちから一つ選びなさい。　20

　　① Q1　　② Q2　　③ Q3　　④ Q4　　⑤ Q5

〔1〕　**19**　⋯⋯⋯⋯⋯⋯⋯⋯⋯⋯⋯⋯⋯⋯⋯⋯⋯⋯⋯⋯⋯⋯⋯⋯⋯⋯⋯⋯　**正解** ③

　調査票の質問における「キャリーオーバー」とは，前のほうにあった質問の影響が，いま答えようとしている質問まで持ち越されてしまうことをいう。

　この問題の調査票の場合は，Ｑ２で「選挙に投票に行くことは国民の義務だという意見があります」と説明され，Ｑ３では選挙に行くことが「義務」か「権利」か，と聞かれている。Ｑ２の説明による「国民の義務」という言葉の影響がＱ３にまで持ち越されて，Ｑ３では「義務」と答えてしまう人が多くなるおそれがある。すなわち，Ｑ３は，Ｑ２からのキャリーオーバーの影響を受けていると考えられる。

　よって，正解は③である。

〔2〕　**20**　⋯⋯⋯⋯⋯⋯⋯⋯⋯⋯⋯⋯⋯⋯⋯⋯⋯⋯⋯⋯⋯⋯⋯⋯⋯⋯⋯⋯　**正解** ⑤

　「ダブル・バーレル」とは銃身（円筒）が２つある銃の事で，同時に２つの弾を撃つことができる。調査においては，質問文の中に，聞くべき論点が２つあるようなもの（二重論点）を「ダブル・バーレル」という。

　この問題の調査票の場合は，Ｑ５がこれに該当する。憲法改正に対して，「自衛隊を国防軍にしたり」と「新しい環境権を定めたり」の２つの論点を重ねて聞いている。自衛隊を国防軍にすることには反対だが，環境権を定めることには賛成という人にとっては，この質問に回答するのが困難である。

　よって，正解は⑤である。

メディアへの信頼を調査するための質問文・選択肢として，次の2案を作成した。これらを比較した説明として，適切でないものを，下の①～⑤のうちから一つ選びなさい。 **21**

【第1案】
あなたが一番信頼しているメディアは何ですか。次の中から1つ選び，○をつけてください。
1．新聞
2．雑誌
3．テレビ
4．ラジオ
5．インターネット

【第2案】
次の各メディアを，どれくらい信頼していますか。あなたのお気持ちに最も近いもの1つに○をつけてください。

	とても信頼している	ある程度信頼している	どちらともいえない	あまり信頼していない	まったく信頼していない
A）新聞	1	2	3	4	5
B）雑誌	1	2	3	4	5
C）テレビ	1	2	3	4	5
D）ラジオ	1	2	3	4	5
E）インターネット	1	2	3	4	5

---

① 第1案のように一つ選ばせる形式では，調査手法によっては複数回答が生じることがある。

② 第1案では，メディアの順序を入れ替えた複数の調査票を使用することが推奨されるが，第2案では，メディアの順序を入れ替えた調査票を使用する必要はない。

③ 第1案で1番大きい比率になるメディアが，第2案の「とても信頼している」の比率も一番大きくなるとは限らない。

④ 第1案では，注目する2つの選択肢間の回答構成比を比較する場合には，対応のある場合の平均値の差の検定を適用することができる。

⑤　第2案では，選択肢の各番号である1〜5を得点とみなして，各メディアの平均得点を比較分析してもよい。

21 .... **正解** ▶ ②

①：適切である。調査員が介在する調査では，択一の質問で対象者が2つ答えても，どちらか選ばせることができる。一方，調査員が介在しない郵送調査では，設問文に「一つ選ぶ」との指示があっても，複数の回答肢に○の付いた調査票が返送されてくることは避けられない。この第1案のように最も信頼しているメディアを選ぶ場合でも，複数回答が生じる可能性は避けられない。

②：適切でない。一般的に，読み上げられた選択肢を耳で聞いて選ぶ場合は，後のほうの選択肢の回答割合が高くなる傾向（「新近効果（recency effect）」と呼ばれる）があるが，選択肢を目で見て選ぶ場合は，最初のほうの選択肢が選ばれる割合が高くなる傾向（「初頭効果（primacy effect）」と呼ばれる）がある。このことは，第1案でも第2案でも同様である。

③：適切である。仮に，第1案について，新聞が「一番信頼しているメディア」であると回答した人の割合が，他のメディアに比べて最も高い場合であっても，その人たちが第2案において，新聞を「とても信頼している」とはしない可能性はありうる。そのような場合には，他のメディアを「とても信頼している」とする割合が，新聞についての割合よりも高くなることがある。

④：適切である。ある質問の回答選択肢の間に有意な差があるかどうかは，回答選択肢間に相関がある（ある選択肢の回答比率が上がれば別の回答選択肢の回答比率が下がる）ことを考慮して，対応のある場合の平均値の差の検定を用いればよい。なお，ある選択肢を選んだときには1とカウントし，それ以外の回答をした場合は0とカウントするなら，その平均値は，ある選択肢の回答比率そのものになる。

⑤：適切である。第2案の選択肢の構成はリッカートスケールになっている。通常，リッカートスケールを用いるときは，選択肢番号を得点とみなして，平均得点で分析されることが多い。

以上から，正解は②である。

インターネット調査を実施する場合に，質問文と選択肢の設定や配置について，適切でないものを，次の①〜⑤のうちから一つ選びなさい。 **22**

① 選択肢を縦に配置した場合には，各選択肢が順番や段階の大小などを意味しない内容であるならば，表示順序をランダマイズすることが推奨される。

② 回答を選択肢から一つ選んでもらう場合は，ラジオボタン（○，⊙の形の入力欄）を各選択肢文の前に置く。（横書きの場合，左端に置く。）

③ 複数回答を設定したい場合は，一般にチェックボックス（□の形の入力欄）を用いるが，必要に応じて「3つまで」など回答数を制御できる仕組みも活用する。

④ 多くの調査項目に対して共通の評価尺度により連続して回答を求める場合には，全調査項目を縦に，評価尺度を横に配置した大きな表の形に表示して質問することが推奨される。

⑤ 複数回答の質問については，一列に並べた選択肢それぞれについて，「該当する」，「該当しない」の2項目を示し，そのいずれかをラジオボタン（○，⊙の形の入力欄）で選択させる形式をとることもできる。

---

22 .... **正解** ④

①：適切である。通常，インターネット調査のように質問と選択肢を目で見る場合には，選択肢を縦配置にすることが基本である。さらに，選択肢を目で見る場合には，上のほうの選択肢が選ばれやすくなる傾向がある（初頭効果）ので，選択肢のランダマイズが推奨される。

②：適切である。通常，インターネット調査で回答を一つ選ぶ場合は，ラジオボタン○を選んで⊙の形にしてもらう。選択肢文は横書きにして縦に並べることが基本であるから，各文章の長さの影響を受けないように，文末ではなく，文頭（文章の左端）にラジオボタンを置いて選ぶ個所を縦にそろえる。

③：適切である。通常，インターネット調査で回答を複数選ぶ場合は，各選択肢文の頭に配置されているチェックボックス□を該当する数だけ選ぶ。回答数に制限を設ける場合には，LA（リミテッド・アンサー）機能を使って制御する。

④：適切でない。近年は，インターネット調査に対してスマートフォンで回答されて割合が高くなっている。このため，大きな表形式で質問および選択肢を提示すると，画面の小さいスマートフォンで回答する人については，視覚的な認知性の問題のため回答にバイアスが発生しやすい，回答のしにくさのため調査から離脱しやすいなどの問題がある。

⑤：適切である。多くの選択肢から複数の回答を選んでもらう場合，回答者は，上に位置する項目に注目し，下に位置する項目にはそれほど注目しない傾向があ

る。このような傾向に対応し，回答者に最後の選択肢まで確実に注目してもらうには，それぞれについて「該当する」又は「該当しない」を判断して，ラジオボタンを用いて回答してもらう方法がある。回答を処理する場合には，「該当する」にチェックされた選択肢を，複数回答として選ばれたものとして扱えばよい。

以上から，正解は④である。

問21

次の表は，厚生労働省の平成29年賃金構造基本統計調査による，一般労働者の男女別賃金（6月分の所定内給与額）と労働者数を示したものである。この表から読み取れることとして，適切でないものを，下の①〜⑤のうちから一つ選びなさい。
23

	男	女
平均値 　　　（万円）	33.55	24.61
第1四分位数（万円）	22.93	18.17
中央値 　　　（万円）	29.57	22.32
第3四分位数（万円）	39.92	28.00
労働者数 　　（千人）	14,797	7,925

資料：厚生労働省「平成29年賃金構造基本統計調査」

① 賃金が22.93万円以下の労働者数は，女のほうが男よりも多い。
② 男女を合計した場合の賃金の第1四分位数は，22.93万円よりも小さい。
③ 男の半数は，賃金が33.55万円以下である。
④ 賃金の四分位範囲は，男のほうが女よりも大きい。
⑤ 男の賃金総額は，女の賃金総額の2.5倍以上である。

23 ‥‥‥‥‥‥‥‥‥‥‥‥‥‥‥‥‥‥‥‥‥‥‥‥‥‥‥‥‥‥‥‥ **正解** ③

①：適切である。22.93万円は，男の賃金の第1四分位数である。男の労働者のうち，賃金がこの額以下の者は，14,797千人×0.25＝3,699.25千人である。女の賃金の中央値は，22.32万円（＜22.93万円）であるので，賃金がこの額以下の労働者数は7,925千人×0.5＝3,962.5千人である。したがって，賃金が22.93万円以下の女の労働者数は3,962.5千人以上いることとなる。3,962.5＞3,699.25であるので，賃金が22.93万円以下の労働者は，女のほうが男より多い。

②：適切である。男の第1四分位数から，男の労働者の1/4，すなわち3,699.25千人は，賃金が22.93万円以下である。女の中央値から，女の労働者の1/2，すなわち3,962.5千人は，賃金が22.32万円以下である。これらを合わせると，賃金が22.93万円以下の者は，少なくとも7661.75千人いることになる。男女合計の労働者数は22,722千人なので，賃金が22.93万円以下の者はその1/4以上いることが分かる。したがって，男女を合計した場合の第1四分位数は，22.93万円よりも小さい。

③：適切でない。男の賃金の中央値は29.57万円であり，男の労働者の半数は賃金がこの金額以下である。33.55万円は男の賃金の平均値である。半数に位置するのは中央値であり，このような考察を行うときに平均値を用いて判断するのは適切ではない。

④：適切である。四分位範囲とは，第3四分位値から第1四分位値を差し引いた値である。四分位範囲は，男で39.92－22.93＝16.99（万円），女で28.00－18.17＝9.83（万円）であるので，四分位範囲は男のほうが女よりも大きい。

⑤：適切である。賃金総額は，平均値×労働者数により求める。これにより，男女ごとに計算すると，男では　33.55×14,797＝496,439.35（万円），女では24.61×7,925＝195,034.25（万円）となる。女の総額に対する男の総額の割合は，496,439.35÷195,034.25≒2.545となる。

以上から，正解は③である。

　総務省が実施した「平成28年社会生活基本調査」は，全国を対象とした標本調査であり，国民の生活時間の配分状況や余暇活動などに関する調査結果が提供されている。次の図は，その結果のうち，5種類の余暇活動について，47都道府県別に見た「行動者率」（注）の分布を箱ひげ図で表したものである。これに関する説明として，適切でないものを，下の①～⑤のうちから一つ選びなさい。　**24**

（注）「行動者率」とは，10歳以上人口のうち，過去1年間に少しでも当該の活動を行った者の割合である。

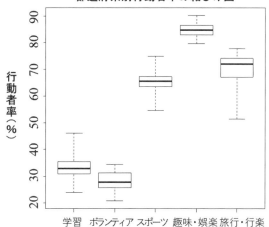

都道府県別行動者率の箱ひげ図

行動者率（％）

学習　ボランティア　スポーツ　趣味・娯楽　旅行・行楽

資料：総務省「平成28年社会生活基本調査」

① 5種類の活動の行動者率のうち，四分位範囲が最も大きいのは「ボランティア」である。

② 「ボランティア」の行動者率の最大値は，「学習」の中央値よりも大きい。

③ 5種類の活動の行動者率のうち，最小値が最も小さいのは「ボランティア」である。

④ 5種類の活動の行動者率のうち，範囲が最も大きいのは「旅行・行楽」である。

⑤ 5種類の活動の行動者率のうち，算術平均が最も大きいのは「趣味・娯楽」である。

---

24 .... **正解** ①

箱ひげ図は，右図のような統計量を表しているので，これらの点の位置をグラフの縦軸から読み取る。

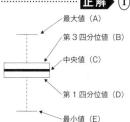

最大値（A）
第3四分位値（B）
中央値（C）
第1四分位値（D）
最小値（E）

① ：適切でない。四分位範囲は，B－Dである。この値が最も大きいのは，「旅行・行楽」である。

② ：適切である。「ボランティア」の最大値（A）は，「学習」の中央値（C）よりも高い位置にある。

③ ：適切である。最小値（E）が最も低い位置にあるのは，「ボランティア」である。

④ ：適切である。範囲は，最大値（A）－最小値（E）である。この値が，最も大

197

きいのは，「旅行・娯楽」である。

⑤：適切である。算術平均は，箱ひげ図から読み取ることはできないが，「趣味・娯楽」の最小値は，他の4種類の余暇活動の行動者率の最大値のどれよりも大きいので，「趣味・娯楽」の平均値（算術平均）は5種類の余暇活動の中で最大であるといえる。

以上から，正解は①である。

問23

次の図は，2016年の家計調査に基づく，全国における勤労者世帯（世帯員二人以上）の年間収入と貯蓄現在高に関するローレンツ曲線である。この図から読み取れることとして，適切でないものを，下の①〜⑤のうちから一つ選びなさい。 25

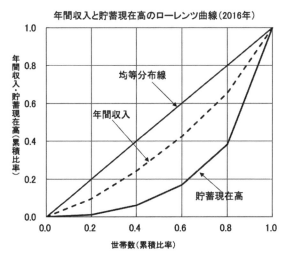

資料：総務省「家計調査」（2016年平均）

① 貯蓄現在高のジニ係数は，年間収入のジニ係数の2倍以上である。
② 貯蓄現在高の分布においては，中央値のほうが平均値よりも大きい。
③ 年間収入が下位20%以下の世帯は，全世帯の年間収入総額の約10%を得ている。
④ 貯蓄現在高が下位40%以下の世帯が保有する貯蓄は，全世帯の貯蓄総額の10%以下である。
⑤ 貯蓄現在高が上位20%以上の世帯が保有する貯蓄は，全世帯の貯蓄総額の約60%である。

25 ·· **正解** ▶ ②

ローレンツ曲線はある事象の集中の度合いを示す曲線であり，所得や貯蓄の格差などを示すために用いられる。通常，ローレンツ曲線の作成には，階級ごとに集計された数値が使用される。階級値の小さいほうから順に並べ，横軸には，各階級の累積相対度数をとり，縦軸には，階級値と度数を掛け合わせた値の累積値を全体の合計で割った割合をとる。

原点と右上の点を結ぶ対角線は「均等分布線」（均等配分線ともいう）と呼ばれ，所得などが完全に均等に配分された場合を表す。ジニ係数とは，均等配分線とローレンツ曲線に囲まれた弓形部分の面積が，均等配分線，横軸および $x = 1$ の線からなる直角二等辺三角形の部分の面積に占める割合をいう。

①：適切である。世帯数の累積比率が0.2，0.4，0.6，0.8の値の箇所について，年間収入と貯蓄現在高のローレンツ曲線の値を比較すると，このことが確認される。いずれの箇所においても，均等配分線と貯蓄現在高との間隔は，均等配分線と年間収入との間隔の 2 倍以上になっている。このことは，貯蓄現在高のローレンツ曲線と均等配分線に囲まれた弓形の面積は，年間収入のローレンツ曲線と均等配分線に囲まれた弓形の面積の 2 倍以上となっていることを示している。

②：適切でない。貯蓄現在高のローレンツ曲線によれば，世帯数の累積比率が0.8のとき，貯蓄現在高の累積比率は約0.4となっており，このことは，貯蓄現在高が上位20％の世帯の貯蓄の合計は，全体の貯蓄の約60％（$(1-0.4) \times 100$）を占めていることを意味している。他方，世帯数の累積比率が0.2のとき，貯蓄現在高の累積比率は約0.05以下となっており，このことは，貯蓄現在高が下位20％の世帯の貯蓄の合計は，全体の貯蓄の 5 ％以下となっていることを意味している。このように貯蓄現在高が上位の世帯に著しく集中している場合には，平均値は中央値よりも高くなる。

③：適切である。年間収入のローレンツ曲線のグラフから，世帯数の累積比率0.2に対応する点の値を読み取ると，約0.1である。このことは，下位20％の世帯の年間収入の合計は，全体の約10％であることを意味する。

④：適切である。貯蓄現在高のローレンツ曲線のグラフから，世帯数の累積比率0.4に対応する点の値を読み取ると，0.1以下である。このことは，下位40％以下の世帯の保有する貯蓄は，全体の10％以下であることを意味する。

⑤：適切である。貯蓄現在高のローレンツ曲線のグラフから，世帯数の累積比率0.8（$1-0.2$）に対応する点の値を読み取ると，約0.4である。このことは，上位20％以上の世帯の保有する貯蓄は，全体の約60％（$1-0.4$）を占めていることを意味する。

以上から，正解は②である。

　変動係数とは，標準偏差を平均で割った値のことであり，平均を基準としたデータのばらつきを相対的に評価する際に用いられる。変動係数の使い方として適切でないものを，次の①～⑤のうちから一つ選びなさい。　**26**

①　あるスーパーで取り扱っている1000種類の商品について，それぞれ過去1年間の日別価格データ（円）の変動係数を求め，商品間における価格の変動状況の比較に用いる。

②　100店舗を有する小売業を営む企業において，店舗それぞれに対して過去1年間の日別売上高（円）の変動係数を求め，店舗間における売上高の変動状況の比較に用いる。

③　全国の県庁所在都市について，それぞれ過去1年間の日別最高気温（℃）の変動係数を求め，県庁所在都市間における気温の変動状況の比較に用いる。

④　ある県内に10路線を持つバス会社において，それぞれの路線について過去1年間の日別乗客数（人）の変動係数を求め，路線間における乗客数の変動状況の比較に用いる。

⑤　全国に10工場を有する企業において，それぞれの工場について過去1年間の月別出荷額（円）の変動係数を求め，工場間における出荷額の変動状況の比較に用いる。

---

26 .... **正解** ▶ ③

　変動係数は，比例尺度の変数について，平均値に対する相対的なばらつきの大きさを表す尺度として有効であるが，名義尺度，順序尺度，間隔尺度の変数については有効ではない。

①：適切である。商品の価格は比例尺度である。

②：適切である。売上高は比例尺度である。

③：適切でない。セ氏の気温は間隔尺度であり，比例尺度ではない。このことは，2つの地点（A，B）において，気温の標準偏差は同じであるが，平均気温はAのほうがBよりも低い場合を考えてみれば理解しやすい。仮にAの平均気温が0℃に近い値であれば，変動係数は著しく大きくなるが，だからといってAのほうが気温の変動が激しいということは適切ではない。

④：適切である。バス路線の乗客数は比例尺度である。

⑤：適切である。工場の出荷額は比例尺度である。

　以上から，正解は③である。

問25

4種類のデータから相対度数分布を作成したところ，次の図のような形の分布が得られた。これらの分布の特徴に関する説明として，適切でないものを，下の①～⑤のうちから一つ選びなさい。 　27

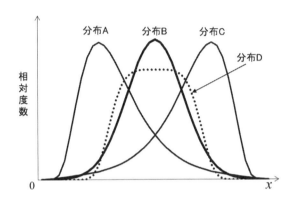

① 分布Aと分布Bを比べると，歪度は分布Aのほうが大きい。
② 分布Cと分布Dを比べると，歪度は分布Cのほうが大きい。
③ 分布Aと分布Cを比べると，変動係数は分布Aのほうが大きい。
④ 分布Bと分布Dを比べると，尖度は分布Bのほうが大きい。
⑤ 分布Aと分布Dを比べると，中央値は分布Dのほうが大きい。

27 ⋯⋯⋯⋯⋯⋯⋯⋯⋯⋯⋯⋯⋯⋯⋯⋯⋯⋯⋯⋯⋯⋯⋯⋯⋯⋯⋯⋯⋯⋯⋯⋯⋯ **正解** ②

①：適切である。歪度は，左右対称な分布ではゼロとなり，右に歪んだ分布（右にすその長い分布）では正の値となる。分布Aは右に歪んだ分布，分布Bは左右対称な分布なので，歪度は分布Aのほうが大きい。

②：適切でない。歪度は，左に歪んだ分布（左にすその長い分布）では，負の値となる。分布Cは左にすその長い分布，分布Dは左右対称な分布なので，歪度は分布Dのほうが大きい。

③：適切である。変動係数は，標準偏差÷平均値　として求められる。分布Aと分布Cとでは，標準偏差はほぼ同じに見えるが，平均値は分布Aのほうがかなり小さい。その結果，変動係数は分布Aのほうが大きい。

④：適切である。尖度は，中央の頻度が高く，分布のすそが長い場合に大きな値をとる。分布Bのほうが，分布Dよりもそのような特徴を持っている。

⑤：適切である。分布Dは左右対称なので，中央値は対称の中心線上にあるが，分

布Aは山が左にあるので，中央値は分布Dの中心線よりも左に位置する。
以上から，正解は②である。

次の表は，国立社会保障・人口問題研究所が2014年に実施した「第7回世帯動態調査」の調査結果から作成したものである。この表は，調査の対象となった世帯のうち，2009年および2014年に存在していた8,335世帯について，調査時点（2014年）と5年前（2009年）における家族類型（4区分）によりクロス集計を行った結果をまとめたものである。この表から読み取ることのできる2009年から2014年の間における家族類型の変化に関する記述として，適切でないものを，下の①〜⑤のうちから一つ選びなさい。 28

(単位: 世帯)

		2014年における家族類型				
		合計	単独世帯	夫婦のみの世帯	夫婦と子供からなる世帯	その他の一般世帯
2009年における家族類型	合計	8,335	2,197	2,055	3,267	816
	単独世帯	1,933	1,664	119	114	36
	夫婦のみの世帯	1,958	218	1,490	220	30
	夫婦と子供からなる世帯	3,511	254	371	2,801	85
	その他の一般世帯	933	61	75	132	665

資料：国立社会保障・人口問題研究所「第7回世帯動態調査」

① 2009年に「夫婦と子供からなる世帯」であった世帯が，2014年には「夫婦のみの世帯」となった割合は，10.6％である。
② 2009年に「単独世帯」であった世帯が，2014年には「単独世帯」以外の世帯になった割合は，13.9％である。
③ 2009年から2014年の間に，世帯類型（4区分）が変化しなかった世帯の割合は，79.4％である。
④ 2014年に「夫婦のみの世帯」であった世帯のうち，2009年には「その他の一般世帯」であったものの割合は，1.5％である。
⑤ 2014年に「単独世帯」であった世帯のうち，2009年にも「単独世帯」であったものの割合は，75.7％である。

28 ································· 正解 ④

① : 適切である。$371 \div 3511 \fallingdotseq 0.10567$ により求められる。

② : 適切である。$1 - (1664/1933) \fallingdotseq 0.13916$ により求められる。

③ : 適切である。$(1664 + 1490 + 2801 + 665)/8335 \fallingdotseq 0.79424$ により求められる。

④ : 適切でない。正しくは，$75/2055 \fallingdotseq 0.03650$ である。

⑤ : 適切である。$1664/2197 \fallingdotseq 0.75740$ により求められる。

　以上から，正解は④である。

問27

　ある学校で，学生9名に対して試験を行ったところ，その結果は，平均点が60点，標準偏差が4点となった。（標準偏差は，分母を9とする計算式により求めたものである。）その翌日に，さらに他の1名の学生に対して同じ試験を行ったところ，その成績は80点であった。この試験の成績について，〔1〕，〔2〕に答えなさい。

〔1〕　これら10名の学生全体の平均点として，最も適切なものを，次の①～⑤のうちから一つ選びなさい。　**29**

　　① 　62点　　② 　64点　　③ 　66点　　④ 　68　　⑤ 　70点

〔2〕　これら10名の得点の標準偏差として，最も適切なものを，次の①～⑤のうちから一つ選びなさい。　（標準偏差は，分母を10として計算するものとする。）
　　30

　　① 　5.2点　　② 　5.7点　　③ 　6.3点　　④ 　6.8点　　⑤ 　7.1点

〔1〕　**29** ································· 正解 ①

　9名の学生の平均点は60点であるので，合計得点は，$60 \times 9 = 540$（点）となる。
　翌日に受験した学生の得点が80点なので，10名の合計得点は，$540 + 80 = 620$（点）となる。これを10名で割ると，平均点は，$620 \div 10 = 62$（点）となる。
　以上から，正解は①である。

〔2〕　**30** ································· 正解 ⑤

　9名の学生についての分散は，次の式で表される。
　　$$\Sigma_{i=1}^{9} x_i^2/9 - 60^2 = 4^2$$
　すなわち，
　　$$\Sigma_{i=1}^{9} x_i^2 = (4^2 + 60^2) \cdot 9 = 32544$$

翌日に受験した学生の得点は80点なので，その2乗の値をこれに加えると，
$\Sigma_{i=1}^{10} x_i^2 = 32544 + 80^2 = 38944$ となる。

これにより，10名の分散は，

$\Sigma_{i=1}^{10} x_i^2/10 - 62^2 = 3894.4 - 3844 = 50.4$ となる。

標準偏差は，この平方根となるので，$\sqrt{50.4} = 7.0993\cdots$

以上から，正解は⑤である。

問28

観光庁の統計によると，年間の「訪日外客数」は，2012年から2016年の4年間で836万人から2404万人に増加した。「訪日外客数」の年平均増加率として，最も適切なものを，次の①〜⑤のうちから一つ選びなさい。 **31**

（注）数値の出典は，「日本政府観光局（JNTO）」。「訪日外客数」とは，日本を訪れた外国人旅行者の数。

① 29.7%　② 30.2%　③ 36.9%　④ 71.9%　⑤ 87.6%

31 ・・ **正解 ② ②**

4年間の平均増加率は，期首の値に対する期末の値の倍率の4乗根を求める必要がある。すなわち，増加率（%）は，次の式により求める。

$(\sqrt[4]{2404/836} - 1) \times 100 = (1.30221 - 1) \times 100 = 30.221\cdots$

なお，ある値の4乗根を電卓で計算するには，平方根（$\sqrt{\ }$）のキーを2回押せばよい。

以上から，正解は②である。

問29

家計の可処分所得と消費支出の関係を調べるために，総務省の「家計調査」（家計収支編（2017年平均））のデータを用いて，可処分所得を独立変数，消費支出を従属変数とした回帰分析を行ったところ，次の図表のような結果が得られた。使用したデータは，県庁所在都市47都市（東京都区部を1と数える）およびそれ以外の5つの政令都市を合わせた52都市に関するものである。消費支出と可処分所得は，いずれも1世帯の平均月額（千円）である。この回帰分析の結果に関する記述として，適切でないものを，下の①〜⑤のうちから一つ選びなさい。 **32**

2018年11月

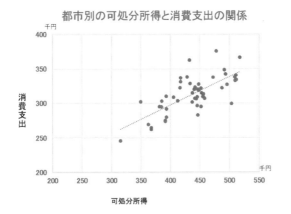

都市別の可処分所得と消費支出の関係

資料：総務省「家計調査」（2017年平均）

回帰分析の主な結果

決定係数	0.5132
標準誤差	18.6631
観測数	52

回帰係数の推定結果			
	回帰係数の推定値	標準誤差	t値
可処分所得	0.4100	0.0565	7.2603
定数項	133.5098	24.8269	5.3776

① 可処分所得と消費支出との相関係数は，0.716である。

② 可処分所得が1万円大きいときには，消費支出は4,100円大きくなるという傾向が示されている。

③ 消費支出の変動のうち，1/2以上は可処分所得によって説明される。

④ 可処分所得の回帰係数のt値から判断すると，この回帰係数の値が0である可能性は極めて低い。

⑤ 定数項の標準誤差の値から判断すると，定数項の値が0である可能性は極めて高い。

---

32 ··· **正解▶⑤**

①：適切である。相関係数の絶対値は，決定係数の平方根であり，その符号は回帰係数（傾き）の符号と同じである。すなわち，$\sqrt{0.5132} = 0.716\cdots$である。

②：適切である。可処分所得の回帰係数は0.4100であるので，$0.4100 \times 10,000 = 4100$（円）となる。

③：適切である。回帰分析における決定係数は，目的変数の変動のうち，独立変数によって説明できる部分の大きさの割合を表す。決定係数は0.5132であるので，消費支出の変動のうち，1/2以上は可処分所得によって説明されることとなる。

④：適切である。回帰係数の値が0であるか否かを判断するには，通常，t値を検定統計量としてt検定を行う。可処分所得のt値は7.2603であるので，t分布表を参照するまでもなく95％の有意水準で有意と判定される。したがって，可処分所得の係数が0である可能性は極めて低いといえる。

⑤：適切でない。上記④の解説のとおり，ここではt値を検定統計量としてt検定を行う必要があるので，標準誤差の値から判断することは困難である。実際，定数項のt値は5.3776とかなり大きいので，定数項の値が0である可能性は極めて低いといえる。

以上から，正解は⑤である。

問30

ある学校で，A組（学生数60人）とB組（学生数40人）に対して，同じ数学と国語の試験を行った場合を考える。この場合における，平均点，標準偏差，相関係数についての説明として，適切でないものを，次の①～⑤のうちから一つ選びなさい。

33

① 数学の得点について，A組とB組を合わせた平均点は，A組，B組それぞれの平均点を，両クラスの学生数により加重平均した値となる。

② 数学の得点について，A組とB組で平均点は異なるが，標準偏差は同じである場合には，A組とB組を合わせた標準偏差は，もとの標準偏差よりも大きい値となる。

③ 数学の得点について，A組とB組で平均点が同じであるが，標準偏差はA組とB組とで差がある場合には，A組とB組を合わせた標準偏差は，A組の標準偏差とB組の標準偏差の間の値をとる。

④ 数学と国語の得点の相関係数が，A組とB組とで等しい値となった場合には，A組とB組を合わせた数学と国語の得点の相関係数は，A組，B組の相関係数と同じ値となる。

⑤ A組において，国語では得点にばらつきがあるが，数学では得点が全員同じである場合には，国語と数学の相関係数は算出できない。

33 .... **正解** ④

以下では，一般化して説明するために，次のように記号を定める。

  A組のi番目の学生の得点　数学：x_{Ai}　　国語：y_{Ai}　　$(i = 1, \cdots, m)$
  B組のi番目の学生の得点　数学：x_{Bi}　　国語：y_{Bi}　　$(i = 1, \cdots, n)$

A組の平均点： 　　数学：$\bar{x}_A$ 　　　国語：$\bar{y}_A$

B組の平均点： 　　数学：$\bar{x}_B$ 　　　国語：$\bar{y}_B$

A組の標準偏差： 　　数学：σ_{x_A} 　国語：σ_{y_A}

B組の標準偏差： 　　数学：σ_{x_B} 　国語：σ_{y_B}

A組の数学と国語の得点の相関係数：r_A

B組の数学と国語の得点の相関係数：r_B

① ：適切である。

A組とB組を合わせた場合の数学の平均点 $\bar{x}_{AB}$ は次の式で表される。

$$\bar{x}_{AB} = (\Sigma x_{Ai} + \Sigma x_{Bi})/(m+n) = (m\bar{x}_A + n\bar{x}_B)/(m+n)$$

すなわち，A組とB組の平均点を学生数により加重平均した値となる。

② ：適切である。

上記①で説明したとおり，A組とB組を合わせた場合の平均点（$\bar{x}_{AB}$）は，A組，B組の平均点の加重平均となり，いずれの組の平均点とも異なる値となる。ここで，A組とB組を合わせた場合の標準偏差をσ_{AB}とする。

$$\sigma_{AB}{}^2 = \left[\Sigma(x_{Ai} - \bar{x}_{AB})^2 + \Sigma(x_{Bi} - \bar{x}_{AB})^2\right]/(m+n)$$

$$= \left[\Sigma((x_{Ai} - \bar{x}_A) + (\bar{x}_A - \bar{x}_{AB}))^2 + \Sigma((x_{Bi} - \bar{x}_B) + (\bar{x}_B - \bar{x}_{AB}))^2\right]/(m+n)$$

$$= \left[\Sigma(x_{Ai} - \bar{x}_A)^2 + m(\bar{x}_A - \bar{x}_{AB})^2 + \Sigma(x_{Bi} - \bar{x}_B)^2 + n(\bar{x}_B - \bar{x}_{AB})^2\right]/(m+n)$$

$$= \left[m\sigma_A{}^2 + n\sigma_B{}^2 + m(\bar{x}_A - \bar{x}_{AB})^2 + n(\bar{x}_B - \bar{x}_{AB})^2\right]/(m+n)$$

ここで，A組とB組の標準偏差は同じなので，$\sigma_A = \sigma_B$

$$\sigma_{AB}{}^2 = \sigma_A{}^2 + \left[m(\bar{x}_A - \bar{x}_{AB})^2 + n(\bar{x}_B - \bar{x}_{AB})^2\right]/(m+n) > \sigma_A{}^2$$

（$\bar{x}_A \neq \bar{x}_B \neq \bar{x}_{AB}$なので，$\left[m(\bar{x}_A - \bar{x}_{AB})^2 + n(\bar{x}_B - \bar{x}_{AB})^2\right]/(m+n) > 0$となることに注意）

すなわち，A組とB組を合わせた分散は，A組（又はB組）のみの分散よりも，上の式の2番目の項だけ大きくなる。

③ ：適切である。

上記②の説明により，A組とB組を合わせた分散$\sigma_{AB}{}^2$は，次の式で表される。

$$\sigma_{AB}{}^2 = \left[m\sigma_A{}^2 + n\sigma_B{}^2 + m(\bar{x}_A - \bar{x}_{AB})^2 + n(\bar{x}_B - \bar{x}_{AB})^2\right]/(m+n)$$

A組とB組で平均点は同じであるので，$\bar{x}_A = \bar{x}_B = \bar{x}_{AB}$であることから，

$$\sigma_{AB}{}^2 = (m\sigma_A{}^2 + n\sigma_B{}^2)/(m+n)$$となる。

すなわち，A組とB組を合わせた分散は，A組，B組の分散の加重平均となっている。このように，σ_{AB}^2は，σ_A^2とσ_B^2の間の値をとるので，標準偏差についても同様の関係が成立する。

④：適切でない。

　このことは，下の2つの図のような例を考えれば理解しやすい。

　散布図1は，A組はB組よりも数学の平均点は低いが，国語の平均点は高い場合である。このような場合，両組を合わせた散布図は右下がりとなり，全体の相関係数はマイナスとなる。

　散布図2は，A組はB組よりも数学，国語ともに平均点が低い場合である。このような場合，両組を合わせた散布図は右上がりとなり，全体の相関係数はプラスとなる。

　このように，2つの集団を合わせた場合には，元の相関係数が同じ値であっても，元の集団の平均値の関係によって，その相関係数は正負のさまざまな値をとりうる。

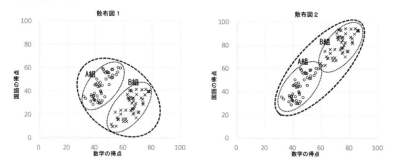

⑤：適切である。相関係数は次の式により求められる。

$$r_A = \Sigma(x_{Ai} - \mu_A)(y_{Ai} - \mu_A)/\sigma_{x_A}\sigma_{y_A}$$

　ここで，数学の得点が全員同じであるということは，$\sigma_{x_A} = 0$であり，分母が0となるので，r_Aは算出できない。

以上から，正解は④である。

問31

　人口動態統計に関する説明として，適切でないものを，次の①〜⑤のうちから一つ選びなさい。　**34**

① 「年齢調整死亡率」（年齢標準化死亡率）とは，ある年における死亡率を，基準年の死亡率が1となるように調整した指標である。

② 「平均寿命」とは,「生命表」の年齢別死亡率が将来にわたり一定と仮定した場合において, 0歳児が平均的に何年生きられるかを示す指標である。

③ 「合計特殊出生率」とは, ある年における女性の年齢各歳別出生率を15歳から49歳まで合計して得られる指標である。

④ 日本において長期的に人口を維持することができる「合計特殊出生率」の水準は, 約2.1とされている。

⑤ 「コーホート出生率」とは, ある一つの世代の女性が生涯に産む, 平均的な子どもの数を表す指標である。

34 ··· 正解▶ ①

①:適切でない。「年齢調整死亡率」(年齢標準化死亡率とも呼ばれる)は, 基準年における年齢別の人口構成が変わらないものと仮定して, 各年における年齢別の死亡率を加重平均して得られる値である。1年間の死亡数を年央人口で除した値である「粗死亡率」は, 近年における日本の場合, 高齢化の進展に伴い上昇の傾向にあるが,「年齢調整死亡率」は, 医療技術の進歩, 国民の健康水準の向上などにより, 低下の傾向が見られる。

②:適切である。「平均寿命」の概念は, 選択肢の説明のとおりであり, 平成29年簡易生命表(厚生労働省)によれば, 男の平均寿命は81.09歳, 女の平均寿命は87.26歳となっている。

③:適切である。「合計特殊出生率」の概念は, 選択肢の説明のとおりであり, これは, 特定の年の年齢別出生率が将来にわたって変化しないと仮定した場合において, 1人の女性が一生涯に産むと考えられる平均的な子どもの数を表す。平成29年の合計特殊出生率は,「人口動態統計」(厚生労働省)によれば, 1.43となっている。

④:適切である。長期的に人口を維持することのできる「合計特殊出生率」のレベルは,「人口置換水準」と呼ばれる。これは, 1人の女性が, 平均的に1人の女性を再生産する水準である。1人の女性が2人の子どもを産めば, そのうち1人は女児となると考えられるが, 厳密には, 男児が女児よりも約5%多く生まれるため, これでは完全に再生産されたことにはならない。また, 女児が出産年齢に達するまでに死亡する確率もある。それらを勘案すると, 現在の日本では, 人口置換水準は2.07となっている。

⑤:適切である。「コーホート」とは, 同時発生集団などと訳される概念であり, 例えば, 同じ年に生まれた女性の集団などがこれに当たる。そのような同一の集団に着目した出生率が「コーホート出生率」である。

以上から, 正解は①である。

次の表は，2010年と2015年における商品AとBの価格と支出金額のデータである。この表から，2010年を100とする，商品AとBを合わせた物価指数を計算する場合を考える。このデータに関して，ラスパイレス算式とパーシェ算式による物価指数の算式の組合せとして最も適切なものを，下の①～⑤のうちから一つ選びなさい。 **35**

品目	価格（円）		支出金額（円）	
	2010年	2015年	2010年	2015年
商品A	100	120	3,000	2,000
商品B	200	160	1,000	2,000

算式A $\dfrac{\left(\frac{120}{100}\right) \times 3000 + \left(\frac{160}{200}\right) \times 1000}{3000 + 1000}$

算式B $\dfrac{\left(\frac{120}{100}\right) \times 2000 + \left(\frac{160}{200}\right) \times 2000}{2000 + 2000}$

算式C $\dfrac{3000 + 1000}{\left(\frac{100}{120}\right) \times 3000 + \left(\frac{200}{160}\right) \times 1000}$

算式D $\dfrac{2000 + 2000}{\left(\frac{100}{120}\right) \times 2000 + \left(\frac{200}{160}\right) \times 2000}$

① ラスパイレス算式＝算式A，パーシェ算式＝算式C
② ラスパイレス算式＝算式B，パーシェ算式＝算式D
③ ラスパイレス算式＝算式A，パーシェ算式＝算式D
④ ラスパイレス算式＝算式B，パーシェ算式＝算式C
⑤ ラスパイレス算式＝算式C，パーシェ算式＝算式B

35 .... **正解** ③

物価指数に用いられるラスパイレス算式は，比較年（2015年）の価格を基準年（2010年）の価格で除した比率を，基準年の支出金額をウェイトとして加重算術平均する式として表される。すなわち，基準年における商品別の支出パターンを固定して，価格が平均的にどれだけ変化したかを示すものである。

　また，パーシェ算式は，比較年（2015年）の価格を基準年（2010年）の価格で除した比率を，比較年における商品別の支出金額をウェイトで加重調和平均する式として表される。すなわち，比較年における商品別の支出パターンを固定して，価格が平均的にどれだけ変化したかを示すものである。

　これを計算式として表すと，次のとおりとなる。

　まず，各変数を次のとおり定義する。

　　p_{A0}, p_{B0}：基準年（2010年）における商品A及びBの価格

　　p_{A1}, p_{B1}：比較年（2015年）における商品A及びBの価格

　　q_{A0}, q_{B0}：基準年（2010年）における商品A及びBの購入数量

　　q_{A1}, q_{B1}：比較年（2015年）における商品A及びBの購入数量

　これにより，商品A及びBへの支出金額ウェイトは次の式で表される。

　　$w_{A0} = p_{A0}q_{A0}$：商品Aの基準年における支出金額ウェイト

　　$w_{B0} = p_{B0}q_{B0}$：商品Bの基準年における支出金額ウェイト

　　$w_{A1} = p_{A1}q_{A1}$：商品Aの比較年における支出金額ウェイト

　　$w_{B1} = p_{B1}q_{B1}$：商品Bの比較年における支出金額ウェイト

　これを用いると，両算式は，次のように定義される。

$$\text{ラスパイレス算式} = \frac{p_{A1}q_{A0} + p_{B1}q_{B0}}{p_{A0}q_{A0} + p_{B0}q_{B0}} = \frac{(p_{A1}/p_{A0})w_{A0} + (p_{B1}/p_{B0})w_{B0}}{w_{A0} + w_{B0}}$$

$$\text{パーシェ算式} = \frac{p_{A1}q_{A1} + p_{B1}q_{B1}}{p_{A0}q_{A1} + p_{B0}q_{B1}} = \frac{w_{A1} + w_{B1}}{\{w_{A1}/(p_{A1}/p_{A0})\} + \{w_{B1}/(p_{B1}/p_{B0})\}}$$

　上の表に与えられたデータをこれらの算式に代入すると，算式Aがラスパイレス算式，算式Dがパーシェ式となる。

　以上から，正解は③である。

次の図表は，総務省の「労働力調査」による女性の完全失業率の原数値と季節調整値を示したものである。これらの原数値と季節調整値に関する記述として，適切でないものを，下の①〜⑤のうちから一つ選びなさい。 **36**

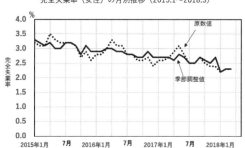

完全失業率（女性）の月別推移（2015.1〜2018.3）

(単位: %)

		1月	2月	3月	4月	5月	6月	7月	8月	9月	10月	11月	12月
2015 年	原数値	3.2	3.1	3.1	3.5	3.3	3.2	3.2	3.2	3.1	2.7	2.9	2.6
	季節調整値	3.3	3.2	3.1	3.2	3.0	3.0	3.2	3.2	3.1	2.8	3.1	2.9
2016 年	原数値	2.8	2.8	3.0	3.3	3.1	3.1	2.8	2.8	2.6	2.6	2.7	2.4
	季節調整値	2.9	2.9	3.0	3.0	2.9	2.9	2.8	2.8	2.7	2.7	2.9	2.7
2017 年	原数値	2.6	2.6	2.7	2.9	3.1	2.8	2.5	2.5	2.7	2.5	2.4	2.4
	季節調整値	2.7	2.7	2.7	2.6	2.8	2.7	2.5	2.5	2.7	2.6	2.5	2.7
2018 年	原数値	2.2	2.3	2.3									
	季節調整値	2.2	2.3	2.3									

資料：総務省「労働力調査」

① 原数値と季節調整値について分散を比較すると，値が小さいのは季節調整値である。

② 季節調整値の対前月差を見ることにより，季節変動を除いた動きを把握することができる。

③ 原数値の対前年同月差を見ることにより，季節変動を除いた動きを把握することができる。

④ 原数値の対前月比を見ることにより，季節変動を除いた動きを把握することができる。

⑤ 季節指数は，1年のうちで4月に高く，12月に低い傾向がある。

36 ⋯⋯⋯⋯⋯⋯⋯⋯⋯⋯⋯⋯⋯⋯⋯⋯⋯⋯⋯⋯⋯⋯⋯⋯⋯⋯⋯⋯⋯⋯ **正解** ④

①：適切である。季節調整値は，原数値から季節変動成分が除去されているので，その分だけ分散が小さくなる傾向にある。実際，図表でデータの変動を観察しても，原数値のほうが季節調整値よりも最大値が大きいなど，分散が大きいことが読み取れる。

②：適切である。季節調整値は，季節調整変動分（この場合，月別の季節変動パターン）を調整した系列であるので，前月の値との比較によって季節変動を除いた動きを読み取ることができる。

③：適切である。当月の原数値と前年同月の原数値は，ほぼ同じ季節要因を含んでいるとみなされるので，両者の差をとることにより，季節要因が打ち消されていると考えられる。

④：適切でない。当月の原数値と前月の原数値は，異なる季節要因を含んでいると考えられるので，その差には季節変動の要因が含まれていることになる。

⑤：適切である。季節調整においては，原数値÷季節指数＝季節調整値　という関係がある。この関係を基に，原数値÷季節調整値の値を月別にみると，毎年4月は約1.1と，他の月よりも高い傾向にある。また，毎年12月は，その逆に約0.9と低い傾向にある。

　以上から，正解は④である。

次の表は，ある化粧品メーカーが自社製品（ブランドＡ）のユーザーと競合他社の製品（ブランドＢ）のユーザーに対して，製品の使用満足度を5件法で質問したときの調査結果である。

	回答者数	満足している	やや満足している	どちらともいえない	あまり満足していない	満足していない
ブランドA	900 (100 %)	126 (14.0 %)	225 (25.0 %)	405 (45.0 %)	99 (11.0 %)	45 (5.0 %)
ブランドB	300 (100 %)	21 (7.0 %)	72 (24.0 %)	159 (53.0 %)	36 (12.0 %)	12 (4.0 %)

このデータについて，両者の「満足している」，「やや満足している」を合算した割合に統計的な差があるかどうかを検定したい。検定統計量を算出する式として，最も適切なものを，次の①〜⑤のうちから一つ選びなさい。ただし，ブランドＡの回答者とブランドＢの回答者には，重複がないものとする。 $\boxed{37}$

①
$$\dfrac{0.39 - 0.31}{\sqrt{\dfrac{0.39 \times (1-0.39) + 0.35 \times (1-0.35) + 2 \times 0.39 \times 0.31}{351 + 93}}}$$

②
$$\dfrac{0.39 - 0.31}{\sqrt{\left(\dfrac{1}{351} + \dfrac{1}{93}\right) \times 0.35 \times (1-0.35)}}$$

③
$$\dfrac{0.39 - 0.31}{\sqrt{\left(\dfrac{1}{351} + \dfrac{1}{93}\right) \times 0.37 \times (1-0.37)}}$$

④
$$\dfrac{0.39 - 0.31}{\sqrt{\left(\dfrac{1}{900} + \dfrac{1}{300}\right) \times 0.35 \times (1-0.35)}}$$

⑤
$$\dfrac{0.39 - 0.31}{\sqrt{\left(\dfrac{1}{900} + \dfrac{1}{300}\right) \times 0.37 \times (1-0.37)}}$$

37 ⋯⋯⋯⋯⋯⋯⋯⋯⋯⋯⋯⋯⋯⋯⋯⋯⋯⋯⋯⋯⋯⋯⋯⋯ **正解** ⑤

　この調査結果においては，2つの割合に差があるか否かについて統計的検定を行うには，「母比率の差」の検定を適用する（詳細については，下記の参考文献を参照）。

　以下，一般化して説明するために，記号を次のとおり定義する。

　　p_A, p_B：A（又はB）の調査における「満足している」者の母比率

　　$\hat{p}_A$, $\hat{p}_B$：A（又はB）の調査における「満足している」者の標本比率

　　n_A, n_B：A（又はB）の調査の標本の大きさ（人数）

　　x_A, x_B：A（又はB）の調査における「満足している」者の人数

　これにより，$\hat{p}_A = x_A/n_B$, $\hat{p}_B = x_B/n_B$と表される。

　ここで，帰無仮説H_0を$p_A = p_B$と置く。

　検定統計量として，次の式によるzを用いる。

$$Z = \frac{\hat{p}_A - \hat{p}_B}{\sqrt{\hat{p}^*(1-\hat{p}^*)(1/n_A + 1/n_B)}} \quad \text{ただし，} \quad \hat{p}^* = \frac{x_A + x_B}{n_A + n_B}$$

　ここで，$\hat{p}_A$, $\hat{p}_B$には，それぞれ，ブランドA（又はブランドB）について「満足している」と「やや満足している」とした者の割合を合算した値とする。

　すなわち，$p_A = 0.14 + 0.25 = 0.39$, $p_B = 0.07 + 0.24 = 0.31$　である。

　また，　$n_A = 900$, $n_B = 300$, $\hat{p}^* = \dfrac{126 + 225 + 21 + 72}{900 + 300} = 0.37$　である。

　これらの値をzの式に代入すると，$Z = \dfrac{0.39 - 0.31}{\sqrt{0.37 \times (1-0.37) \times (1/900 + 1/300)}}$　となる。

　よって，正解は⑤である。

参考文献：

・『統計学基礎〔改訂版〕』日本統計学会編（2015），東京図書

　家計における酒類の消費の傾向を分析するために，総務省の「家計調査」から酒類に関する家計支出データを用いて主成分分析を行った。使用したデータは，九州・沖縄地方の県庁所在都市及びそれ以外の政令指定都市の合計 9 市（ $n = 9$ ）における，8 種類の酒（表 2 参照）それぞれについての 1 世帯平均年間支出金額（2015〜2017 年の平均）である。ここでは，相関行列から分析を行った。

　次の表は，主な結果を示したものである。この主成分分析に関する説明として，適切でないものを，下の①〜⑤のうちから一つ選びなさい。　**38**

表 1: 固有値（第 1 主成分 〜 第 5 主成分）

	固有値	寄与率	累積寄与率
第 1 主成分	2.603	0.325	0.325
第 2 主成分	2.313	0.289	0.615
第 3 主成分	1.291	0.161	0.776
第 4 主成分	0.993	0.124	0.900
第 5 主成分	0.554	0.069	0.969

表 2: 第 1 主成分 〜 第 5 主成分の主成分負荷量

	第 1 主成分	第 2 主成分	第 3 主成分	第 4 主成分	第 5 主成分
清酒	−0.7615	0.5871	−0.2053	0.0852	−0.0937
焼酎	0.5283	−0.1449	−0.6019	−0.4283	0.3661
ビール	−0.9398	−0.1664	0.0862	−0.1936	−0.0345
ウィスキー	−0.6355	0.5347	0.0685	−0.1299	0.5119
ワイン	0.4558	0.5091	0.1646	0.6520	0.2447
発泡酒	0.3930	0.7291	0.0928	−0.4614	−0.2121
チューハイ	0.2493	0.1005	0.8809	−0.3286	0.1206
その他	0.1792	0.9129	−0.2508	−0.0408	−0.1681

（注）この分析では，世帯で消費される酒類が次の 8 種類に分類されている。①清酒，②焼酎，③ビール，④ウィスキー，⑤ワイン，⑥発泡酒，⑦チューハイ，⑧その他（ただし，⑥発泡酒は，ビール風アルコール飲料を含む。⑦チューハイは，カクテル等を含む。）

① この分析では第 9 主成分まで抽出することができ，すべての固有値の和は 9 となる。

② 焼酎，ワインへの支出が相対的に多く，ビール，清酒への支出が少ない都市

では、第1主成分スコア（主成分得点ともいう。以下同じ。）は、相対的に高めの値となると考えられる。

③ 分析対象の9都市について、第1主成分スコアと第2主成分スコアの相関係数は、0となる。

④ 分析対象の9都市について、第1主成分スコアと焼酎の支出額との相関係数は0.5283となる。

⑤ 第4主成分スコアの寄与率が0.124であるので、第4主成分は、データの変動全体の12.4％を説明していると解釈することができる。

38 .... **正解** ①

①：適切でない。この主成分分析では、変数として8個（8種類の酒の支出金額）が用いられているので、第8主成分まで抽出することができ、第9主成分は存在しない。

②：適切である。第1主成分の主成分負荷量を見ると、焼酎とワインはそれぞれ0.5283、0.4558とプラスの値であるのに対し、ビールと清酒はそれぞれ -0.9398 と -0.7615 とマイナスの値である。第1主成分スコアの値は、観測されたケースごとに、各主成分負荷量と、それに対応する変数の観測値を乗じた値の合計である。このため、焼酎とワインへの支出が多く、ビールと清酒への支出が少ない都市では、第1主成分スコアの値は相対的に高めとなる。

③：適切である。主成分分析においては、異なる主成分スコアの相関係数は0となる。

④：適切である。主成分分析においては、第 n 主成分スコアと第 m 変数の相関係数は、第 n 主成分における第 m 変数に対応する主成分負荷量となる。第1主成分の焼酎に対応する主成分負荷量は0.5283なので、相関係数はその値となる。

⑤：適切である。第 n 主成分の寄与率は、その主成分がデータの変動全体を説明する割合を表すものと解釈することができる。

以上から、正解は①である。

問		解答番号	正解	問		解答番号	正解
問1		1	④	問19		21	②
問2		2	①	問20		22	④
問3		3	③	問21		23	③
問4		4	①	問22		24	①
問5		5	④	問23		25	②
問6		6	④	問24		26	③
問7	〔1〕	7	①	問25		27	②
	〔2〕	8	④	問26		28	④
問8		9	①	問27	〔1〕	29	①
問9		10	③		〔2〕	30	⑤
問10		11	⑤	問28		31	②
問11		12	⑤	問29		32	⑤
問12		13	②	問30		33	④
問13		14	③	問31		34	①
問14		15	②	問32		35	③
問15		16	⑤	問33		36	④
問16		17	②	問34		37	⑤
問17		18	⑤	問35		38	①
問18	〔1〕	19	③				
	〔2〕	20	⑤				

PART 7

専門統計調査士
2017年11月
問題／解説

2017年11月に実施された
専門統計調査士の試験で実際に出題された問題文を掲載します。
問題の趣旨やその考え方を理解できるように、
正解番号だけでなく解説を加えました。

　下の表は，国の機関が意識調査を民間の調査機関に委託する際に使用した仕様書を要約したものである。この仕様書による調査について，〔1〕～〔4〕の問に答えなさい。

調査概要	◆ 母集団　　　　全国 60 歳以上の男女（平成 28 年 1 月 1 日現在） ◆ 地点数　　　　150 地点以上 ◆ 標本サイズ　　3,000 人 ◆ 有効回収数　　1,680 人以上（回収率 56.0 ％以上）を目標とする。 ◆ 抽出方法　　　層化 2 段無作為抽出法 　　　　　　　　※人口階級規模（大都市，中都市，小都市，町村）により 　　　　　　　　　4 層に層化すること。 ◆ 調査方法　　　調査員による面接聴取する方法により行う。 ◆ 抽出台帳　　　住民基本台帳
調査準備	発注者と調整し，以下の準備を行うこと。 ◆ 調査に使用する調査資材の作成 　・調査票　　　：A4 判・両面・単色・10 頁以上・3,020 部以上 　・調査要領　　：A4 判・両面・10 頁以上・170 部以上 　・挨拶状　　　：はがき A6 判・3,000 枚以上 　　※調査実施前に調査対象者に郵送し，調査の協力を依頼する。 　・謝礼（粗品）：500 円相当の日用品 ◆ 調査対象者の抽出 　※住民基本台帳の閲覧は対象となる市区町村の定める手続きにより行う。
調査実施	◆ 調査方法　　　調査員による面接聴取法により実施する。
調査スケジュール	入札・開札日　：平成 28 年 3 月 23 日 契約期間　　　：契約締結日から平成 28 年 11 月 25 日まで ◆ 契約締結後　　調査実施計画等の策定・提出，企画分析委員の選定・委嘱 ◆ 5 月～7 月　　調査実施，調査票集計，クロス集計，調査結果の分析 ◆ 8 月　　　　　第 1 回企画分析委員会（集計結果の報告等） ◆ 10 月　　　　 第 2 回企画分析委員会（報告書案の報告，検討） ◆ 10 月～11 月　報告書作成，企画分析委員会からの修正意見反映 ◆ 11 月　　　　 報告書提出
提出成果物等	① 集計用個票データ　　　　　　：Excel 形式，CD-R：2 枚 ② 単純集計表及びクロス集計表　：Excel 形式，CD-R：2 枚 ③ 調査結果報告書　　　　　　　：A4 判両面 250 頁以上，1 部

〔1〕 受託した調査会社の担当者の対応について，適切でない記述を，次の①〜⑤のうちから一つ選びなさい。 1

① 落札の直後に，「入札説明書」に記されている発注官庁の業務担当者を往訪し，受託した旨の挨拶及び業務の初回打合せの日程打診を行った。

② 受託業務の一部を再委託したいので，落札直後に再委託先の担当者に，速やかに発注機関の担当者に挨拶に行くように指示した。

③ インスペクション（調査が適切に実施されたかの検証）を実施することについては，「仕様書」に記載がないが，業務の品質確保の観点から，発注者に対し提案した。

④ 入札前に提示された「契約書（案）」の中で，不明瞭な条項があったため，落札の直後に発注者の契約担当者に確認した。

⑤ 「契約書」の作成にあたっては，契約金額に対応する額の収入印紙を自社で用意し，「契約書」のうちの一通に貼付して，発注者の契約担当者に提出した。

2017年11月

〔2〕 この調査の実施における工程管理・品質管理・インスペクション（調査が適切に実施されたかの検証）に関する業務担当者の対応として，適切でない記述を，次の①〜⑤のうちから一つ選びなさい。 2

① 調査員に対して，調査対象者ごとの調査の実施日時及びおおよその所要時間を調査対象者名簿に記録するよう指示する。

② インスペクションは，調査に回答してくれた全員のうちから一部の人を選定し，その人の調査を担当した調査員が実施する。

③ 調査員に対しては，目標とする回収率を示し，それ以上の回収率の達成に努めるよう指導する。

④ 調査対象者の健康上の理由により，本人から面接による聴取が困難な場合には，調査票は作成せず，調査不能として扱う。

⑤ 調査対象者が，調査の一部の質問について「わからない」との理由で完全な回答が得られない場合であっても，調査票を作成し，提出する。

〔3〕 この調査の標本設計を行うには，第一次抽出単位，第二次抽出単位，抽出確率などについて，次の表のようにいくつかの可能性が想定される。この調査の標本設計の方法として，実務上の実現可能性，調査の効率性及び結果の精度の観点から，表の中で組み合わせるとした場合，最も適切なものの組合せを，下の①～⑤のうちから一つ選びなさい。 | 3 |

表　標本設計として想定される抽出方法

> 【第一次抽出単位】
> 　A1　第一次抽出単位を市町村とする。
> 　A2　第一次抽出単位を町丁目とする。
> 【第一次抽出単位の抽出確率】
> 　B1　第一次抽出単位は，すべて同じ確率で抽出する。
> 　B2　第一次抽出単位は，人口に比例する確率で抽出する。
> 【第二次抽出単位の抽出方法】
> 　C1　第二次抽出単位を世帯とし，単純無作為抽出を行う。
> 　C2　第二次抽出単位を個人とし，単純無作為抽出を行う。

① A1，B1，C1　　② A1，B1，C2　　③ A1，B2，C2
④ A2，B1，C1　　⑤ A2，B2，C2

〔4〕 この調査を担当する調査員に対する指導内容に関する記述として，適切でないものを，次の①～⑤のうちから一つ選びなさい。 | 4 |

① 万一，調査票を紛失したり，盗難にあったりした場合における情報保護に万全を期するため，調査票には調査対象者の氏名や住所など本人を直接特定できる情報は記録させない。

② 調査を通じて知り得た個人情報の漏えいを防止するため，機密保持の誓約書を提出させる。

③ 調査対象者の世帯を何度訪問しても不在の場合，その家族が代わって回答できるときには，家族から面接聴取を行う。

④ 面接聴取を行っている時，調査対象者が考え込んでしまい，回答がなかなか得られない場合でも，ヒントを与えたり急がせたりせずに回答を待つ。

⑤ 回答が記入された調査票を調査員が自宅に持ち帰って整理する場合，家族に見られることのないよう情報管理を徹底させる。

〔1〕　**1**　··· 正解 ②

①：適切である。受注した事業者は，落札後，速やかに業務を開始できるよう，発注官庁の担当者と意思疎通を図る必要がある。

②：適切でない。受託業務の再委託には，一般に，入札発注者の事前の了解が必要であるので，受注した事業者は，落札後，まず発注者に再委託に関する了解を得るべきである。

③：適切である。インスペクションは，調査結果の品質向上に有用であり，それが入札仕様書に含まれていない場合に，発注者に提案することは望ましいことである。

④：適切である。契約書の案文に不明な点があれば，契約締結の前に確認しておくべきである。

⑤：適切である。契約書には，非課税となる場合を除き，契約の金額に応じた所定の額の収入印紙を貼付しなければならない。収入印紙の費用は，契約当事者双方が連帯して負担することとされており，受注した事業者は，通常の場合，2通の契約書のうちの1通の収入印紙を添付すればよい。非課税となるのは契約金額が5万円未満の場合であり，この業務の契約金額が非課税の限度額を下回ることはないと考えられる。

以上から，正解は②である。

〔2〕　**2**　··· 正解 ②

①：適切である。調査員の活動記録として，調査対象者ごとの訪問日時や所要時間などを記録に残すことは必要である。

②：適切でない。インスペクションは，調査員の活動が適切であったかどうか，第三者が評価するために行うものであるので，インスペクションの対象者の調査を担当した調査員とは別の人が行うべきである。

③：適切である。調査員に対して，最低限目指すべき目標の回収率を示すことは，入札仕様書に示された調査の品質を確保するために必要である。また，それの率にとどまらず，さらにそれを上回るよう努力を求めることも，品質向上のために必要である。ただし，調査員が，回収率を高めることを優先するあまりに，不適切な対応を行うことのないよう留意しなければならない。

④：適切である。この調査は，訪問面接により行うこととされており，調査対象者が面接に応じられない場合には，調査不能として取り扱うべきである。

⑤：適切である。調査対象者が，一部の質問について「わからない」と回答した場合であっても，回答は得られているので，調査票を作成して提出すべきである。

以上から，正解は②である。

〔3〕 **3** .... 正解 ⑤

この調査の抽出方法は,「層化2段無作為抽出法」とされている。

抽出手法としては,**第一次抽出単位**として市町村又は町丁目のいずれでも用いることができる。しかし,結果精度の観点からすると,第一次抽出単位については,できるだけ多様な地域が含まれるような抽出法が望ましく,その面では,より小さい地域単位である町丁目のほうがより望ましい。このため,「A2 第一次抽出単位を町丁目とする」がより適切である。

第一次抽出単位の抽出確率については,第一次抽出単位に含まれる第二次抽出単位の分散が大きい場合には,第二次抽出単位の数に比例して抽出するほうが,等確率で抽出するよりも精度が向上することが知られている。この場合,調査対象が60歳以上の男女となっているので,最も望ましいのは60歳以上人口に比例した確率で抽出することであるが,その情報がない場合には,人口で代用することも考えられる。このため,「B2 第一次抽出単位は,人口に比例する確率で抽出する」がより適切である。

第二次抽出単位は,調査対象が個人であるので,手続面でも制度面でも,個人とすることが望ましい。抽出用の母集団名簿として用いられる住民基本台帳には個人の単位で記載されているので,個人を抽出単位として単純無作為抽出を行うことに支障はない。このため,「C2 第二次抽出単位を個人とし,単純無作為抽出を行う」がより適切である。

以上をまとめると,「A2,B2,C2」の組合せが最も適切であるので,正解は⑤である。

〔4〕 **4** .... 正解 ③

①:適切である。調査員には,調査票が紛失したり,盗難にあったりしないよう,万全の対策を講じるよう指導するとともに,万が一,そのような不測の事態が発生した場合でも,個人情報が漏れないように配慮することが必要である。このため,調査票には本人を直接特定することのできる情報は記録すべきではない。

②:適切である。機密保持の徹底のためには,調査員に誓約書の提出を求めることが必要である。

③:適切でない。この調査は面接聴取により行うこととされているところ,代理の人を通じて調査を行ったのでは,正確な回答が得られない場合がある。

④:適切である。調査対象者が回答に迷ったりしている場合,急がせたりヒントを与えたりすると,調査対象者の心証を害したり,回答に悪影響を及ぼしたりするおそれがあるので,そのような対応はしてはならない。

⑤:適切である。調査員が調査票を自宅で処理しなければならない場合には,その家族に対しても調査に関する情報の機密保持を徹底する必要がある。

以上から,正解は③である。

問2

調査データをコンピュータ処理する場合における入力およびチェック作業に関して，適切でない記述を，次の①～⑤のうちから一つ選びなさい。　**5**

① キーエントリー入力の作業中に，調査票の記入内容に明らかな誤りがあった場合には，オペレータが他の入力項目などと比較して最も適切と判断する内容に修正して入力する。

② 調査対象者の住所の市区町村の符号を入力する場合，JISに定められた6桁の符号を使用すれば，6文字のうち1文字を誤入力した場合，入力された文字列だけから入力誤りがあったことを判断できる。

③ 全都道府県を対象に行った調査の結果のデータファイルについては，すべてのレコードの都道府県コードをチェックして，全都道府県のデータが含まれていることを確認する。

④ 事業所の調査データにおいて，商品・サービスの総売上高とその内訳が含まれている場合，各事業所のデータについて，内訳の売上高の合計と総売上高を比較して，差異があればデータを再点検する。

⑤ 事業所の従業員数と売上高に関する調査結果をチェックするために，従業者数により売上高を予測する回帰モデルを作り，売上高がそのモデル式による予測値と著しく離れている場合には，元の調査票に戻って再点検する。

---

5 ·· **正解** ①

①：適切でない。記入内容の誤りについては，オペレータの個別判断によって修正してはならない。記入における誤りについては，一貫した方法により効率的にチェック・訂正を行うために，入力後にプログラムによって一括して処理するのが一般的である。

②：適切である。JISの6桁の市町村コードは，上2桁が都道府県に対応するコード，次の3桁が市区町村等に対応するコードとなっており，末尾の6桁目はチェックディジットとなっている。チェックディジットは，ある計算式によって算出された値であり，6桁のうち1桁に誤りがある場合には，発見することができる。

③：適切である。データが漏れなく処理されたかどうか確認するための一つの方法として，全都道府県のデータが含まれているかどうかチェックすることは有効である。

④：適切である。調査によって得られたデータの整合性をチェックするための一つの方法として，内訳を合算した値と総数とを比較することは有効である。

⑤：適切である。企業の売上高のような数量データをチェックする場合には，回答データの中で関連性の高い他の項目のデータを用いて推計式を作成し，それによる推計値と比較して異常がないかを確認することは有効である。実際に回答され

た値と推計値とが大きく乖離している場合，必ずしも誤りとは限らないが，誤り
の可能性のあるデータを発見するためには有効である。

以上から，正解は①である。

問3

訪問留置調査における調査票の内容に対する疑義照会について，適切でない記述
を，次の①〜⑤のうちから一つ選びなさい。 6

① 調査対象者に回答を依頼する際，調査票を回収した後，記入内容の点検を行
って不明な点が出た場合には，疑義照会をする可能性があることを伝える。

② 疑義照会は，できるだけ調査員が調査対象者と接触している期間中に行うの
が望ましいが，集計におけるデータチェックで疑義が発生した場合でも照会を
行うことがある。

③ 調査員が調査対象者から密封された調査票を受領した場合，回答漏れや回答
誤りのないよう，その場で開封して調査票を点検し，疑義があれば調査対象者
に尋ねる。

④ 調査員の行う疑義照会に個人差が出ないよう，回答に関してチェックすべき
ポイントを整理し，疑義照会の方法を調査員用マニュアルに明記する。

⑤ どの調査対象者にどのような疑義照会を実施したかについて，個別に記録し
て残しておくよう調査員に指導する。

6 .... 正解 ③

①：適切である。調査票を回収した後の点検の結果，回答内容に関して疑義が生じ
た場合は，調査対象者に照会する場合があるので，調査対象者には，その旨を予
め知らせておくことが必要である。

②：適切である。回答内容に関する疑義照会は，できるだけ調査実施中に行うこと
が望ましいが，そのような対応が必ずできるわけではない。特に，集計段階でコ
ンピュータにより行われるデータチェックによって疑義のあるケースが発見され
ることもあるので，その場合，必要があれば，事後的に疑義照会を行うこともあ
る。

③：適切でない。調査対象者が調査票を封入して提出した場合には，回答内容を調
査員に見られたくないという意思表示がされたものと考えられるので，調査員が
開封し，内容を見ることは適切ではない。なお，調査によっては，調査対象者に
対して，調査票の提出時に調査員が回答を点検する旨を予め告知している場合も
ありうるが，そのような場合であっても，封入された調査票の取扱には慎重を期
すべきである。

④：適切である。調査員によって疑義照会の方法や内容に差異が生じないよう，チ

ェックすべきポイント等をマニュアルに明記して、統一的な方法で対応する必要がある。

⑤：適切である。疑義照会については、調査の品質確保・向上のため、その状況をきちんと記録に残すことが必要である。

以上から、正解は③である。

問4

インターネット調査の回答データの品質向上のための方策として、適切でないものを、次の①〜⑤のうちから一つ選びなさい。　| 7 |

①　設問数が多い調査票の場合には、途中で回答を一時保存できる機能を設け、あとで回答を再開できるようにする。

②　選択肢の配列順序が回答に影響を与えるおそれのある設問については、異なる配列の選択肢の組合せをいくつか用意し、それを回答者ごとに無作為に提示する。

③　調査対象者に関して、予め登録されている属性や事前調査で把握している内容とインターネット調査の回答内容とが矛盾する場合には、そのデータを除外することを検討する。

④　回答所要時間が極端に短い人については、不正確な回答をしている可能性が高いので、そのデータを除外することを検討する。

⑤　回答の内容によって質問の流れが分岐するような設問・選択肢については、その箇所に、次に回答すべき質問の流れを説明する文章を表示し、回答者に自分でその質問に進むよう操作してもらう。

| 7 | .... **正解** ▶ ⑤

①：適切である。インターネット調査の場合、回答者は一度で全問に対して回答しきれない場合があるので、回答の途中で一時保存できる機能を設けることは必要である。

②：適切である。選択肢の配列順序が回答に影響するおそれのある場合には、選択肢の順番を一つのパターンに固定せず、複数のものを用意する必要がある。

③：適切である。特にインターネットの登録モニター（アクセスパネルとも呼ばれる）の場合には、男女・年齢など基本的な属性については予め情報が得られている場合が多いので、回答の正確性を期するために、実際の回答と事前に得られている情報を突き合わせて確認することが望ましい。

④：適切である。回答時間が極端に短い場合には、すべて不適切な回答であったと断定はできないが、設問・選択肢を読まずに適当に回答をしているおそれもあるので、回答をよく点検し、不適当な回答と判断される場合には集計から除外する

ことも検討する必要がある。

⑤：適切でない。インターネット調査では，質問の流れが分岐している調査の場合，回答の状況に応じて分岐先の設問の表示を自動的に変更することが可能である。そのような仕組みをできるだけ活用して，分岐のための操作を回答者にゆだねないほうが，回答者の負担が少なくなり，より正確な回答を得やすい。

以上から，正解は⑤である。

問5

　市場調査で利用されている定性調査，あるいは質的調査と呼ばれる手法の一つとして，特定の商品を利用した人や特定の事柄に関心のある人など少人数の対象者を集めて，統計データの収集を目的とせずに自由に意見を聴取する調査（グループ・インタビュー）がある。グループ・インタビューに関し，適切でない記述を，次の①〜⑤のうちから一つ選びなさい。 **8**

① グループ・インタビューでは，司会者と，参加する調査対象者との間の親近感，信頼感などの親和性が，インタビューの結果に大きな影響を与えることがある。

② グループ・インタビューでは，一人の調査対象者の発言をきっかけとして他の人も連鎖的に様々な発言を行う場合があり，これより広範な情報収集が期待できる。

③ グループ・インタビューでは，複数の参加者が存在することから，人によっては，他の参加者の意見に引きずられ，自分の考えや意見とは異なる発言をすることがある。

④ 消費者・生活者の消費行動・意識の潜在的な意味を発見・理解する場合，質問の順序は論理的な流れによって一応あらかじめ決めておくが，調査対象者の反応や議論の流れによって柔軟に対応する。

⑤ 消費者・生活者の消費行動・意識を調べる場合，多くのグループを設定して調査の回数を増やし，結果を詳細に分析すれば，母集団推計を行うことができる。

8 ･･ **正解** ⑤

①：適切である。グループ・インタビューでは，司会者の役割が大きく，調査対象者との親和性が調査の成否にも重要な影響を与えうる。

②：適切である。グループ・インタビューでは，調査対象者が堅苦しさを感じている場合などには率直な発言が出にくいが，一人が発言することによって話しやすさが生まれ，他の調査対象者も続いて発言するようになることがある。グループ・インタビューでは，話しやすい雰囲気を形成することが重要である。

③：適切である。グループ・インタビューでは，調査対象者が互いに他の人の意見を聞くことによって，対立や異論を避けて，自分の本来の考えや意見を明確に述べない場合もあるので，回答の分析においては，その点に注意が必要である。

④：適切である。グループ・インタビューでは，あらかじめ議論の大まかな流れを決めておくことで，調査対象者がスムーズに発言することが期待できるが，発言しやすい環境を作る観点から，実際に行われている議論の流れにある程度沿って進めていくことも必要である。

⑤：適切でない。グループ・インタビューは有意抽出によって行われるので，その回数を増やしても，その結果から母集団推計を行うことは困難である。

以上から，正解は⑤である。

問6

調査会社が民間企業から受託してインターネット調査を行う場合を考える。このとき，アクセスパネルに登録されているモニターに対して調査会社が行っている取り組みとして，適切でないものを，次の①〜⑤のうちから一つ選びなさい。 9

① 近年のスマートフォン利用者の増加に伴い，モニターがスマートフォンからでも調査に回答できるようにしている。

② 調査の回答負荷に応じた謝礼としてポイントを付与しており，一定のポイントが貯まると現金やギフト券などに交換できるようにしている。

③ 調査において，病気・疾患，政治信条，性的表現などの質問が含まれる場合には，事前にその旨を調査対象者に告知し，許諾を得るよう努めている。

④ 特定のモニターに頻繁に調査が当たることのないよう，モニターごとに1ヶ月当たりの回答の依頼回数に上限を設けている。

⑤ モニターから，調査の依頼者名を知りたいとの照会があった場合には，必ず依頼者名を知らせている。

9 .... 正解 ⑤

①：適切である。モニターの環境に合わせて，回答しやすい仕組みを提供することは必要であり，スマートフォンからでも回答できるようにしている会社も増えている。

②：適切である。回答することに対するインセンティブをモニターに与えるために，ポイント制度を導入している調査会社もある。

③：適切である。調査の質問にセンシティブな内容のものが含まれる場合には，モニターに不快な感じを与えないよう，その旨を事前に告知して許諾を得ることは一般に行われている。

④：適切である。同じモニターに何度も調査が当たると，忌避感が生じたり，回答

が粗雑になったりしやすいので，依頼回数があまり多くなりすぎないようにコントロールすることは一般に行われている。

⑤：適切でない。特に民間調査の場合には，調査の依頼者名をモニターに伝えることが回答内容に影響を与える場合があるので，依頼者の名前を伏せることが一般的であり，それを必ず知らせなければいけないわけではない。

以上から，正解は⑤である。

問7

公的統計の自記式（自計式）調査において，調査対象者は郵送又はオンライン回答システムを通じて回答することとされている場合を考える。このとき，調査実施者の対応として，適切でない記述を，次の①〜⑤のうちから一つ選びなさい。

10

① 調査対象者がオンライン回答システムに回答を入力するとき，項目間で回答に矛盾がある場合には，回答者に自動的に注意を促す仕組みを設ける。

② 回答者からの各種の問合せに対応するためにコールセンターを設ける。

③ 期限までに回答がない調査対象者に対しては，電話又は郵便により回答を督促する。

④ 回答期限後でも回答を受け付けることができるようオンライン回答システムを稼働し，そのことを予め調査対象者に知らせておく。

⑤ 回答者がオンライン回答システムにより回答を入力した後に，回答誤りに気付いた場合でも訂正を行うことができるよう，回答期限内に再度アクセスして修正ができるような仕組みを設ける。

10 .... 正解 ④

①：適切である。オンライン回答システムでは，コンピュータによって，回答に矛盾があることを即座に判定できるので，回答者に自動的に注意を促すことは，正確な調査を行うために有効である。

②：適切である。オンライン回答システムの場合，調査員による訪問調査に比べると，調査対象者が調査内容や回答方法などについて質問をしにくいので，質問などに集中的に対応する仕組みとして，コールセンターを設置することは有効である。

③：適切である。期限までに回答のない調査対象者に対しては，適切な方法で督促を行うべきである。

④：適切でない。回答の期限後であっても，回答が遅れた人のために，一定のルールの下にオンライン回答システムを引き続き稼働させることは差し支えないが，そのことを予め知らせておくと，遅れて回答したり，回答し忘れたりする人が増

えるので，予め調査対象に知らせるべきではない。

⑤：適切である。調査対象者は誤った回答を入力し，あとでそれに気づく場合もあるので，一定のルールの下で修正できる仕組みを設けるのは望ましいことである。
以上から，正解は④である。

問8

教育政策に関する世論の把握を目的とした調査の準備段階において，次のような質問文の案を作成して，検討を行っている。この案を改善するための指摘として，適切でない記述を，次の①〜⑤のうちから一つ選びなさい。 **11**

【質問文（案）】
日本の給付型奨学金制度は，諸外国に比べて整っていないとしばしば批判されています。あなたは，これからの日本において，給付型奨学金の対象を拡大することや，給付金額を増額することを，望ましいと思いますか。

① 「給付型奨学金」はやや難しい言葉なので，簡単な説明を与えておくほうがよい。

② 「給付型奨学金の対象を拡大すること」と「給付金額を増額すること」とは異なる論点であるので，一つの質問文の中で同時に尋ねないほうがよい。

③ 「望ましいと思いますか。」で質問文を終えると，望ましいという回答を導きやすくなる可能性があるので，「望ましいと思いますか。あるいは望ましくないと思いますか。」としたほうがよい。

④ 「日本の給付型奨学金制度は，諸外国に比べて整っていないとしばしば批判されています。」の文章は，回答者を誘導してしまう懸念があるので，削除したほうがよい。

⑤ 「これからの」は，曖昧な表現なので，具体的な年月を示したほうがよい。

11 .... **正解** ⑤

①：適切である。一般の人が具体的に意味・内容を必ずしもよく知らないような言葉や，定義が曖昧な言葉については，それについて簡単な説明を加えておくことで，より適切な回答が得られると期待できる。

②：適切である。一つの選択肢で二つ以上の論点について質問をすると，回答がどの論点に関するものか判断できなくなり，結果の解釈を正確に行うことが難しくなるので，このような質問の仕方は避けるべきである。

③：適切である。意見を尋ねる場合に，肯定文だけで質問をした場合には，回答をその方向に誘導するおそれがあるので，肯定文と否定文の両方を並列して質問を

することにより，質問によって回答を誘導する可能性が低くなると期待される。

④：適切である。意見を求める場合に，特定の方向性を持った主張を述べた上で質問をすると，回答者を誘導する危険があるので，そのような質問の仕方は避けるべきである。

⑤：適切でない。一般に，質問は具体的であることが望ましいが，調査の目的によっては，「これからの」のように，時期を特定しないで今後の方向性を調べたい場合もありうるので，このような質問文が不適切であるとはいえない。

以上から，正解は⑤である。

問9

日本全国の成人男女を対象とした郵送調査法による意識調査を行う場合を考える。このとき，調査票を構成する方法に関する留意点として，適切でないものを，次の①～⑤のうちから一つ選びなさい。　**12**

① 回答者の職業，学歴，年収などの社会経済的属性に関する質問は，できるだけ調査票の冒頭に配置するのがよい。

② 回答者が答えやすくなるように，関連した内容の質問は互いに近くなるように配置するのがよい。

③ 前に配置された質問に対する回答が，その直後の質問への回答に影響すると予想される場合，質問の順序の入れ替えや，位置を離して配置するなど，工夫をするとよい。

④ 質問群のテーマが変わるときには，「次に，○○について伺います。」というように，テーマが変わることを簡潔に予告する文章を入れておくとよい。

⑤ 回答者のうち，一定の条件に該当する者だけを対象とした質問を含める場合には，その質問の直前に，該当者を識別するための質問を配置しておくとよい。

12 ⋯⋯⋯⋯⋯⋯⋯⋯⋯⋯⋯⋯⋯⋯⋯⋯⋯⋯⋯⋯⋯⋯⋯⋯⋯⋯ **正解** ①

①：適切でない。回答者の中には，特に職業，学歴，年収等の事項については，人に知られたくないと強く思っている人も多いため，これらの質問を調査票の冒頭に置くと，調査への非協力あるいは非回答を発生させやすくなりがちなので，多くの場合，これらの事項は調査票のうしろのほうに置くことが望ましい。

②：適切である。同類あるいは関連性の高い質問がまとまっているほうが，回答者には回答しやすい。

③：適切である。ある質問をした場合に，それが次の質問の回答に影響を与えると予想される場合には，両者の質問の順序や位置を入れ替えることで，影響が軽減されることが期待される。

④：適切である。回答者に対しては，質問群ごとにどのようなテーマの質問が行わ

れるのか，わかりやすく伝えることで，回答の品質が向上すると期待される。

⑤：適切である。回答者のうち，ある条件に合った人だけに回答を求める場合には，該当する人を選ぶために，直前の質問でその条件に合っているかどうかを質問するとよい。

以上から，正解は①である。

問10

　若年層の暮らしの変化やその要因を検討するためには，個人を対象とするパネル調査のデータが基礎資料として活用されている。そうしたパネル調査データに関する説明として，適切でないものを，次の①〜⑤のうちから一つ選びなさい。 　13　

① 　パネル調査では，時間の経過により，特定の層の調査対象者ばかりが脱落することによって，データに偏りが生じることがありうる。

② 　パネル調査では同一の回答者が繰り返して調査されるために，回答慣れすることによって，データに偏りが生じることがありうる。

③ 　パネル調査データは，異なる2時点における状態の変化を個人ごとに把握することができるため，個人の変化の要因分析を行うには，異なる2時点のクロスセクションデータよりも適している。

④ 　パネル調査において，時間の経過による調査対象者の脱落に対して補充を行った場合には，継続分と補充分のデータを区別せずに一つのデータセットとして分析する。

⑤ 　パネル調査データの分析では，データセットに含まれている過去の時点の情報を，予測などの目的で用いることもできる。

　13　 ………………………………………………………………… 正解 ④

①：適切である。一般に，継続して回答できる人と回答できない人とでは属性に差があるため，パネル調査では，時間の経過とともにデータに偏りが生じることがありうる。

②：適切である。特に意識に関する調査事項の場合，同一の質問を繰り返して受けることにより，回答に偏りが生じることがありうるので，分析の際には注意が必要である。

③：適切である。異なる2時点のクロスセクションデータを用いて分析する場合，通常は，総数とその内訳の変化しか把握できない。しかし，パネル調査データであれば，調査対象者個人ごとに2時点での変化を，個人の属性などと関連付けて分析をすることができる。このため，パネル調査データのほうが，個人の変化の要因分析に行うのにより適している。

④：適切でない。従前から継続しているパネルの集団と，新たに追加されたパネル

の集団とでは，属性に差異があると考えられることから，二つの集団については，区別して分析を行うことが望ましい。

⑤：適切である。パネル調査データでは，異なる２時点の状態の変化に関する情報を基に，変化する確率などを分析することができるので，そのデータを予測に用いることができる。

以上から，正解は④である。

問11

全国規模の社会調査において，第一次抽出単位を調査地点（調査地域），第二次抽出単位を世帯とし，第一次抽出単位を層化した層化２段抽出法を使用する場合を考える。このとき，標本調査の設計及び結果の推定に関する方針として，適切でないものを，次の①～⑤のうちから一つ選びなさい。　**14**

① 調査地点の層化は，地点の特性に関する指標のうち，調査結果として重要な項目に最も関連の強いものを用いて行う。

② 調査地点の層化を行う場合，全国の推定値の標本誤差をできるだけ小さくするには，層化に使用する指標の層間分散ができるだけ小さくなるようにする。

③ 各層の標本規模を，その層の世帯数に比例するよう配分した場合における全国の推定値の標準誤差は，層化抽出を行わなかった場合における全国の推定値の標準誤差以下となる。

④ 調査地点の抽出を世帯数による確率比例抽出によって行い，調査地点ごとの調査世帯数をすべて同数とした場合，各層における標本の単純平均は，各層の母平均に対する偏りのない推定量となっている。

⑤ 全国の平均値は，各層の平均値を各層の母集団世帯数により加重平均した値を用いることにより，偏りのない推定を行うことができる。

14 ·· **正解▶ ②**

①：適切である。層化抽出を設計する場合には，調査結果として重要な項目に関連の強い特性を層化の基準として用いることによって，その項目の標本誤差を小さくすることが可能となる。層化抽出によって，あらゆる項目の標準誤差を同時に減らすことは困難であるので，結果の推計上，優先度の高い重要な項目に注目して層化を行うことが必要である。

②：適切でない。層化抽出において，全国の標本誤差をできるだけ小さくするためには，層内をできるだけ均質に，層間をできるだけ異質にすることが最も効果的である。すなわち，層化に使用する指標の層間分散ができるだけ大きくなるようにすることが必要である。

③：適切である。理論的には，層の大きさ（この場合には世帯数）に比例して標本

を配分した場合，全国の推計結果の標準誤差は，層化無作為抽出を行わなかった場合の標準誤差を上回ることはない。

④：適切である。ある層の中で，調査地点の抽出を確率比例抽出によって行う場合，通常，各調査地点の調査世帯数はすべて同数とされる。このような設計を行った場合には，その層内のすべての調査世帯は同じ確率で抽出されることとなるので，標本の値の単純平均は，層の母平均の不偏推定となっている。

⑤：適切である。全国の平均値は，各層の平均値を，各層の母集団世帯数により加重平均することによって求めることができる。この場合，各層の平均値が不偏推定であれば，全国の平均値も不偏推定となっている。

以上から，正解は②である。

問12

電話調査を民間企業から受託して実施する場合を考える。このとき，業務の企画・管理に関する記述として，適切でないものを，次の①〜⑤のうちから一つ選びなさい。　15

① インタビューの設問及び選択肢の文章を作成する場合には，意味内容が誤解なく伝わるように，書面の上で検討するだけではなく，実際に読み上げて確認する。

② 新人のオペレータには，調査対象者に対する配慮，インタビューの方法，問題発生時の対処法等の基本的なルールを盛り込んだ教育を実施する。

③ インタビューの設問及び選択肢の文言を，調査対象者が十分理解できない場合には，オペレータの判断により，調査対象者の反応に応じた，よりやさしい言い回しで質問をしなおす。

④ 電話調査の期間中は，常に監督者と管理スタッフを配置し，オペレータに適切な指示を与えるとともに，異常な事態が発生した時にすぐに対応できるように備える。

⑤ 調査が適切に実施されているか検査するために，インタビューをモニタリングする場合には，どの通話がモニタリングされるかをオペレータに知らせずに行う。

15 ·· 正解 ③

①：適切である。電話調査では，調査対象者は質問文を耳で聞いて回答することとなるため，質問文の作成においては，その文案を実際に耳で聞いて誤解なく伝わることを確認する必要がある。

②：適切である。電話調査の場合，オペレータが調査対象者から口頭で回答を聞き取ることとなるため，オペレータが十分な対応能力を持つことが必要であり，特

に新人のオペレータに対しては十分に教育を行うことは不可欠である。

③：適切でない。インタビューでは，オペレータが丁寧に対応する必要はあるが，オペレータの判断により説明を変えるなどすると，正確な回答が統一的に得られなくなるので，オペレータにはマニュアルに基づいて対応するよう指導する必要がある。

④：適切である。電話によるインタビューでは，様々な不測の事態が発生する可能性があるので，監督者と管理スタッフは常に対応できる体制をとっておく必要がある。

⑤：適切である。インタビューが適切に行われているかどうかをモニタリングする場合，オペレータに予告して行うと，オペレータがそれを意識して特別な対応をする可能性もあるので，通常はオペレータに知らせずに行う。

以上から，正解は③である。

問13

最終的な調査を実施する前の段階で試験的に実施される調査は，「プリテスト」と呼ばれる。18歳以上の個人を対象とする全国規模の社会調査を行う場合，プリテストの方法として，適切でないものを，次の①〜⑤のうちから一つ選びなさい。

16

① プリテストの対象者を選ぶに当たっては，男女，年齢などの属性が偏らないよう，多様な属性の人々を対象とすることが望ましい。

② 質問や選択肢の文言，質問の流れなど複数の事柄をテストしたい場合には，複数の種類の調査票を作成し，プリテストの対象者を複数のグループに分けて，グループごとに異なる調査票を用いて調査するとよい。

③ 本調査を訪問面接調査により行う場合のプリテストは，もし訪問面接調査で行うことができない場合には有用な結果が得られないので，行わないほうがよい。

④ プリテストにおいて，択一式の設問への回答が「その他」に集中した場合には，既存の選択肢を見直す，「その他」に自由記入欄を設けるなどの対策をとるべきである。

⑤ プリテストの調査対象となった人が本調査でも対象となった場合，プリテストに回答したことが本調査の回答に影響するおそれがあるので，本調査の対象からは除外する。

16 .... **正解** ③

①：適切である。プリテストは，最終的な調査を適切に行うための準備として行うものであるので，その調査で対象となる様々な個人を対象に含めて行うことが望

ましい。

②：適切である。プリテストは，予算や時間などの制約のため，何度も行うことは難しいので，1回のプリテストを有効に活用できるよう，対象者を複数のグループに分けて，グループごとにテストする項目を変えて実施してもよい。

③：適切でない。プリテストは，最終的な調査とまったく同じ方式で行うことが最も望ましいが，種々の制約によってそれが難しい場合には，現実的に実行可能な方法により調査を行い，その範囲でできる限りの事柄についてテストしてもよい。このような形でプリテストを行えば，プリテストをまったく行わない場合に比べて，最終的な調査に向けてより適切な準備を行うことができると期待される。

④：適切である。選択肢の「その他」への回答があまりに多いと，結果の分析に支障を生じがちである。このため，選択肢を見直して「その他」に含まれるものが新たな選択肢に含まれるようにするか，又は，「その他」の内容を把握するために自由記入欄を設けるとよい。

⑤：適切である。同じ調査を2度受けた場合には，回答に忌避感が出やすくなり，非回答が増えるおそれがあるほか，特に意識調査では，回答に偏りが出るおそれがあるため，プリテストの対象となった人は，本調査の対象に含めないことが望ましい。

以上から，正解は③である。

問14

意識調査におけるプリコード形式の質問の特徴について，適切でないものを，次の①～⑤のうちから一つ選びなさい。　**17**

① 与えられた選択肢のうちから回答を選ぶので，調査対象者にとって回答に要する時間や心理的な負担が少なくてすむ。

② 得られる回答が，調査実施者が予め想定する範囲内に限られるので，アフターコード方式に比べて，課題探索型の調査には適していない。

③ 多岐にわたる意識内容を択一式の設問により調査する場合，できるだけ多くの選択肢を設けることにより，意識を適切に把握することができる。

④ 意識について尋ねる複数選択式の質問においては，該当する選択肢すべてを調査対象者に選んでもらい，さらに，最もよく当てはまるものを一つだけ選んでもらってもよい。

⑤ 択一式の質問では，選択肢が互いに排他的になるように注意して設定する必要がある。

17 ·· **正解** ③

①：適切である。プリコード形式であれば，回答を言葉で表現したり，記入したり

する手間がかからないので，アフターコード方式（言葉で記述された回答を，調査実施者があとで符号化する方式）に比べて，時間的，心理的な負担は軽いといえる。

②：適切である。プリコード形式では，予め想定された範囲の回答しか得られないため，アフターコード方式のように，回答者による自由な記述を出発点にして様々な分析を行うことのできる方式に比べると，探索的に課題を発見していくような分析を行うには適していない。

③：適切でない。多岐にわたる意識内容を把握するためには，一般に，選択肢をある程度増やすことは必要であるが，増やしすぎた場合には，回答者が適切な選択肢を見つけにくくなったり，回答が過剰に細分化されたりする。このため，選択肢を過剰に増やした場合には，意識が適切に把握しにくくなる。

④：適切である。複数選択式の質問であっても，最も重要なもの一つに絞り込むことが必要な場合もあるので，このように最もよく当てはまるもの一つを選んでもらうことは適切である。

⑤：適切である。択一式の質問において，選択肢の間で意味内容に重複がある場合には，回答者はどの選択肢を選ぶべきか迷うなど，回答に揺れが生じることとなるので，選択肢は排他的になるように設計する必要がある。

以上から，正解は③である。

問15

調査員による訪問面接調査の特徴及び実施上の留意点に関する記述として，適切でないものを，次の①〜⑤のうちから一つ選びなさい。 **18**

① 個人を標本抽出して調査する場合には，世帯を標本抽出する場合に比べて，調査対象者との面会不能に起因する非標本誤差が発生しやすい。

② 調査の実施中に，調査員が調査対象者から質問を受けた場合にどこまで答えてよいかについて，調査に先立ち，調査員に具体的に指導する。

③ 調査対象者が回答する際に調査員の存在を意識しやすいため，留置調査に比べて，プライバシーに関わる設問については回答が偏る可能性が高い。

④ 面接では複雑な質問をしにくいため，留置調査に比べて，回答の流れが複雑に枝分かれするタイプの調査には適さない。

⑤ 純粋想起法と助成想起法を組み合わせた形の調査は，留置調査では困難であるが，面接調査では可能である。

18 ·· **正解** ④

①：適切である。個人を抽出して調査する場合には，調査時にその人が不在であれば，面接困難となるのに対して，世帯を抽出して調査する場合には，複数の世帯

員のいる世帯では，調査時に誰か一人と面接できる確率は高くなると考えられる。このため，個人を標本抽出して調査する場合のほうが，面会不能による非標本誤差が発生しやすい。

②：適切である。調査員は，調査実施中に調査対象者から様々な質問を受ける可能性があるので，調査員に対して，応答の仕方について丁寧かつ具体的に指導しておく必要がある。

③：適切である。面接調査では，調査対象者が調査員からの質問に答える形となるため，プライバシーに関わる事項などについては，ありのままに答えないことが起こりやすくなり，回答が偏るおそれがある。

④：適切でない。面接調査においては，調査員は，予め指導された手順に従って，調査対象者の回答を確認しながら，その次に尋ねるべき質問を提示する。これに対して，留置調査においては，紙の調査票上に矢印などで質問の流れを示すのが一般的であり，複雑な質問の流れの分岐をわかりやすく表しにくくなる場合もある。このため，訪問面接調査法が，留置調査に比べて複雑に枝分かれするタイプの調査に適していないとはいえない。

⑤：適切である。留置調査の場合，調査対象者は，調査票上に記載された質問と選択肢だけから回答しなければいけないため，自分で回答を想起することはできるが，調査員など他者からの助けを受けて回答を想起することは困難である。これに対して，面接調査であれば，調査対象者が回答を想起する際に，調査員が適切な質問や情報提供をするなどして助けることができる。

以上から，正解は④である。

２０１７年１１月

郵送調査の特徴及び実施上の留意点に関する記述として，適切でないものを，次の①〜⑤のうちから一つ選びなさい。 **19**

① 代理回答を許容しない個人対象の調査よりも，世帯内の誰が回答してもよい世帯調査に向いている。

② 調査スケジュールは，調査票提出の督促に十分な期間を割り当てて立案する必要がある。

③ 調査対象者に調査票が到着する曜日が回答の返送率に影響を与えることがあるので，調査票を発送する曜日はこの点も考慮に入れて決める必要がある。

④ 調査票の設計，調査に関する説明，調査票提出の督促などを工夫することにより，調査員による訪問調査に匹敵する回収率を得ることが可能である。

⑤ 郵送した調査への協力依頼の文書や調査票などが宛先不明により返送されてきた場合には，その調査対象者については未回答として処理する。

---

19 .... **正解** ⑤

①：適切である。個人宛に郵送で調査票が届いた場合には，通常，その本人しか見て回答することができないのに対して，世帯宛に調査票が届いた場合には，世帯員の誰でもそれを見て回答することができるので，世帯調査のほうが回答を得やすいと考えられる。

②：適切である。郵送調査では，郵便の配達にある程度の時間がかかることから，調査対象者から調査票が返送されていなからといって，未回答であるとは限らない。また，調査対象者に直接会って督促をすることはできない。このため，調査票提出の督促には，調査員による訪問調査などと比べると時間がかかるのが普通であるので，このことを考慮に入れて調査機関を立案する必要がある。

③：適切である。例えば，調査票が週の半ばに届く場合，週末を控えた金曜日に届く場合などを比較すると，調査対象者に時間的な余裕があるときに届くほうが回答の返送率が高くなると考えられる。このような要素も考慮に入れて，調査票の発送日を決めることで，回答率の向上が期待できる。

④：適切である。郵送調査であっても，調査の趣旨をわかりやすく説明し，効果的なタイミングや方法により調査票の送付・督促などを行うことによって，調査員訪問調査に劣らない回収率が実現された事例が見られる。

⑤：適切でない。郵送した調査票等が宛先不明となって返送されてきた場合には，その調査対象者は転居等で母集団リストには存在しなかった者であるので，集計処理などの場合においては，調査の対象外として，未回答とは区別して取り扱う必要がある。

以上から，正解は⑤である。

問17

　現在，新聞社やテレビ局が実施する世論調査には，固定電話と携帯電話を対象として，無作為に発生させた電話番号により調査を行う方法が用いられているものがある。18歳以上の有権者を対象とする世論調査を，このような電話調査法により行う場合における説明として，適切でない記述を，次の①～⑤のうちから一つ選びなさい。　20

① 　個人の意見を聞く世論調査では，かけた電話が法人など，一般世帯ではないところにつながった場合には，調査の対象外として処理する。

② 　固定電話に最初に応答した人には，その人が有権者であるかどうか確認し，有権者であれば，その人に質問して回答してもらう。

③ 　固定電話に最初に応答した人には，その世帯で使用している固定電話の回線数を質問し，推計の際にはその数によって調整を行う。

④ 　固定電話に最初に応答した人には，その世帯の人の携帯電話の利用状況について質問し，その情報によって調整を行う。

⑤ 　固定電話に最初に応答した人には，その世帯の有権者の人数を質問し，推計の際にはその数によって調整を行う。

---

20 .... **正解** ②

①：適切である。個人を対象とする電話調査の場合には，電話が一般世帯ではない相手につながった場合には，調査の対象外として処理しなければならない。

②：適切でない。一つの固定電話を2人以上の有権者が使用している場合があり，そのときに，最初に応答した有権者に質問して回答を得るようにしていると，結果に偏りが生じるおそれがある。応答した有権者には，世帯内に何人の有権者がいるかを尋ね，その中で一定のルールで調査対象者を選定し，その人に回答をしてもらう必要がある。

③：適切である。1世帯で固定電話を2回線以上使用しているケースもあり，そのような世帯は調査対象として抽出される確率が高くなる。このため，使用している回線数を質問して，結果を推計する際には，その数によって調整を行う必要がある。

④：適切である。固定電話だけでなく，携帯電話によっても調査を行う場合には，固定電話と携帯電話の両方を持っている人は重複して抽出される確率もある。そのような確率の相違を調整するために，携帯電話の保有や利用の状況について質問することが必要である。

⑤：適切である。②の説明と同様，同じ固定電話を使用している有権者の人数を調べ，推計においては，その数によって調整することが必要である。

　以上から，正解は②である。

次の図は，総務省の家計調査における消費水準指数の原数値と季節調整値の推移を示したものである。これについて，適切でない記述を，下の①〜⑤のうちから一つ選びなさい。 **21**

消費水準指数の原数値と季節調整値の推移

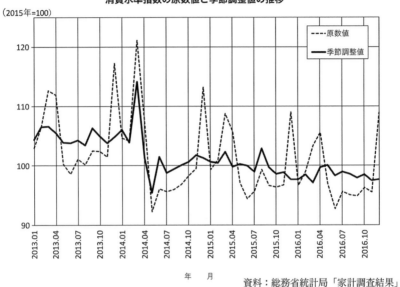

（2015年=100）

年　　月

資料：総務省統計局「家計調査結果」

		1月	2月	3月	4月	5月	6月	7月	8月	9月	10月	11月	12月
2013年	原数値	103.0	106.4	112.7	111.9	100.3	98.6	101.1	100.2	102.5	102.4	101.5	117.2
	季節調整値	104.4	106.5	106.6	105.5	103.9	103.8	104.3	103.4	106.3	104.9	103.8	104.8
2014年	原数値	104.6	104.2	121.1	107.4	92.3	96.1	95.6	96.0	96.8	98.3	99.5	113.2
	季節調整値	106.0	103.9	114.1	101.3	95.4	101.5	98.8	99.4	100.1	100.6	101.8	101.3
2015年	原数値	99.3	101.0	108.7	105.8	97.1	94.4	95.7	99.3	96.6	96.4	96.7	109.0
	季節調整値	100.6	100.5	102.3	99.8	100.3	100.0	99.0	102.9	99.7	98.6	98.9	97.7
2016年	原数値	96.6	99.1	103.3	105.6	96.9	92.7	95.6	95.1	94.9	96.3	95.5	108.9
	季節調整値	97.7	98.5	97.1	99.7	100.1	98.3	99.0	98.6	97.9	98.5	97.5	97.7

① 2013年から2016年までの間，季節指数が1年間の中で最も高い月は，12月である。

② この期間を通じて，季節調整値は，原数値に比べて分散が小さい。

③ 原数値の対前年同月増加率は，季節性の影響を受けないとみなすことができる。

④　2016年における季節指数は，どの月においても100を下回っている。
⑤　今後，2017年12月以降の新しいデータが加わると，2016年以前の季節調整値は変化する可能性がある。

21 .... **正解** ▶ ④

①：適切である。季節指数＝原数値÷季節調整値×100であるので，表の数字から，毎年12月が最も高いことが読み取れる。

②：適切である。グラフを見ると，季節調整値は，原数値に比べて上下の変動が小さくなっていることから，分散が小さいといえる。

③：適切である。原数値の対前年同月増加率は，同じ月について比較した値であり，その月の原数値の高低の傾向が打ち消されていると考えられる。

④：適切でない。季節指数は，1年間の平均が100となるように調整されているので，すべての月の季節指数が100を下回ることはない。

⑤：適切である。季節パターンは時とともに変化するので，新しいデータが加わった場合には，通常，季節調整値は再計算される。その結果，季節調整値は従来のものとは異なる値となる場合が多い。

以上から，正解は④である。

問19

次の表は，総務省の労働力調査（基本集計）の調査結果の推定値とそれに対応する標準誤差との関係を示したものである。この表では，いくつかの代表的な推定値に対応する標準誤差の値が示されており，表に示されていない値の推定値に対応する標準誤差は，表から補間により概数を求めることができる。労働力調査の推定値には，月次の推定値と，その1年分（12か月）を単純平均して得られた年平均の推定値の2種類があることから，標準誤差は月次，年平均の別に示されている。この表に関する記述として，適切でないものを，下の①〜⑤のうちから一つ選びなさい。

22

労働力調査の標準誤差（万人）

調査結果の推定値（万人）	標準誤差（万人）	
	月次	年平均
5000	27.0	15.5
2000	17.3	9.4
1000	12.3	6.4
500	8.8	4.4

資料：総務省統計局「労働力調査年報」（平成28年）

①　結果の推定値が，年平均と月次で同じ値をとる場合，年平均の結果のほうが

月次結果よりも精度が高い。

② 推定値の値が大きくなるほど，標準誤差率は小さくなる。

③ 就業者数の年平均の推定値が500万人のとき，95.4%の信頼水準における信頼区間は，491.2〜508.8万人である。

④ 就業者数の月次の推定値が600万人のとき，68.3%の信頼水準における信頼区間は591.2〜608.8万人よりも広くなる。

⑤ 就業者数の年平均の推定値が4000万人のとき，68.3%の信頼水準における信頼区間は3984.5〜4015.5万人よりも広くなる。

---

22 .... **正解** ▶ **⑤**

この表は，推定値が就業者数，雇用者数，失業者数など，どのような種類のものであっても推定値の大きさに応じて標準誤差を求めることができるものである。公的統計では，しばしばこのような形で標準誤差の値が公表される。

①：適切である。表により，同じ「調査結果の推定値」に対応する「月次」と「年平均」の数字を比較すると，「年次」のほうが「標準誤差」が小さくなっているので，「年平均」のほうが精度が高いといえる。

②：適切である。表により，「標準誤差率」とは，「標準誤差」を「調査結果の推定値」で除した値である。この式により計算してみると，「月次」でも「年平均」でも，「調査結果の推定値」が大きいほど，「標準誤差率」は小さくなることが確認できる。例えば，「月次」の場合，「調査結果の推定値」が500万人と5000万人の場合，「標準誤差率」は，それぞれ0.0176，0.0054となる。

③：適切である。95.4%の信頼水準における信頼区間は，次の式で表される。

推定値−2×標準誤差＜推定対象となる母数＜推定値＋2×標準誤差

「年平均」の推定値が500万人の場合，標準誤差は4.4万人であるので，推定対象となる母数の信頼区間は，500万人を中心として，上下8.8万人の範囲となる。

④：適切である。この表からは，「月次」の推定値600万人に対応する「標準誤差」の値は得られないので，最も近い500万人のところを調べると，「標準誤差」は8.8万人となっている。「標準誤差」は，「推定値」の値が大きいほど大きくなる傾向があるので，600万人の場合の「標準誤差」は8.8万人よりも大きくなる。信頼水準68.3%における信頼区間は，「推定値」±「標準誤差」で表されるので，この場合の信頼区間は，600万人±8.8万人よりも広くなる。

⑤：適切でない。この表からは，「年平均」が4000万人に対応する「標準誤差」の値が得られないので，最も近い5000万人のところを調べると，15.5万人となっている。「標準誤差」は，「推定値」が小さいほど小さくなる傾向があるので，4000万人の場合の「標準誤差」は，15.5万人より小さい。したがって，「推定値」が4000万人の場合の68.3%の信頼水準における信頼区間は，4000万人±15.5万人よりも狭くなる。

以上から，正解は⑤である。

問20

　次の表は，パネル調査として実施されている「働き方とライフスタイルの変化に関する全国調査」のある年のデータから作成したものである。この調査では，男性回答者を4区分の就労状況に分類しており，下の表は，前年調査時の就労状況から当年調査時の就労状況への変化を年齢層別に表したクロス集計表である。この表について，〔1〕，〔2〕の問に答えなさい。ここでの割合は，小数点以下第2位を四捨五入した値とする。

前年調査時の就労状況と当年調査時の就労状況とのクロス集計表

前年調査時 30歳未満男性		当年調査時				
		正規雇用	自営・ 家族従業	非正規 雇用	無職	合計
前年調査時	正規雇用	473	6	23	7	509
	自営・家族従業	3	42	1	1	47
	非正規雇用	35	1	81	5	122
	無職	14	3	10	18	45
	合計	525	52	115	31	723

前年調査時 30歳以上35歳未満男性		当年調査時				
		正規雇用	自営・ 家族従業	非正規 雇用	無職	合計
前年調査時	正規雇用	1,349	12	28	13	1,402
	自営・家族従業	15	126	3	3	147
	非正規雇用	35	5	139	11	190
	無職	21	3	12	35	71
	合計	1,420	146	182	62	1,810

資料：石田浩編『教育とキャリア』勁草書房

〔1〕　前年調査時に30歳未満だった男性に関する記述として，適切でないものを，次の①〜⑤のうちから一つ選びなさい。　**23**

　① 前年調査時に正規雇用だった人が当年調査時に非正規雇用となる割合は，4.5％である。

　② 前年調査時に自営・家族従業だった人が当年調査時にも自営・家族従業である割合は，89.4％である。

　③ 前年調査時に非正規雇用だった人が当年調査時に正規雇用となる割合は，28.7％である。

　④ 前年調査時に無職だった人が当年調査時には無職でない割合は，40.0％であ

る。

⑤　4区分の就労状況のうち，前年調査時から当年調査時にかけて就労状況が変
化しない人の割合が最も高いのは，正規雇用の人である。

〔2〕　前年調査時に30歳以上35歳未満だった男性に関する記述として，適切でない
ものを，次の①〜⑤のうちから一つ選びなさい。　**24**
① 当年調査時に正規雇用だった人のうち，前年調査時には非正規雇用だった人
の割合は，2.5％である。
② 当年調査時に自営・家族従業だった人のうち，前年調査時には非正規雇用だ
った人の割合は，3.4％である。
③ 当年調査時に非正規雇用だった人のうち，前年調査時には正規雇用だった人
の割合は，18.4％である。
④ 当年調査時に無職だった人のうち，前年調査時も無職だった人の割合は，
56.5％である。
⑤ 全就労状況のうち，正規雇用の人の割合が，前年調査時よりも当年調査時の
ほうが高い。

〔1〕　**23**　⋯⋯⋯⋯⋯⋯⋯⋯⋯⋯⋯⋯⋯⋯⋯⋯⋯⋯⋯⋯⋯⋯⋯⋯⋯　**正解** ④

　解答に当たっては，30歳未満男性（上の表）について，前年の人数の合計，すな
わち各行の合計（表の右列の値）を100とする構成比を求めることが必要である。
その値は次のとおりである。

30歳未満男性の回答者に関する状態の変化

前年調査 時の状況 ＼ 当年調査時の 状況	正規雇用	自営・家族	非正規雇用	無職	合計
正規雇用	92.9％	1.2％	4.5％	1.4％	100.0％
自営・家族従業	6.4％	89.4％	2.1％	2.1％	100.0％
非正規雇用	28.7％	0.8％	66.4％	4.1％	100.0％
無職	31.1％	6.7％	22.2％	40.0％	100.0％
合計	72.6％	7.2％	15.9％	4.3％	100.0％

注：表の中で，太枠で囲まれた数字は，選択肢に関係するものである。

①：適切である。上の表の4.5％のセルが該当する。
②：適切である。上の表の89.4％のセルが該当する。

③：適切である。上の表の28.7％のセルが該当する。

④：適切でない。正しくは，100％から，上の表の40.0％を差し引いた値である。

⑤：適切である。上の表の対角線上の数字（グレーの部分）のうち，最も高いのは「正規雇用」である。

以上から，正解は④である。

〔2〕 __24__ .... 正解▶③

解答に当たっては，30歳以上35歳未満男性（下の表）について，当年の人数の合計，すなわち各列の合計（表の最下行の値）を100とする構成比を求めることが必要である。その値は次のとおりである。

30歳以上35歳未満男性の回答者に関する状態の変化

当年調査時の状況 前年調査時の状況	正規雇用	自営・家族	非正規雇用	無職	合計
正規雇用	95.0％	8.2％	15.4％	21.0％	77.5％
自営・家族従業	1.1％	86.3％	1.6％	4.8％	8.1％
非正規雇用	2.5％	3.4％	76.4％	17.7％	10.5％
無職	1.5％	2.1％	6.6％	56.5％	3.9％
合計	100.0％	100.0％	100.0％	100.0％	100.0％

注：表の中で，太枠で囲まれた数字は，選択肢に関係するものである。

①：適切である。上の表の2.5％のセルが該当する。

②：適切である。上の表の3.4％のセルが該当する。

③：適切でない。正しくは，上の表の15.4％である。

④：適切である。上の表の56.5％のセルが該当する。

⑤：適切である。当年調査時における正規雇用の人の割合は，出題された表の最下行（「合計」の行）の最左端の数字（「正規雇用」）を最右端の数字（「総数」）で割った値，すなわち，1420÷1810＝78.5％である。また，前年調査時における正規雇用の人の割合は，上の表の「合計」の列の一番上の行（「正規雇用」）の数字（77.5％）である。したがって，当年調査時のほうが，前年調査時よりも正規雇用の人の割合は高い。

以上から，正解は③である。

ある高校で，3年生の全生徒を対象として国語と数学の試験を行ったところ，100点満点で採点した得点（以下，「素点」という。）の平均値と標準偏差は次のとおりであった。

	国語	数学
平均値	62.0	56.0
標準偏差	6.0	12.0

各生徒の国語及び数学の素点については，次の式により「偏差値」に変換して成績を評価することとなった。

$$偏差値 = \frac{(素点 - 平均値)}{標準偏差} \times 10 + 50$$

この試験に関する記述として，適切でないものを，次の①～⑤のうちから一つ選びなさい。 25

① 国語の偏差値が50.0以下の生徒の数は，全生徒数の1/2である。
② 全生徒における，国語の偏差値の平均値は50.0である。
③ 全生徒における，数学の偏差値の標準偏差は10.0である。
④ 国語，数学いずれも素点が52点の場合，偏差値は数学のほうが高い。
⑤ 国語，数学いずれも素点が80点の場合，偏差値は国語のほうが高い。

---

25 .... 正解 ▶ ①

①：適切でない。偏差値が50.0以下の生徒とは，素点が平均値以下の生徒のことである。仮に試験の得点分布が平均値を中心とした左右対称な分布であれば，平均値以下の生徒は全生徒の1／2となるが，一般には得点の分布が右対称にならないので，1／2とはならない。

②：適切である。偏差値は，平均値が50となるように定義されている。

③：適切である。偏差値は，標準偏差10となるように定義されている。

④：適切である。国語，数学の素点が52点の場合，偏差値はそれぞれ次のように計算される。

国語の偏差値 = (52 - 62)／6 × 10 + 50 = -16.66 + 50 = 33.33
数学の偏差値 = (52 - 56)／12 × 10 + 50 = -3.33 + 50 = 46.66

したがって，数学の偏差値のほうが高い。

⑤：適切である。国語，数学の素点がそれぞれ80点の場合，偏差値はそれぞれ次のように計算される。

国語の偏差値 = (80 - 62)／6 × 10 + 50 = 30 + 50 = 80
数学の偏差値 = (80 - 56)／12 × 10 + 50 = 20 + 50 = 70

したがって，国語の偏差値のほうが高い。

以上から，正解は①である。

問22

高学歴化の要因を検討するために，1966年から2012年までの時系列データによって，男子の大学志願率（％）を従属変数，受験生の家庭の実質可処分所得（単位：万円），実質授業料（単位：万円），2年度前の大学合格率（％）を独立変数とした重回帰分析を行った。その推定結果は，下の表のとおりであった。この結果に関して，〔1〕，〔2〕の問に答えなさい。

男子の大学志願率を従属変数とした重回帰分析結果（1966～2012年）

	回帰係数	標準誤差	t 値
実質可処分所得	0.619	0.051	12.14
実質授業料	−0.092	0.021	−4.38
2年度前の大学合格率（％）	0.440	0.025	17.60
定数項	0.075	2.225	0.03
自由度調整済み決定係数	0.962		
ダービン・ワトソン比	0.515		

資料：矢野眞和『大学の条件』東京大学出版会

〔1〕　この結果から読み取れることとして，適切でない記述を，次の①～⑤のうちから一つ選びなさい。　**26**

① 自由度調整済み決定係数は95％を超える水準であり，この時系列データに対する重回帰分析モデルの全体的な当てはまりは十分よいと判断できる。

② ダービン・ワトソン比は0.5程度であるので，残差の系列相関はあまり問題にならない水準であると判断できる。

③ 実質可処分所得の回帰係数の推定結果から，実質可処分所得の1万円の増加に対して，他の条件が一定であれば，0.62％ポイントほどの大学志願率の増加が対応していると判断できる。

④ 実質可処分所得の P 値は，実質授業料の P 値より小さいと判断できる。

⑤ 定数項について統計的仮説検定をするならば，両側5％水準で統計的有意とはいえないと判断できる。

〔2〕　この重回帰分析に対して，独立変数のうち，実質可処分所得を標準化して同じ重回帰分析を行った場合，その結果は，標準化する前の結果に比べてどのように変化するか。適切でない記述を，次の①～⑤のうちから一つ選びなさい。

27

① 標準化すると，定数項の値は変わる。
② 標準化すると，実質可処分所得の回帰係数の値は変わる。
③ 標準化すると，実質可処分所得の t 値は変わる。
④ 標準化しても，2 年度前の大学合格率の回帰係数の値は変わらない。
⑤ 標準化しても，自由度調整済み決定係数の値は変わらない。

〔1〕 **26** .... **正解** ②

①：適切である。自由度調整済み決定係数は，重回帰式の全体的な当てはまりの良否の判断に用いられる指標であり，1 に近いほど当てはまりがよい。このケースでは，0.962なので，当てはまりは十分よいと判断できる。

②：適切でない。ダービン・ワトソン比は，残差の系列相関の有無を判断するのに用いられる指標であり，これが 2 に近いときには系列相関は無視できる大きさ，0 に近いほど正の系列相関，4 に近いほど負の系列相関があると判断される。このケースでは，ダービン・ワトソン比が0.515であり，0 に近いので，正の相関があると判断される。

③：適切である。この重回帰分析の結果によると，実質可処分所得の回帰係数は，0.619であるので，実質可処分所得が 1 万円増加すると，大学志願率は0.619％ポイント上昇すると考えられる。

④：適切である。一つの重回帰分析の結果において，独立変数の t 値の絶対値が大きいほど，P 値は小さくなるという関係にある。実質可処分所得と実質授業料の t 値は，それぞれ12.14と－4.38であり，前者の絶対値のほうが大きいことから，実質可処分所得のほうが P 値は小さいと判断される。

⑤：適切である。両側 5 ％水準に対応する t 分布の値を正規分布により近似すると，1.96となる。定数項の t 値は0.03であり，この値は1.96より著しく小さいことから，近似による差異を考慮したとしても，定数項は統計的有意とはいえないと判断できる。

以上から，正解は②である。

〔2〕 **27** .... **正解** ③

独立変数の一つを標準化した場合，その変数の平均値，分散がともに変化することとなり，回帰係数（傾きの係数）も定数項も変化する（①と②は適切である）。

他方，t 値は，回帰係数と標準誤差との比として表され，いずれも同じ比率で比例的に変化するので，独立変数の標準化によっては変化しない（③は適切でない）。

また，一つの独立変数を標準化しても，他の独立変数の係数は影響を受けない（④は適切である）。

また，決定係数及び自由度調整済みの決定係数は，独立変数を標準化しても影響を受けない（⑤は適切である）。

以上から，正解は③である。

問23

　下の図は，全国47都道府県の総人口と都道府県庁における一般行政部門職員数（以下，「職員数」という。）の関係を散布図として表し，回帰分析を行った結果である。この図に関して，〔1〕，〔2〕の問に答えなさい。

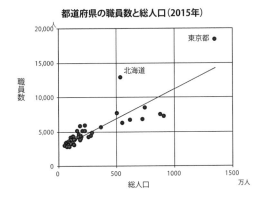

都道府県の職員数と総人口（2015年）

回帰式
$$y = 0.000867x + 2570$$
決定係数
$$R^2 = 0.75$$
標本サイズ
$$n = 47$$

x：総人口（人）
y：職員数（人）

資料：総務省自治行政局「平成27年地方公共団体定員管理調査」
総務省統計局「平成27年国勢調査結果」

〔1〕　この分析結果の説明として，適切でないものを，次の①〜⑤のうちから一つ選びなさい。 **28**

①　職員数と総人口の相関係数は，およそ0.866である。

②　総人口が10万人増えるごとに，職員数はおよそ87人増える傾向にある。

③　人口10万人当たりの職員数は，人口が多いほど少なくなる傾向にある。

④　職員数の都道府県間変動のうち，およそ87％が総人口の変動によって説明される。

⑤　都道府県の職員数の平均値は，中央値よりも大きい。

〔2〕　このデータにおいて，職員数が第1位の東京都及び第2位の北海道を除いて同様の回帰分析を行った場合に得られる回帰式及び決定係数として，最も適切なものを，次の①〜⑤のうちから一つ選びなさい。 **29**

①　$y=0.000582x+3040$，$R^2=0.80$

②　$y=0.000582x+2120$，$R^2=0.70$

③　$y=0.000922x+3040$，$R^2=0.80$

④ $y=0.000922x+2120$, $R^2=0.80$

⑤ $y=0.000867x+2120$, $R^2=0.70$

〔1〕 **28** .... **正解** ④

①：適切である。相関係数 r の絶対値は決定係数の平方根であり，その符号は単回帰における傾きの符号と一致する。このことから，$r=\sqrt{0.75}=0.866$ となる。

②：適切である。回帰式の傾きの係数は，x が1（人）増加した場合における y の増加分を表しているので，x が100,000（人）増加した場合には，y は $0.000867\times100000=86.7$（人）増加することとなる。

③：適切である。この回帰式を用いると，人口10万人当たりの職員数 y' は次の式で表すことができる。

$$y'=\frac{y}{x}\times100000=\frac{0.000867x+2570}{x}\times100000=86.7+\frac{257000000}{x}$$

すなわち，x（人口）が増加するほど，人口10万人当たりの職員数は少なくなる傾向にある。

④：適切でない。決定係数は，従属変数（y）の変動のうち，独立変数（x）で説明される部分の割合を示すものである。決定係数は0.75であるので，正しい値は75％である。

⑤：適切である。散布図を観察すると，都道府県の職員数は，大半が5千人よりも低い値の付近に分布しており，一部の都道府県において5千人を超えている。中央値は，分布の集中している5千人弱であると考えられるのに対して，平均値は5千人以上の都道府県によって，中央値よりも高い5千人前後に引き上げられていると考えられる。実際，データから計算してみると，中央値は4,216人，平均値は4,912人となっている。

以上から，正解は④である。

〔2〕 **29** .... **正解** ①

東京都と北海道については，職員数，総人口ともに平均値を大きく上回っており，散布図上ではいずれの点も回帰直線から著しく上方に外れている。

これら2つデータを除外して回帰分析を行った場合には，全データによる回帰分析の結果に比べて，決定係数は上昇し，傾きは低下すると予想される。

全データの回帰式に比べてこの条件を満たしているのは，①のみである。

以上から，正解は①である。

問24

A市では，市民ホールの建替えについての賛否の状況を調べるために，20歳以上の市民を対象として層化無作為抽出法による調査を行った。層化は，市内の地域の東部地域，西部地域の2層に分け，下の表のような結果が得られた。回収率は100%であった。この表のデータにより，賛成者の割合の不偏推定を行った場合について，〔1〕〜〔3〕の問に答えなさい。

	東部地域	西部地域	合計
20歳以上人口	4万人	6万人	10万人
標本の大きさ	400人	1,600人	2,000人
建替えに対する賛成者数	320人	800人	1,120人

〔1〕 東部地域における賛成者の割合の標準誤差として，最も適切な値を，次の①〜⑤のうちから一つ選びなさい。 **30**

① 2.0%　　② 4.0%　　③ 8.0%　　④ 16.0%　　⑤ 20.0%

〔2〕 A市の20歳以上の市民全体における賛成者の割合の推定値として，最も適切な値を，次の①〜⑤のうちから一つ選びなさい。 **31**

① 56.0%　　② 62.0%　　③ 63.2%　　④ 65.0%　　⑤ 69.2%

〔3〕 〔2〕の結果の標準誤差として，最も適切な値を，次の①〜⑤のうちから一つ選びなさい。 **32**

① 1.1%　　② 1.3%　　③ 1.5%　　④ 1.8%　　⑤ 2.0%

〔1〕 **30** ··· 正解 ①

標本のデータから標準誤差 SE を推定する式は，

$$SE = \sqrt{p(1-p)/n}$$

である（p は標本における特定の属性を持った者の割合，n は標本サイズである）。

東部地域の標本における賛成者の割合は，$320 \div 400 = 0.8$ であり，標本の大きさは，400人であるので，これを上の式に代入すると，

$$SE = \sqrt{0.8(1-0.8)/400} = \sqrt{0.16/400} = 0.4/20 = 0.02$$

が得られる。

したがって，標準誤差は2.0%である。よって，正解は①である。

〔2〕 **31** ··· 正解 ②

層化抽出法における全体の推定値は，各層の推定値を各層の大きさによる加重平均として求める。

東部地域，西部地域について，推定値はそれぞれ　320÷400＝0.8，800÷1600＝0.5であり，層の大きさはそれぞれ4万人と6万人である。

これにより加重平均を求めると，

市全体の推定値 $= \dfrac{0.8 \times 4 + 0.5 \times 6}{4 + 6} = \dfrac{6.2}{10} = 0.62$

であるので，62.0％となる。よって，正解は②である。

〔3〕 **32** $\cdots\cdots\cdots\cdots\cdots\cdots\cdots\cdots\cdots\cdots\cdots\cdots\cdots\cdots\cdots\cdots\cdots\cdots\cdots\cdots\cdots\cdots\cdots\cdots\cdots$ **正解** ①

層化抽出法における全体の推定値の標準誤差は，次の式により求められる。

全体の推定値の標準誤差

$$= \sqrt{(SE_1^2 \cdot N_1^2 + SE_2^2 \cdot N_2^2) / (N_1 + N_2)^2}$$

ここで，SE_1：東部地域の推定値の標準誤差

SE_2：西部地域の推定値の標準誤差

N_1：東部地域の層の大きさ（20歳以上人口）

N_2：西部地域の層の大きさ（20歳以上人口）

これに値を代入すると，

全体の推定値の標準誤差

$$= \sqrt{\dfrac{\dfrac{0.8 \times 0.2}{400} \times 4^2 + \dfrac{0.5 \times 0.5}{1600} \times 6^2}{10^2}}$$

$= 0.010965856$

したがって，標準誤差は1.1％となるので，正解は①である。

問25

　ある地域に住む20歳以上の人を対象として，インターネット通信販売を過去1か月間に1回以上利用したかどうか，無作為抽出により調査を行ったところ，次のような結果が得られた。

年齢	有効回答数	インターネット通信販売を利用した人の割合
60歳未満	300 人	50.0 %
60歳以上	500 人	40.0 %

　この結果により，60歳未満と60歳以上の人で利用率が等しいかどうか，統計的仮説検定を行う。この場合における検定統計量の値を求める式として，最も適切なものを，次の①〜⑤のうちから一つ選びなさい。　**33**

① $\dfrac{0.5 \times 300 - 0.4 \times 500}{\sqrt{0.5 \times 300 + 0.4 \times 500}}$

② $\dfrac{0.5^{2} \times 300 - 0.4^{2} \times 500}{\sqrt{0.5(1-0.5) \times 300^{2} + 0.4(1-0.4) \times 500^{2}}}$

③ $\dfrac{0.5 - 0.4}{\sqrt{\dfrac{0.5(1-0.5) + 0.4(1-0.4)}{2}}}$

④ $\dfrac{0.5 - 0.4}{\sqrt{\dfrac{0.5(1-0.5)}{300} + \dfrac{0.4(1-0.4)}{500}}}$

⑤ $\dfrac{0.5^{2} - 0.4^{2}}{\sqrt{0.5 \times 300^{2} + 0.4 \times 500^{2}}}$

33 .... **正解 ④**

　この問題では，平均値の差に注目して統計的検定を行う。帰無仮説として，平均値の差は0であること，対立仮説として，平均値の差は0でないことを置く。利用率の差は，近似的に正規分布に従うことを利用して検定を行う。この場合，利用率の差の推定値をその標準誤差の推定値で除した値は，t分布に従うので，それを検定統計量として用いる。

　④の式はそれを表したものとなっている。

1990年から2016年までの日本銀行の通貨発行高（年平均）の自然対数を従属変数，西暦年を独立変数として，最小2乗法により次のような回帰式を得た。

$\log_e Y = 0.0448X - 76.496$　決定係数：0.9666

Y：日本銀行通貨発行高（年平均，億円）

X：西暦年

この回帰式に関する次の説明のうち，最も適切なものの組合せを，下の①～⑤のうちから一つ選びなさい。 **34**

【回帰式に関する説明】

A1　通貨発行高は，1年につき，およそ4.5％の割合で増加する傾向にある。

A2　通貨発行高は，1年につき，およそ450億円ずつ増加する傾向にある。

B1　変数Xを，1990年を1年目として，1から始まる年数に置き換えて回帰式を求めた場合には，傾きの係数（0.0448）が変化する。

B2　変数Xを，1990年を1年目として，1から始まる年数に置き換えて回帰式を求めた場合には，定数項（−76.496）が変化する。

C1　変数Yを，億円単位から万円単位に変更した場合，傾きの係数（0.0448）が変化する。

C2　変数Yを，億円単位から万円単位に変更した場合，定数項（−76.496）が変化する。

---

① A1，B1，C1　　② A1，B2，C2　　③ A2，B1，C1

④ A2，B2，C1　　⑤ A2，B2，C2

---

34 ⋯⋯⋯⋯⋯⋯⋯⋯⋯⋯⋯⋯⋯⋯⋯⋯⋯⋯⋯⋯⋯⋯⋯⋯⋯⋯⋯⋯⋯⋯ **正解** ②

A1，A2について考える。西暦年に対応する回帰係数は0.0448であるので，1年経過するごとに$\log_e Y$は0.0448増加する。

t年目と$t+1$年目のYの値を，それぞれY_t，Y_{t+1}と表した場合，

$\log_e(Y_{t+1}/Y_t) = 0.0448$

となる。これはすなわち，$Y_{t+1}/Y_t = e^{0.0448} \doteqdot 1.045$ となるのでA1が適切である。

次に，B1，B2について考える。独立変数を，1990年を1年目とする年数に変更した場合，新しい変数をX'と置くと，$X' = X - 1989$ となる。すなわち，

$X = X' + 1989$

となる。これを回帰式に代入すると，

$$\log_e Y = 0.0448(X' + 1989) - 76.496$$
$$= 0.0448X' + 0.0448 \times 1989 - 76.496$$
$$= 0.0448X' - 12.612$$

となる。すなわち，傾きの係数は変わらず，定数項が変化するのでB2が適切である。

最後に，C1，C2について考える。万円単位で表した通貨発行高をY'と置くと，

$$Y' = 10000Y, \quad Y = Y'/10000 \quad となる。$$

これを回帰式に代入すると，

$$\log_e(Y'/10000) = \log_e Y' - \log_e 10000 = 0.0448X - 76.496$$
$$\log_e Y' = 0.0448X - 76.496 + \log_e 10000$$

となる。すなわち，傾きの係数は変わらず，定数項が変化するのでC2が適切である。

以上から，最も適切な組合せは，A1，B2，C2である。よって，正解は②である。

問27

ある市では，公共施設の建設に関する市民の賛否を尋ねるために，20歳以上の個人を対象として無作為抽出による調査を行うこととした。賛成の割合の推定値の標準誤差を2.5％以下としたい。この場合に，回収率が100％であるとの想定の下，必要とされる最小限の標本の大きさは何人か。最も適切な値を，次の①〜⑤のうちから一つ選びなさい。 **35**

① 400人   ② 625人   ③ 800人   ④ 1,600人   ⑤ 2,500人

35 ⋯⋯⋯⋯⋯⋯⋯⋯⋯⋯⋯⋯⋯⋯⋯⋯⋯⋯⋯⋯⋯⋯⋯⋯⋯⋯⋯⋯⋯ **正解** ①

標準誤差は，次の式により求められる。

$$SE = \sqrt{p(1-p)/n}$$

（p は，標本における特定の属性を持った者の割合，n は標本サイズ）

n を一定とした場合，SE が最大となるのは $p = 0.5$ の場合であるので，標準誤差を2.5％以下とするという目標を設定する場合には，$p = 0.5$ を想定して，SE が0.025以下となるような n を求めなければならない。したがって，次の不等式を解けばよい。

$$\sqrt{0.5 \times 0.5/n} \leq 0.025$$

これを解くと，$n \geq 400$ となる。

したがって，必要とされる最小限の標本の大きさは400人であるから，正解は①である。

問28

国民経済計算に関する記述として，適切でないものを，次の①～⑤のうちから一つ選びなさい。　36

① 内閣府の作成・公表する国民経済計算は，統計法に規定されている「基幹統計」である。

② 国内総生産は，一定の期間において，国内で生産された付加価値の合計を表す。

③ 内閣府では，国内総生産の統計を，毎月，四半期ごと及び年・年度ごとに公表している。

④ 名目値を実質値で割り，それに100を乗じた値は「デフレーター」と呼ばれ，物価水準の変動を表す指標として利用される。

⑤ デフレーターは，パーシェ価格指数に相当する計算方法により算出される。

---

36 ⋯⋯⋯⋯⋯⋯⋯⋯⋯⋯⋯⋯⋯⋯⋯⋯⋯⋯⋯⋯⋯⋯⋯⋯⋯ 正解 ③

①：適切である。統計法では，国勢調査と国民経済計算を基幹統計として規定している。

②：適切である。国内総生産は，国際基準に基づいて作成される統計であり，一定の期間において一国内で生産された付加価値の合計と定義される。

③：適切でない。内閣府では，国内総生産の統計を四半期及び年・年度ごとに公表しているが，毎月の系列は作成・公表していない。

④：適切である。デフレーターは，時価評価に基づいて推計される名目値を，基準時における評価に基づく実質値で除した値であり，通常，100を乗じて指数として表示される。

⑤：適切である。デフレーターの計算式は，支出内訳項目に関する基準時の物価に対する比較時の物価の比率を，比較年における支出パターンをウェイトとして加重平均する算式となっており，これはパーシェ価格指数に相当する。

以上から，正解は③である。

問29

次の表は，総務省の家計調査の2016年調査結果のうち，二人以上世帯に関する年間収入十分位階級別の世帯数分布，平均世帯人員，平均年間収入のデータをまとめたものである。この表のデータに関して，下の〔1〕，〔2〕の問に答えなさい。

年間収入十分位階級別　世帯数（1万分比），世帯人員，年間収入

項目	平均	年間収入十分位階級									
		I 273万円 未満	II 273 〜330	III 330 〜384	IV 384 〜446	V 446 〜516	VI 516 〜595	VII 595 〜696	VIII 696 〜814	IX 814 〜1,014	X 1,014万円 以上
(1) 世帯数分布 （1万分比）	10,000	1,000	1,000	1,000	1,000	1,000	1,000	1,000	1,000	1,000	1,000
(2) 平均世帯 人員（人）	2.99	2.44	2.45	2.55	2.76	3.01	3.19	3.31	3.39	3.39	3.44
(3) 平均年間 収入（万円）	608	216	304	356	413	481	555	642	752	902	1,461

※ 階級の単位は万円，「○○〜××」は「○○万円以上 ×× 万円未満」。

資料：総務省統計局「家計調査結果」

〔1〕 この表のデータに関する記述として，適切でないものを，次の①〜⑤のうちから一つ選びなさい。 **37**

① 年間収入の中央値は，516万円である。

② 年間収入の四分位範囲は，500万円よりも大きい

③ 年間収入が下位20%の世帯の年間収入の総額は，二人以上世帯全体の年間収入の総額の8.6%を占めている。

④ 年間収入が上位20%の世帯の年間収入の総額は，二人以上世帯の年間収入の総額の38.9%を占めている。

⑤ 世帯人員1人当たりの平均年間収入は，年間収入十分位階級が上位になるほど高くなる。

〔2〕 この表のデータを用いて，年間収入のローレンツ曲線のグラフを作成し，それに基づくジニ係数を計算することができる。ローレンツ曲線とジニ係数に関する説明として，適切でないものを，次の①〜⑤のうちから一つ選びなさい。 **38**

① この表のデータのうち，第1十分位から第10十分位までの平均年間収入のデータだけを使用して，ローレンツ曲線を描くことができる。

② ローレンツ曲線は，下に凸の形の曲線（折れ線）となる。

③ ジニ係数は，0以上1以下の値をとる。

④ ジニ係数の値が低いほど，年間収入が均等に分布している。

⑤　四分位範囲が大きい値をとるほど，ジニ係数は大きな値をとる。

〔1〕　**37**　·· 正解▶②

①：適切である。第Ⅴ十分位階級の上限値は中央値となる。表によると，この値は516万円である。

②：適切でない。第Ⅱ十分位階級の上限値は20％点，第Ⅷ十分位階級の上限値は80％点の値に相当する。それぞれの値は330万円，814万円であり，両者の差は484万円である。四分位範囲は，75％点と25％点の値の差であるので，80％点と20％点の値の差よりは小さい。このことから，四分位範囲は500万円より小さいといえる。

③：適切である。下位20％の世帯の年間収入の総額が全世帯に占める割合は，第Ⅰ十分位階級，第Ⅱ十分位階級の平均年間収入の値を用いて，次の式により求められる。

$(216 \times 1000 + 304 \times 1000) \div (608 \times 10000) = 0.086$

④：適切である。上記③と同様に，上位20％の世帯の年間収入の総額が全世帯に占める割合は，第Ⅸ十分位階級，第Ⅹ十分位階級の平均年間収入の値を用いて，次の式により求められる。

$(902 \times 1000 + 1461 \times 1000) \div (608 \times 10000) = 0.389$

⑤：適切である。与えられたデータから，「(3) 平均年間収入」を「(2) 平均世帯人員」で除した値は，年間収入十分位階級が上位になるほど高くなる傾向が読み取れる。

以上から，正解は②である。

〔2〕　**38**　·· 正解▶⑤

ローレンツ曲線とは，所得分布などの偏りの状況をグラフに表す方法である。この事例の場合，横軸には累積世帯数（全世帯に対する割合）を，縦軸には累積年間収入（全世帯の年間収入に対する割合）を，第1十分位から第10十分位まで順にプロットして描かれる。ローレンツ曲線は，左下の原点（0，0）と，右上の最大値に対応する座標（1，1）の点とを結ぶ，下に凸な曲線（この場合は折れ線）となる。原点と座標（1，1）の点を結ぶ直線とローレンツ曲線の間の面積は，定義上，0から0.5までの値をとる。この面積を2倍した値は，ジニ係数と呼ばれ，年間収入の分布の不均等さの度合いを表す尺度として用いられ，0から1までの値をとる。ジニ係数は，分布が完全に均等な場合には0，最も不均等な場合（特定の世帯のみが収入を得て，他のすべての世帯の収入が0の場合）には1となる。

以上のことから，①から④までの文はすべて適切である。

しかし，四分位範囲の大小は，ジニ係数の大小には直接関係がないので，⑤は適切ではない。

以上から，正解は⑤である。

問30

厚生労働省の「社会保障費用統計」によると，我が国の社会保障給付額のうち介護対策に関するものの年間支出額は，平成18年から平成26年の8年間で6兆492億円から9兆1896億円へと増加した。この8年間の年平均増加率として，最も適切なものを，次の①～⑤のうちから一つ選びなさい。　39

① 5.4%　　② 6.0%　　③ 6.5%　　④ 19.0%　　⑤ 51.9%

39 ··· 正解▶①

8年間の年平均増加率とは，期首の年の値を出発点にして，その増加率が8年間続いた場合に，期末の年の値に一致するような増加率のことである。すなわち，次のような関係が成立する（ここで，年平均増加率をr%と表す）。

$$60492〔億円〕×(1+r/100)^8 = 91896〔億円〕$$

これをrについて解くと，

$$1+r/100 = (91896/60492)^{1/8} = 1.05366$$
$$r = (1.05366-1)×100 = 5.366 ≒ 5.4%$$

となる。

以上から，正解は①である。

　総務省の家計調査（2016年平均）のデータを用いて，4大都市圏（関東，中京，近畿，北九州・福岡）の食費の支出パターンの類似性に関する階層的クラスター分析を行う場合を考える。次の表は，食費のうち，穀類，魚介類，肉類，野菜・海藻類の4費目の支出データを用いて計算した4大都市圏間の距離行列である。この距離行列を用いて階層的クラスター分析を行った場合の説明として，適切でないものを，下の①〜⑤のうちから一つ選びなさい。　**40**

	関東	中京	近畿	北九州・福岡
関東	0	1411.8	1628.4	1629.3
中京	1411.8	0	1588.0	806.5
近畿	1628.4	1588.0	0	1597.6
北九州・福岡	1629.3	806.5	1597.6	0

※ 距離行列の計算に当たっては，1世帯1か月当たりの支出額を用いた。

資料：総務省統計局「家計調査結果」

① デンドログラム（樹形図）により，クラスター間の結合状況を分かりやすく示し，分析結果の全体像を明確に把握することができる。

② 採用するクラスター数は，デンドログラムにおいて，クラスター間の距離の大きい部分で切断することで決定する。

③ 最近隣法で階層的クラスター分析を実行する場合，2番目にクラスターとして結合するのは「関東」と「中京・北九州・福岡」である。

④ 最遠隣法で階層的クラスター分析を実行する場合，2番目にクラスターとして結合するのは「関東」と「中京・北九州・福岡」である。

⑤ 群平均法で階層的クラスター分析を実行する場合，2番目にクラスターとして結合するのは「関東」と「中京・北九州・福岡」である。

---

40 ⋯⋯⋯⋯⋯⋯⋯⋯⋯⋯⋯⋯⋯⋯⋯⋯⋯⋯⋯⋯⋯⋯⋯⋯⋯⋯⋯⋯⋯⋯⋯⋯⋯⋯ **正解** ④

①：適切である。デンドログラムとは，クラスター分析において，グループ化の対象とされる要素の間の距離の遠近を樹形図により図示する方法である。最初に，距離の最も近い要素同士を同じグループ（クラスターと呼ばれる）となるよう，同じ結節点から分かれた線によって結び，続いて，次に距離の近い要素又はグループ同士を同様に結ぶという方法を繰り返して作成される。これによって，クラスター間の結合状況が分かりやすく示される。

②：適切である。

③：適切である。最近隣法によると，最初に結合されるのは，距離の最も小さい「中京」と「北九州・福岡」（806.5）である。これに続いて距離の小さいのは，

「関東」と「中京」であるので，2番目に結合されるのは，「関東」と「中京・北九州・福岡」となる。

④：適切でない。最遠隣法によると，③と同様に，最初に「中京」と「北九州・福岡」が結合される。こうして結合された「中京・北九州・福岡」のグループと，「関東」，「近畿」の3つについて，最遠隣法によって距離を求め，その中で最も距離の小さい組合せが2番目に結合される。その場合，距離の最も小さいのは，以下のような考え方により，「中京・北九州・福岡」と「近畿」となる。

　最遠隣法よると，「中京・北九州・福岡」と「関東」の距離は，「関東」と「中京」の距離（1411.8）と，「関東」と「北九州・福岡」の距離（1629.3）のうち，最も大きい値となるので，1629.3となる。同様に，「中京・北九州・福岡」と「近畿」の距離は，「中京」と「近畿」の距離（1588.0）と，「北九州・福岡」と「近畿」の距離（1597.6）のうち最も大きい値となるので，1597.6となる。また，「関東」と「近畿」の距離は，1628.4となっている。こうして得られた3つの距離のうち，最も小さいのは，「中京・北九州・福岡」と「近畿」の1597.6である。したがって，2番目に結合されるのは，「中京・北九州・福岡」と「近畿」である。

⑤：適切である。群平均法によれば，ある要素とグループとの距離は，グループ内の各要素からの距離の平均値をもって距離とされ，そうして定義された距離が最も小さいもの同士が結合される。群平均法により，「中京・北九州・福岡」から「関東」，「近畿」に対する距離を求めると，「関東」は（1411.8+1629.3）/2=1520.6，「近畿」は（1588.0+1597.6）/2=1592.8　となる。「関東」と「近畿」の距離は，すでに示されているとおり，1628.4であるので，これら3つの距離の中で最も小さいのは，「関東」と「中京・北九州・福岡」となる。したがって，2番目に結合するのは，この組合せとなる。

以上から，正解は④である。

専門統計調査士　2017 年 11 月　正解一覧

問		解答番号	正解
問1	[1]	1	②
	[2]	2	②
	[3]	3	⑤
	[4]	4	③
問2		5	①
問3		6	③
問4		7	⑤
問5		8	⑤
問6		9	⑤
問7		10	④
問8		11	⑤
問9		12	①
問10		13	④
問11		14	②
問12		15	③
問13		16	③
問14		17	③
問15		18	④
問16		19	⑤
問17		20	②

問		解答番号	正解
問18		21	④
問19		22	⑤
問20	[1]	23	④
	[2]	24	③
問21		25	①
問22	[1]	26	②
	[2]	27	③
問23	[1]	28	④
	[2]	29	①
問24	[1]	30	①
	[2]	31	②
	[3]	32	①
問25		33	④
問26		34	②
問27		35	①
問28		36	③
問29	[1]	37	②
	[2]	38	⑤
問30		39	①
問31		40	④

■**統計検定ウェブサイト**：http://www.toukei-kentei.jp/

　検定の実施予定，受験方法などは，年によって変更される場合もあります。最新の情報は上記ウェブサイトに掲載しているので，参照してください。

●**本書の内容に関するお問合せについて**

　本書の内容に誤りと思われるところがありましたら，まずは小社ブックスサイト（jitsumu.hondana.jp）中の本書ページ内にある正誤表・訂正表をご確認ください。正誤表・訂正表がない場合や該当箇所が掲載されていない場合は，書名，発行年月日，お客様の名前・連絡先，該当箇所のページ番号と具体的な誤りの内容・理由等をご記入のうえ，郵便，FAX，メールにてお問合せください。

　〒163-8671　東京都新宿区1-1-12　実務教育出版 第2編集部問合せ窓口
　FAX：03-5369-2237　　　E-mail：jitsumu_2hen@jitsumu.co.jp
　【ご注意】
　※電話でのお問合せは，一切受け付けておりません。
　※内容の正誤以外のお問合せ（詳しい解説・受験指導のご要望等）には対応できません。

日本統計学会公式認定

統計検定　統計調査士・専門統計調査士　公式問題集〈2017〜2019年〉

2020年 6月10日　初版第1刷発行　　　　　　　　　　　　　　　　〈検印省略〉
2023年 3月 5日　初版第3刷発行

編　者　一般社団法人　日本統計学会　出版企画委員会
著　者　一般財団法人　統計質保証推進協会　統計検定センター
発行者　小山隆之

発行所　株式会社 実務教育出版
　　　　〒163-8671　東京都新宿区新宿1-1-12
　　　　☎編集　03-3355-1812　　販売　03-3355-1951
　　　　振替　00160-0-78270

組　版　明昌堂
印　刷　シナノ印刷
製　本　東京美術紙工

©Japan Statistical Society　2020　　　　　　　本書掲載の試験問題等は無断転載を禁じます。
©Japanese Association for Promoting Quality Assurance in Statistics　2020
ISBN 978-4-7889-2554-0 C3040　Printed in Japan
乱丁，落丁本は本社にておとりかえいたします。

本書の印税はすべて一般財団法人 統計質保証推進協会を通じて統計教育に役立てられます。

統計的にどれだけ正しく判断できるか、クイズ形式でチェック！

統計力クイズ
そのデータから何が読みとれるのか？

涌井良幸 著

定価：1,540円／ISBN：978-4-7889-1150-5

身のまわりの様々な統計現象に焦点を当て、経験や直感だけでなく、
統計的にどれだけ正しく判断できるかを、クイズ形式でチェックできる
本です。さあ、楽しみながら「統計センス」を磨きましょう！

実務教育出版の本

数的センスを磨く超速算術

筆算・暗算・概算・検算を武器にする74のコツ

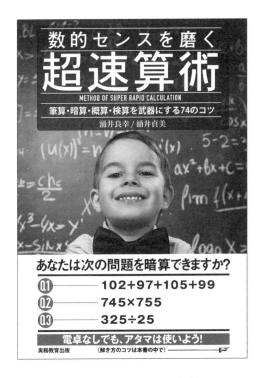

涌井良幸・涌井貞美 著

定価：1,540円／ISBN：978-4-7889-1072-0

学校では教わらない、直面した問題に最適な特効薬的な速算術を
たくさん紹介。さらに、おおざっぱに数をつかむ概算術、ミスを
減らす検算術など実用性の高い手法もカバー。